工程混凝土的徐变测试与计算

唐崇钊　黄卫兰　陈灿明　著

东南大学出版社
·南京·

内容提要

本书阐述混凝土徐变计算的基本理论、方法和试验技术,内容包括:混凝土的徐变规律与非荷载变形,松弛方程及其解法,混合边值问题的应力(内力)计算,混凝土结构长期变形推算以及与计算分析相关的徐变试验技术等。书中对应力松弛问题和混凝土结构长期变形计算的理论、方法和技巧作了全面论述,详细说明了工程混凝土徐变试验的内容、方法要点、成果整理分析和取值判断要义。

本书可供水利、交通、土建工程的技术人员、设计与科研人员以及有关专业的高等院校师生参考应用。

图书在版编目(CIP)数据

工程混凝土的徐变测试与计算/ 唐崇钊,黄卫兰,陈灿明著. —南京:东南大学出版社,2013.8

ISBN 978 - 7 - 5641 - 4483 - 8

Ⅰ.①工… Ⅱ.①唐… ②黄… ③陈… Ⅲ.①混凝土—蠕变柔软度—研究 Ⅳ.①TU528

中国版本图书馆 CIP 数据核字(2013)第 208935 号

出版发行:东南大学出版社

社　　址:南京市四牌楼 2 号　　邮　　编:210096

出 版 人:江建中

责任编辑:杨　凡

网　　址:http://www.seupress.com

经　　销:全国各地新华书店

印　　刷:南京玉河印刷厂

开　　本:700mm×1000mm　1/16

印　　张:16.5

字　　数:333 千

版　　次:2013 年 8 月第 1 版

印　　次:2013 年 8 月第 1 次印刷

书　　号:ISBN 978 - 7 - 5641 - 4483 - 8

定　　价:50.00 元

前　言

　　工程混凝土的徐变测试,包括该材料受荷载或非荷载作用产生的各种长期变形观测;徐变计算则指混凝土长期变形的各种计算方法及其应用,包含本构关系的建立与论述、结构和构件的应力松弛计算和长期变形(位移)计算等。本书论述以应用为目的的工程混凝土徐变试验和计算分析的基本理论、方法与技巧。在交通、水利和其他大型土建工程的设计、施工、监控、观测分析以及相关的科研工作中,都要应用混凝土徐变方面的知识。本书可供上述工程技术人员、科研工作者及相关专业的高等院校师生参考应用。

　　全书共分九章,列述如下。

　　第一章介绍混凝土徐变特性的试验结果,有常荷载下的徐变、卸载后徐变的恢复、瞬时弹性的变化、变荷载下的徐变、轴向荷载的侧向变形与三向应力下的徐变、常应变下的应力松弛等。

　　第二章介绍混凝土徐变试验的测试内容、常规方法、成果与应用。

　　第三章介绍混凝土非荷载变形(如:混凝土浇筑初期的凝缩、自生变形、干缩和温度变形)的测试方法及测试结果。

　　第四章介绍试验成果给出的内容、形式、格式和整理方法,列举出图、表、公式三种表示方法。

　　第五章讨论桥用高强度、高性能混凝土的试验结果与应用,如:外掺剂对强度和变形特性影响的比较分析,徐变收缩的试件尺寸效应,慢加载效应与施工监控中变形参数的取值,弹性模量与强度依时发展相关性分析与推算结果的可靠性等。给出了构件徐变系数尺寸湿度修正的合理方法和表格公式,指出湿度和尺寸效应只与干徐变和干缩变形有关。

　　第六章讨论几种常用的本构关系(徐变理论)与试验的一致性问题,推导一般应力状态的本构关系及用位移表示的基本方程(本构方程、平衡方程、几何方程和定解条件),证明线性徐变力学的两个基本定理,阐述三类徐变力学问题的求解途径和方法。

　　第七章介绍常应变下应力松弛系数的求解和变应变下应力折减系数的计算,方法包括解析解法、数值解法、近似解法和级数解法,依照积分方程中核的给出形式而定;最后依据试验结果和松弛方程解论述松弛系数与徐变系数两者的关系规律,指出统计公式使用的资料越广杂，只会使推算值的不确定性增加，并非普遍适用性增加。

第八章以几个简单的混凝土结构为例，说明第三类问题中松弛应力（或内力）的求解方法，有直接解法和松弛代数法解法。用松弛代数法求解复杂结构的非荷载应力时，可以将徐变问题转化为相当的弹性问题处理，从而避开直接求解法在数学上的繁难，使问题的求解得到极大简化。

第九章第一节讨论弹性介质中组合圆管的荷载重分布，嗣后三节专门讨论构件的长期变形；第二节论述构件的徐变系数与含筋量、钢筋布置和变形状态有关，并非简单的乘以一个修正系数的结果；第三节以梁的测试结果反演推算混凝土的徐变特征，用测试结果论述变形公式外延计算的可信性；最后一节通过对变荷载往复作用与恒定荷载长期作用下构件变形的比较分析，认定变荷载或温度升降的往复作用会产生使混凝土徐变放大和弹性模量升高的效应，指出大跨径梁桥出现跨中挠度过大与此有关，应进行往复作用综合效应的修正。

通过本书的讨论，希望能帮助读者了解混凝土徐变的基本知识、掌握徐变计算的理论与方法以及徐变试验的技能，在工程建设和试验研究工作中，能够掌握解决相关问题的方法。

本书采用了作者近年来已公开发表及尚未公开发表的若干工作成果，主要有：大型桥梁、核电站安全壳和水电站大坝等工程的混凝土试验研究，以及承担的国家高技术研究发展计划（863）项目、西部交通建设科技项目、南水北调工程建设重大关键技术研究及应用、高性能混凝土徐变特性试验研究等一系列科研项目的成果。

本书引用或参考了南京水利科学研究院相关研究人员、国内兄弟单位的同行及专家学者的著作、论文和研究报告，丁伟农教授对书稿做了仔细的校阅与修改，本书的编写和出版还得到南京水利科学研究院出版基金的资助，在此一并向他们表示衷心的感谢！

作者
2013 年 6 月于南京

目　录

第一章 混凝土的长期变形

随着荷载持续时间的延长,材料随时间逐渐发展的变形,统称为徐变或徐变变形。无荷载作用下的混凝土试件,在一段相当长的时间内,由于水份的外逸、内部温度改变或介质温度波动、混凝土内部材料的化学物理变化等,还会产生随时间变化的干缩、温度伸缩和自生体积变形,上述诸因素使试件产生的变形,称非荷载变形。我们把同样尺寸形状的加荷试件和不加荷试件置于同一环境中,将加荷试件随时间发展的变形,减去不加荷试件以加荷时刻为起始的随时间发展的非荷载变形,其差值称为混凝土的徐变。如果加荷的应力不太大以至可以略去加荷瞬间混凝土变形中的塑性部分时,其总的荷载变形只包括瞬时弹性变形和徐变变形两部分。

从混凝土硬化以后,在一段相当长的时间内,它的某些物理特性(如强度、弹性模量、徐变等),还与浇筑后经历的时间的长短有关。为了说明上述属性,将引入龄期这一概念。所谓混凝土的龄期是从混凝土浇筑时开始计算的。试件从加荷时刻开始,荷载持续时间的长短称为持荷时间或荷载历时。观测变形的时间可从成型时刻算起,亦可从加荷时刻算起。

本章将综述常荷载下混凝土徐变试验的若干结果,下两章将讨论常规试验中混凝土徐变和非荷载变形的测试。

第一节 常荷载下的轴向变形

设有等截面的混凝土柱体试件在龄期 τ_1 受单向应力 $\sigma(\tau_1)$ 作用,在加荷瞬时发生的应变称瞬时应变。当加载应力在强度的 0.3 倍以内时,应变几乎完全可逆,即存在关系

$$\varepsilon(\tau_1) = \frac{\sigma(\tau_1)}{E(\tau_1)} \tag{1.1-1}$$

$E(\tau_1)$ 为龄期 τ_1 的弹性模量,量纲可表为 $10^4\,\mathrm{MPa}$。若保持应力不变,应变将随时间增加,这种随时间增长的荷载应变即为徐变,其值与应力 $\sigma(\tau_1)$ 成正比,可表示成应力 $\sigma(\tau_1)$ 与时间函数 $C(t, \tau_1)$ 的乘积

$$\sigma(\tau_1) C(t, \tau_1)$$

$C(t, \tau_1)$ 称徐变度,量纲可表为 $10^{-5}/\mathrm{MPa}$,t 是变形观测时间,τ_1 是加荷龄期,均以天计算。因应力为常量,故到 t 时刻的总应变 $\varepsilon(t)$ 为

$$\varepsilon(t)=\frac{\sigma(\tau_1)}{E(\tau_1)}+\sigma(\tau_1)C(t,\tau_1)=\sigma(\tau_1)\delta(t,\tau_1) \tag{1.1-2}$$

$\delta(t,\tau_1)=\dfrac{1}{E(\tau_1)}+C(t,\tau_1)$ 称单位应力的总变形，$\delta(t,\tau_1)$ 的量纲与徐变度 $C(t,\tau_1)$ 相同，即 $10^{-5}/\text{MPa}$。

如果分别在龄期 τ_1、τ_2、……、τ_n 时刻对同一混凝土不同试件施加常荷载，就可以获得一簇单位应力总变形曲线 $\delta(t,\tau_1)$、$\delta(t,\tau_2)$、……、$\delta(t,\tau_n)$，如图 1.1-1 所示。

单位应力总变形 $\delta(t,\tau_n)$ 与加荷龄期 τ_n 有关，加荷龄期小，$\delta(t,\tau_n)$ 大，加荷龄期大则反之。这种效应称老化。若加荷龄期足够大，不同龄期下的单位应力总变形曲线会相近甚至相同，这时称混凝土已趋老化或已充分老化。

因为龄期增长时混凝土的单位应力瞬时变形将减少，所以混凝土的弹性模量是时间的增函数，如图 1.1-2 所示。瞬时弹性变形是加荷时刻出现的变形，加荷时间、观测时间和材料龄期是相同的。

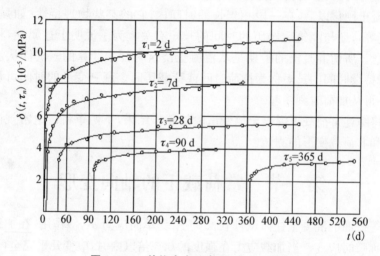

图 1.1-1　单位应力总变形 $\delta(t,\tau_n)$ 曲线

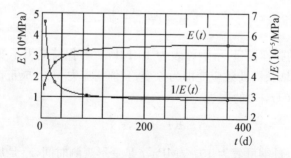

图 1.1-2　单位应力瞬时弹性变形和弹性模量曲线

在单位应力总变形曲线中,扣除瞬时弹性变形部分以后,即为常荷载的徐变变形。徐变应等于徐变曲线与单位应力瞬时弹性变形曲线之差值。在 τ_1 时刻对试件施加一个常应力 $\sigma=1$,t 时刻的徐变 $\delta_c(t,\tau_1)$ 为

$$\delta_c(t,\tau_1)=C(t,\tau_1)+\frac{1}{E(\tau_1)}-\frac{1}{E(t)} \tag{1.1-3}$$

若混凝土已充分老化,则 $E(\tau_1)=E(t)=E$,E 为常量。这时徐变是徐变曲线与通过徐变始点所作的水平线之差值,即 $C(t,\tau_1)$。

徐变度 $C(t,\tau_1)$ 与下列诸因素有关。

① 荷载历时 当荷载历时增加,徐变变形增加,但徐变速率(t 时刻徐变曲线的斜率)减小,若荷载历时足够长,徐变速率会趋于零,这时徐变曲线趋向某一水平线(徐变最终值)。故有

$$\left.\begin{array}{l} C(t,\tau_1)\big|_{t=\tau_1}=0 \\ C(t,\tau_1)\big|_{t=\tau_1\to\infty}=C_0(\tau_1) \end{array}\right\} \tag{1.1-4}$$

$C_0(\tau_1)$ 是与加荷龄期 τ_1 有关的最终徐变值。

② 加荷龄期 加荷龄期小,相同持荷时间的徐变大,反之则小。加荷龄期小,开始一段持荷时间里徐变发展快,徐变速率衰减也快;加荷龄期大,在开始一段时间里徐变速率小,但徐变速率随持荷时间的衰减也慢。所以不同加荷龄期的徐变度曲线是不相似的,其原因是加荷过程中混凝土水化过程尚在继续进行。当加荷龄期足够大,徐变度曲线实际上与龄期无关,这时混凝土可认为已充分老化。

③ 湿度与试件尺寸 湿度对徐变的影响很大。非密封试件在比较干燥的环境中加荷,其徐变变形可能是密封试件徐变的 2~3 倍甚至更多。非密封试件徐变变形会比密封试件徐变变形的延续时间长得多。试验室湿度变化较大,非密封试件的徐变速率呈非单调变化,如图 1.1-3 所示。非密封试件的截面尺寸大,相等持荷时间的徐变小,徐变变形延续的时间长。密封试件的徐变称基本徐变,非密封试件的徐变与基本徐变之差称干徐变。

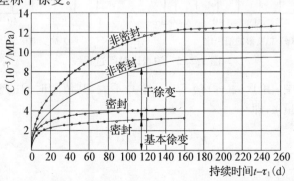

图 1.1-3 两种混凝土非密封试件与密封试件的徐变度曲线

④ 温度 在常温下,温度高则徐变大,即使在密封条件下亦是如此。温度还会加快混凝土的老化进程,有使早龄期徐变减少的趋向。故其对早龄期混凝土徐变的影响是复杂的。

第二节 常荷载下的横向变形

如图 1.2-1 所示,试件在龄期 τ_1 施加常应力 $\sigma_x(\tau_1)$,x 方向的瞬时弹性变形是 $\sigma_x(\tau_1)/E(\tau_1)$,徐变应变为 $\sigma_x(\tau_1)C(t,\tau_1)$,在 y 和 z 方向将产生横向变形。横向的瞬时应变是

$$-\mu_1(\tau_1)\frac{\sigma_x(\tau_1)}{E(\tau_1)}$$

横向的徐变应变为

$$-\mu_2(t,\tau_1)\sigma_x(\tau_1)C(t,\tau_1)$$

总的横向应变用下式表示

$$\varepsilon_y(t)=-\sigma_x(\tau_1)\left[\frac{\mu_1(\tau_1)}{E(\tau_1)}+\mu_2(t,\tau_1)C(t,\tau_1)\right] \tag{1.2-1}$$

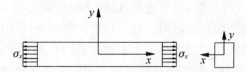

图 1.2-1 轴向应力 $\sigma_x(\tau_1)$

$\mu_1(\tau_1)$ 是弹性泊松比,$\mu_2(t,\tau_1)$ 是徐变泊松比,它们都与时间有关。根据有关试验[12],它们与龄期的关系大致如图 1.2-2 所示。

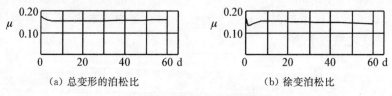

(a) 总变形的泊松比　　　　　　(b) 徐变泊松比

图 1.2-2 泊松比时间过程线

在工程计算中,由于 $\mu_1(\tau_1)$、$\mu_2(t,\tau_1)$ 本身不大,其值随时间的变化也不明显,可以取为相等的常量 μ,即

$$\mu_1(\tau_1)=\mu_2(t,\tau_1)=\mu \tag{1.2-2}$$

通常可用 $\mu=\frac{1}{6}\sim\frac{1}{7}$。

第三节　徐变的恢复

试件受固定荷载的长时间作用,卸荷以后将产生瞬时回弹应变和随时间发展的徐变恢复。徐变恢复曲线与水平线之间的值为可复徐变应变,即图 1.3-1 所示的阴影竖标值。可复徐变应变与卸荷前施加的常应力成正比,单位应力的徐变恢复称弹性后效,又称可复变形。

弹性后效只是徐变变形的一部分,其形状虽然与徐变度曲线相近,但发展很快,大约在卸荷以后经过不长的时间(约 1~2 个月)即达到其最大恢复值 C_y。

若试件在 τ_1 时刻加荷,τ 时刻卸荷,则 t 时刻观测的徐变恢复可以表示为

$$\varepsilon_{cy} = \sigma C_y(t, \tau, \tau_1) \tag{1.3-1}$$

$C_y(t, \tau, \tau_1)$ 是弹性后效,σ 是卸荷前的应力。

普遍认为弹性后效与加荷龄期无明显关系,且卸荷时间对它的影响也很小(图 1.3-1)。对于在混凝土早龄期加荷的条件下,且持荷时间不太长时卸荷,其徐变恢复会较晚期的徐变恢复大,如图 1.3-1 中 $\tau_1 = 7\,d$ 一组曲线。此短期的增大效应是否带有普遍性,还有待进一步验证。

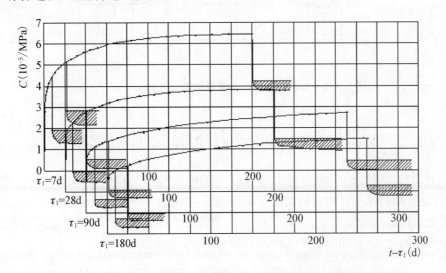

图 1.3-1　单位应力的总变形与卸荷后变形的恢复曲线

徐变恢复有最大恢复量的趋向。最大恢复量 C_y 在总的徐变变形中所占的比例不大。与持荷一年的徐变变形相比,相对值如 $C_y/C(t, \tau_1)$ 大约在 5%~30% 左右。由于 C_y 比较稳定,而徐变度 $C(t, \tau_1)$ 因湿度、试件截面尺寸和龄期 τ_1 不同有较大变动,所以上述比值也就有较大的变动。设 E 为混凝土晚龄期的弹性模量,

笔者根据若干试验的结果发现,系数 EC_y 之值比较稳定。对于不同类型的混凝土密封试件而言,系数 EC_y 在 $0.15\sim0.25$ 之间;对于给定的混凝土来说,EC_y 值的变化更要小些。试件不密封,弹性后效与湿度改变的关系不明显,如图 1.3-2,但其值有较大增加,$EC_y\approx0.4$。这时,由于徐变也显著增加(与基本徐变相比),故可复徐变与徐变度相比仍然不大。

一个固定不变的荷载长期施加在混凝土上,即使在某一时刻以后完全卸荷,也会余下相当部分的残余应变,此种残余应变可以视为缓慢发展的塑性变形,它等于总应变减去瞬时回弹应变和徐变恢复。显然,在应力不太大的情况下,缓慢发展的塑性变形也近似与应力成正比。

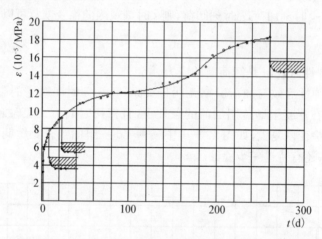

图 1.3-2 非密封试件在湿度变化较大时的总变形与恢复

第四节 三向应力下混凝土的变形

上几节我们讨论了单向应力下混凝土的轴向变形与横向变形随时间的变化。在不高的单向常应力(约为强度的 0.3 倍以下)作用下,应力与徐变之间成正比这一关系已为很多试验所验证。同样,在三向应力的作用下,徐变与应力之间的正比关系也是近似成立的,如图 1.4-1 所示。图中,徐变应变强度 ε_{ic} 为

$$\varepsilon_{ic}=\frac{2}{3}\sqrt{(\varepsilon_1-\varepsilon_2)^2+(\varepsilon_2-\varepsilon_1)^2+(\varepsilon_3-\varepsilon_1)^2} \tag{1.4-1}$$

式中 ε_1、ε_2、ε_3 是三个主徐变应变分量,应力强度 σ_i 为

$$\sigma_i=\frac{1}{3}\sqrt{(\sigma_1-\sigma_2)^2+(\sigma_2-\sigma_1)^2+(\sigma_3-\sigma_1)^2} \tag{1.4-2}$$

式中 σ_1、σ_2、σ_3 是三个主应力分量。

图 1.4-2 是三向应力状态下的徐变泊松比和单向应力下的徐变泊松比与时间的关系。图中，i 方向的泊松比 $\mu_{ci}(i、j、k=1、2、3,\ i\neq j\neq k)$ 用下式计算

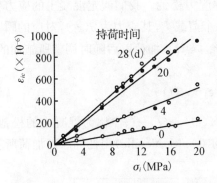

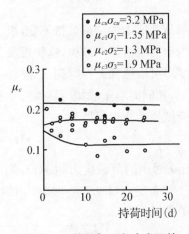

图 1.4-1 三向应力下应力强度 σ_i 与
应变强度 ε_{ic} 的关系

图 1.4-2 单向与三向应力下的
徐变泊松比

$$\frac{\varepsilon_{ci}}{\varepsilon_{cu}}=\frac{\sigma_i-\mu_{ci}(\sigma_j+\sigma_k)}{\sigma_u} \qquad (1.4\text{-}3)$$

其中 ε_{cu} 是单向应力 σ_u 作用下的轴向徐变应变，ε_{ci} 是三向应力下 σ_i 方向上的徐变应变，图 1.4-2 中 μ_{cu} 是单向受压的徐变泊松比。看来，在三向应力下的混凝土徐变泊松比，较单向试验测得的数据小一些。按式（1.4-2），由图 1.4-3 之曲线 ε_u 与 ε_2 所示的数据得到 $\mu_{c2}\approx0.1$。现在我们取 $\mu=0.1$，再用上式计算另外两个方向的徐变曲线 ε_1 和 ε_3，得到图中的两条虚线。在 σ_1 方向上，虚线几乎与试验曲线重合；在 σ_2 方向上，虚线值有一定程度的偏大。

可以认为，在复杂应力状态下，徐变与应力之间的正比关系是近似成立的，徐变泊松比可能较单向应力下的结果略为偏小。

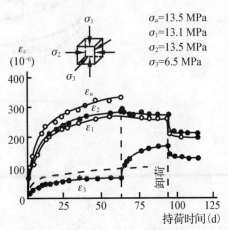

图 1.4-3 三向应力下的徐变曲线
虚线是 $\mu_c=0.1$ 的理论曲线

第五节 常应变下混凝土的应力松弛

如果荷载产生的变形保持不变,由于徐变随时间发展,弹性变形将逐渐减少,混凝土中的应力也将逐渐减少,这种现象称应力松弛。我们假定混凝土的应力变形与非应力变形可以迭加。在时刻 τ_1 施加一个荷载 P,其应力为 $\sigma(\tau_1)$,对应的瞬时弹性变形为 ε_0,相同混凝土非加荷试件的变形为 $\varepsilon_s(t)$,加荷以后随时调整所施加的荷载,使得加荷试件的变形保持为

$$\varepsilon(t)=\varepsilon_0+\varepsilon_s(t) \tag{1.5-1}$$

而对应于 t 时刻的荷载应力为 $\sigma(t)$;则 $K(t)=\sigma(t)/\sigma(\tau_1)$ 称为混凝土的松弛系数。图 1.5-1 是布鲁克(J. J. Brooks)和内维尔(A. M. Neville)用杠杆原理加荷所获得的应力松弛结果。

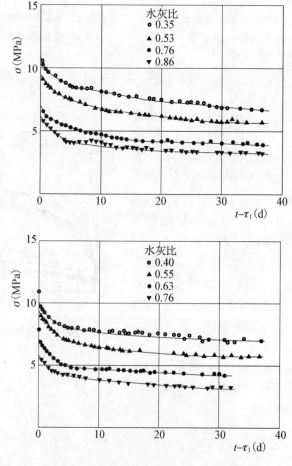

图 1.5-1 常应变下混凝土的应力松弛曲线

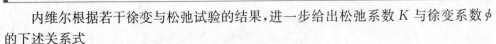

内维尔根据若干徐变与松弛试验的结果,进一步给出松弛系数 K 与徐变系数 ϕ 的下述关系式

$$\ln(1/K)=0.09+0.686\phi \qquad (1.5\text{-}2)$$

式中 $\phi=E(\tau_1)C(t,\tau_1)$。上式还可写成

$$K=0.91\mathrm{e}^{-0.686\phi} \qquad (1.5\text{-}3)$$

从图 1.5-2 看出,当荷载持续时间较长,徐变获得一定发展以后,式(1.5-2)是成立的。在加荷的初始一段时间,松弛系数 K 的对数与徐变系数 ϕ 之间呈非线性关系。

混凝土松弛试验比较费事。松弛系数多根据徐变资料直接由徐变方程求解。

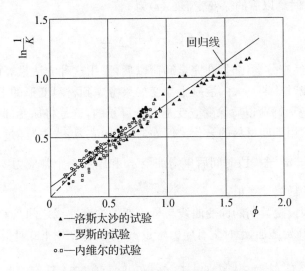

　　—洛斯太沙的试验
　　—罗斯的试验
　　—内维尔的试验

图 1.5-2　松弛系数 K 与徐变系数 ϕ 的关系

第六节　变荷载下的徐变

工程结构混凝土的应力是经常变化的,由于徐变变形的发展,混凝土应力松弛的现象常会发生。徐变试验只能给出混凝土的弹性模量、徐变度和弹性后效曲线,它不可能根据实际混凝土应力变化的过程进行加荷测试,因为结构中混凝土的应力往往是未知的。为了求解结构中混凝土的应力与变形,首先要建立徐变力学的物理方程,即本构方程。混凝土徐变是一种很复杂的物理现象,它与很多因素有关,徐变物理方程不可能把很多因素都包括在内。目前,这种方程主要是把它表示为应变与应力之间的某种微分关系或积分关系。例如,根据混凝土的徐变度曲线、弹性模量

曲线和弹性后效曲线，按照某一种假设的计算方法（或理论）推算应变与应力过程之间的关系。变荷载试验的目的，主要就是检验这些计算方法的真实性和适用范围，或者从试验结果与理论计算结果的比较中寻找更合理和简单的分析计算方法。试验时，最简单的荷载变动是分时段地将应力逐级增加、应力逐级减少和间断地加荷卸荷。

目前，计算变荷载下的徐变应变主要有弹性徐变理论、老化理论或两种理论的联合应用。

弹性徐变理论假设荷载变动时徐变变形符合迭加原理。考虑材料具有老化特性，在 τ_i 时刻的应力增量为 $\Delta\sigma_i$（应力减少时 $\Delta\sigma_i$ 为负值），将没有加载历史的试件在 τ_i 时刻加载得到的徐变度曲线 $C(t,\tau_i)$ 乘以该应力增量 $\Delta\sigma_i$，按照徐变曲线可以迭加的原理，推算 τ_i 时刻以后的徐变变形 $\varepsilon_c(t)$ 为

$$\varepsilon_c(t) = \sigma_1 C(t,\tau_1) + \sum \Delta\sigma_i C(t,\tau_i) \tag{1.6-1}$$

显然，当材料已经充分老化时，在完全卸荷以后，采用这种方法推算的徐变是完全可复的。对于加载时龄期不大的混凝土徐变如果考虑到材料变形的老化特性，按照式（1.6-1）进行推算，卸荷以后徐变应变是部分可复的，这是将徐变部分可复的特征完全归结为荷载作用期间材料的老化。例如，先施加应力 $\sigma_1+\sigma_2$ 经过一段时间后再降至 σ_1，或先施加 $\frac{1}{2}\sigma_1$ 过一段时间后再增加至 σ_1 和施加一个常应力 σ_1，这三种加荷过程会得到不同的最终徐变值。

老化理论假设晚龄期的徐变曲线与早龄期的徐变曲线之间具有"平行"的性质。荷载在 τ_1 时刻开始施加，t_i 时刻有应力增量 σ_i，徐变应变用下式计算

$$\varepsilon_c(t) = \sigma_1 C(t,\tau_1) + \sum \Delta\sigma_i \left[C(t,\tau_1) - C(t_i,\tau_1) \right] \tag{1.6-2}$$

在 τ_i 时刻完全卸荷，$\Delta\sigma_i = -\sigma_1$，徐变完全不可复。式（1.6-1）和式（1.6-2）均未计入混凝土弹性模量变化引起的徐变应变。

由变荷载试验，如下结果值得注意：

① 应力增加时的徐变　在恒湿（或试件密封）和恒温条件下，应力逐级增加时，徐变变形接近于符合迭加原理（即近于符合弹性徐变理论），比按老化理论的预示值大，如图 1.6-1 中曲线 Ⅰ、Ⅱ。

② 应力减少时的徐变　若开始时施加一个较大的荷载，过一段时间以后完全卸荷或将荷载分时段分级减少，徐变应变比按式（1.6-1）计算所预示的大（即徐变恢复比按迭加原理预示的小），比按式（1.6-2）计算所预示的要小，如图 1.6-1 中的曲线 Ⅲ、Ⅳ。

③ 间歇加荷时的徐变　如图 1.6-2 所示，试件处于间断性加荷卸荷时，虚线以

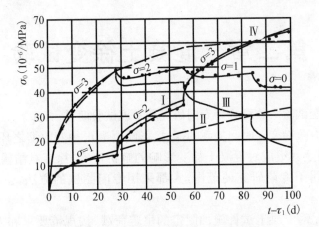

图 1.6-1 应力增加和应力减少时的徐变曲线

Ⅰ—按式(1.6-1)计算,Ⅱ—按式(1.6-2)计算,Ⅲ—按式(1.6-1)计算,
Ⅳ—按式(1.6-2)计算,所有实线都是试验值

上部分符合迭加原理,虚线与实线之间的值相当于用弹性后效曲线按式(1.6-1)计算,而虚线以下的值则约近于按式(1.6-2)计算。在这种荷载变动较大的情况下,按式(1.6-1)和按式(1.6-2)计算的理论值都与试验值有较大差别。

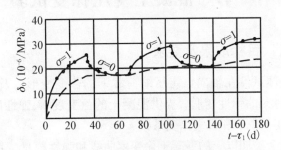

图 1.6-2 间歇加荷的徐变曲线

④ 徐变的减少与荷载的关系 在经过一个较长的徐变发展时期后,由于应力增加而产生的徐变增加部分,比同样应力增量乘上相应龄期的徐变度所得到的徐变变形小,但比该应力增量乘上弹性后效所得到的徐变变形要大或相近。在这种变荷载情况下,按式(1.6-2)计算的徐变增加要偏小。显然,徐变增加部分的减少(与按迭加原理比较)与荷载的长期作用有关。

由以上分析,当荷载单调增加,直至最高应力达到强度的 0.3 倍左右,且高应力的作用时间不很长,这时徐变符合迭加原理,而当荷载单调减少或间歇加荷时,徐变变形在按式(1.6-1)与式(1.6-2)计算的预示值之间。

第二章 混凝土徐变试验

混凝土徐变试验大致可分为专门研究和常规试验两类。

荷载或应力—徐变—时间关系的探讨、影响混凝土徐变收缩之环境条件的试验论证、混合材料及其组成对混凝土徐变影响的解析证实、徐变对结构构件应力变形影响的测试等属于专门研究的范围,大都采用专门测试的方法,也有采用常规方法的。

常规试验是对混凝土试件施加限定的恒定荷载,按规范要求和方法制作试件、成型养护、加载测试,最后给出目标成果。成果多用于工程建设,如坝工观测、混凝土结构的温度收缩应力、大型桥梁长期变形的计算等,材料对混凝土变形特征影响的比较分析也多用常规方法进行测试。

本章论述常规试验的有关问题,其应用技术将在以后章节讨论。

第一节 混凝土受压徐变试验

一、测试内容、目标成果及要求

测定混凝土柱体试件在轴向恒定压缩荷载下的徐变变形以及卸载后徐变的恢复,同时测定加载时刻的弹性变形。提供混凝土的徐变度 C、弹性后效 C_y 及瞬时弹性模量 E,给出徐变系数 ϕ 和可复徐变系数 ϕ_y。

一般应作出三个龄期以上的混凝土徐变度曲线和弹性模量。每个龄期制作 $2\sim$ 3 个加载试件和同等数目的校核试件(用以测定混凝土的非荷载变形),测定加载时刻的弹性变形、恒定荷载下的变形、长期加载后卸载的变形变化和相同时刻校核试件的变形。参考的加载龄期取 3 d、7 d、28 d、90 d、360 d,且应有一个 90 d 或以上的晚龄期组。加载龄期及组数可视应用目的进行调整;加载龄期组数小于 3 组时另外制作试件专门测试混凝土的弹性模量。

二、试验设备

① 徐变试验室 室内温度控制值取 20 ℃±2 ℃;湿度控制值取 65%±5%。徐变试验室应为保温室并配置恒温恒湿装置。只测定混凝土的基本徐变时不作湿度控制。

② 徐变仪 徐变仪是施压和恒载设施。当荷载不大于 30 t 时宜用弹簧徐变仪;

加载值大于 30 t 时宜用液压加载恒载装置;加载值在 5 t 以内可用杠杆弹簧加载。以弹簧徐变仪为标准设备,当弹簧压缩量大于 40 mm 时,恒载期间可不作荷载调整。

③ 加载与测量装置　30 t~50 t 千斤顶,40 t~50 t 钢环测力计。

④ 变形(应变)测量仪表　差动电阻式应变计及水工比例电桥与集线箱;千分表、测杆和夹具;也可用钢弦式应变计和钢弦频率计作应变测量。应变计标距有 250 mm 和 100 mm 两种;千分表标距可用 250 mm、150 mm。

⑤ 专门试件　试件形状尺寸如下。

圆柱体:直径 200 mm、高 600 mm;直径 150 mm、高 500 mm。

棱柱体:150 mm×150 mm×450 mm~500 mm。

以直径 200 mm 高 600 mm 的圆柱体试件为标准型试件。常规试验室应配备与上述专门试件相应的铁制试模。

用应变计测量以用圆柱体试件为主,用千分表测量宜用棱柱体试件。

三、试验步骤

依据实际情况确定试验规模、试件形状尺寸、密封与否、量测仪表、混合料拌和振捣方法等。步骤与方法要点如下。

① 拼装试模,安装应变计或千分表预埋标点。

② 拌和混凝土、装料、振捣。

③ 试件移至试验室养护。经 2~3 h 后作表面抹平处理。

④ 经 1~2 d 带模养护后拆模,作表面密封处理;非密封试件潮湿养护,以待加荷。

⑤ 加荷前安装千分表(用应变计测量可不装表)。

⑥ 按柱体强度 0.3 倍或立方块强度 0.21 倍决定加载值,分 3~5 级加载,先做弹性模量测定。加载速度为每分钟 3 MPa 左右。

⑦ 弹模测试结束后,将荷载固定。同时测量加载试件和校核试件的仪表读数以作徐变测试的基准值。以后隔天、隔周、隔月进行定期测试。

⑧ 待加载试件的应变增长速度与校核试件的应变增长速度相同时卸荷作徐变恢复测量。密封试件的徐变测量时间约一年,非密封试件的测量时间约两年左右,徐变恢复的测量时间约 1~2 个月。

⑨ 结束测试工作,整理成果,给出徐变度、弹性模量、弹性后效及徐变系数等的列表值、图解曲线和计算公式等。

本章后面几节将对有关技术问题作重点说明。

第二节　混凝土徐变与环境湿度和试件尺寸的关系

一、徐变的湿度效应

徐变与试验室湿度的关系极大。以密封试件的徐变为1,在普通湿度下非密封试件的徐变变形可以大1～2倍。密封试件的徐变称基本徐变,非密封试件的徐变与基本徐变之差值称干徐变。

干徐变是荷载与蒸发联合作用产生的,可把它看成荷载引起的干缩的增加部分或者是干缩引起的长期荷载变形的增加部分。应该注意的是,干徐变是一种荷载变形,在结构分析中不能将它作为非荷载变形来处理。

从图2.2-1看出,试验室相对湿度降低,可以大大提高试件的最终徐变值,表2.2-1的数据亦说明这一规律。比较表2.2-1与图2.2-1看出,以密封混凝土试件的徐变最小,在水中养护加荷的徐变要大一些,在饱和空气中养护加荷的徐变又大一些。这是由于密封试件既不容许有水分蒸发又不容许水分从试件中向外排逸的缘故;在水中加荷则容许水分从里向外散逸,在饱和空气中容许试件表面的水分向空气中散逸。

为了获得基本徐变,密封要起到如下作用:密封层具有良好不透水、不透气性,密封膜层与混凝土之间具有足够的粘结度以便在整个加荷过程中不出现脱离,致使密封层与试件表面之间不出现积水现象。

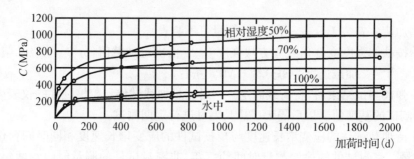

图 2.2-1　湿度对徐变的影响

为了使试验室的湿度控制简单,可以根据基本徐变或标准湿度下的徐变曲线和湿度修正系数来计算某一湿度的徐变。图2.2-2是欧洲混凝土委员会和国际预应力协会所定的国际规范采用的湿度修正系数。

表 2.2-1 加荷前后相对湿度对徐变的影响

试验编号	湿 度(%)		加荷龄期 (d)	徐 变 比
	加荷前	加荷后		
1	70	50		1.70
2	70	60		1.39
3	70	70		1.29
4	70	水 中	28	1.31
5	水 中	水 中		1.00
6	70	密 封		0.70
7	100	密 封		0.58

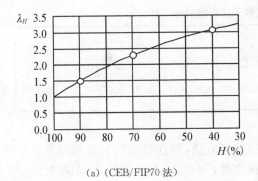

(a)（CEB/FIP70 法）

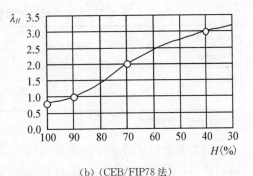

(b)（CEB/FIP78 法）

图 2.2-2 湿度修正系数 λ_H 图

二、试件尺寸形状的影响

　　干徐变还与试件的截面尺寸形状有关。截面尺寸大,相对蒸发表面小,水分散逸困难,徐变小。如果试件截面积相同,但形状不同,单位体积的蒸发表面也不同,会影响徐变量的大小。截面尺寸形状不同,徐变值与徐变曲线形状也有差异。为表示试件尺寸和形状的影响,习惯上认为比表面积或有效厚度相同时徐变一致。等截面柱体试件的比表面积可表为截面积 ω 与截面周长 l 之比 ω/l;有效厚度 h 又称理论厚度,表为比表面积的 2 倍,即 $h=2\omega/l$。表 2.2-2 为内维尔(A. M. Neville)等给出的试件尺寸修正系数 λ_h,用于对徐变度和干缩变形的修正。一般认为,当构件有效厚度 h 大于 900 mm 时,可认为构件尺寸对徐变的影响可以忽略。

　　图 2.2-3 为欧洲混凝土委员会和国际预应力联合会 1970 年建议的徐变估算公式中的构件尺寸修正系数 λ_h。

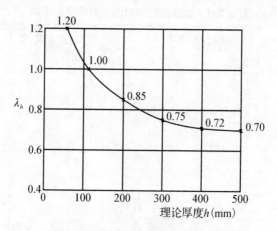

图 2.2-3　CEB/FIP70 的尺寸修正系数

表 2.2-2　试件尺寸对徐变和干缩影响的修正系数 λ_h

有效厚度 h(mm)	<50	50	70	100	150	200	250	300	400	500	600	800	1 000	>1 000
修正系数 λ_h	1.60	1.50	1.30	1.15	1.05	1.00	0.95	0.90	0.80	0.75	0.70	0.55	0.50	0.40

注:本表摘自文献[30]

对于非密封试件徐变的湿度与尺寸效应修正方法,将在后面第五章第五节里专门讨论,目前采用相乘法修正,如修正后的徐变度 $C=C_m\lambda_H\lambda_h$。这里 C_m 为按常规方法给出的徐变度。

按表 2.2-2 所列数据,若试件的有效厚度 $2\omega/l$ 大于 500 mm(相当于直径或边长 1 000 mm 的柱体),其徐变逐渐与基本徐变接近,可以采用较小的密封试件加荷。

水工大体积混凝土结构,其内部湿度变化不大,可不考虑湿度对徐变的影响,试件表面需要密封。由于这类结构中粗骨料很大,采用原材料做试验时,试件就要做得很大,需要有大型加荷设备,只具备小型加荷设备的普通试验室,做这种试验是存在困难的。试件做大了,工作量亦增加很多。在水电部门制订的试验方法中规定,可以采用筛除大骨料后的混凝土进行试验,然后再用下面的关系式换算。

$$\frac{C}{C_m}=\frac{\eta}{\eta_m}=\lambda_\eta \tag{2.2-1}$$

式中 λ_η 是灰浆率系数,C、η 是原级配混凝土的徐变度和灰浆率,C_m、η_m 是经筛除粗骨料以后的试验混凝土的徐变度和灰浆率。图 2.2-4 是灰浆率与徐变的关系。

粗骨料筛除后,可利用上面关系式推求原混凝土徐变,但弹性模量则需要采用原混凝土进行试验。对于没有条件的试验室,建议用经验取值法进行修正。

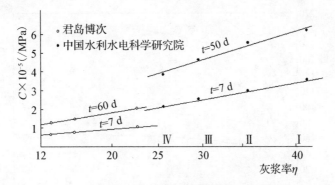

图 2.2-4　徐变与灰浆率关系图

据有关的试验结果[26]，原级配混凝土弹性模量 E 与筛除粗骨料以后试验混凝土弹性模量 E_m 之比 E/E_m：中国水利水电科学研究院的结果为 1.03～1.09；美国胡佛坝的结果为 1.05～1.09；二滩拱坝的结果为 1.02～1.05；溪落渡水电站的结果为 1.20（28 d）和 1.10（90 d）。参考如上结果可取其值 1.10～1.05，其高值用在早龄期，低值用在晚龄期。我们期望能有较全面的弹性模量、抗压强度结果可以作为取值推算的参考。

第三节　混凝土徐变与温度的关系

温度与徐变的关系是试验方法和徐变计算所关注的问题之一。温度升高一方面会加快混凝土的老化，使早龄期徐变有缩小的趋势；同时，由于养护温度升高，加荷前混凝土水份散逸大，也会使徐变减小。另一方面，温度升高，试件表面的蒸发加快，干徐变增加，致使徐变增大。如果混凝土的徐变机理可用胶体的变形（流动）和水的渗流运动来解释，温度升高无疑地会使这种运动加速，徐变增大。徐变与温度的关系颇为复杂，它不但与加荷前后的养护温度有关，而且还应该与相对湿度有关。

图 2.3-1 是温度改变时的徐变曲线，由此可说明徐变与温度之间的关系是很密切的。

根据文献[13]列举的徐变速率与温度之间的关系可知，当温度在 10～50 ℃ 之间，徐变速率随温度上升而增加，这是蒸发使干徐变增大的缘故；温度上升至 50～105 ℃ 左右，试件内可供蒸发的水份减少，徐变速率随之变小；温度大于 105 ℃，可能由于水泥石脱水而产生晶体滑移，徐变速率又急激上升；在 0 ℃ 以下，自由水变成冰，不发生水分的移动，粘度丧失，这时晶体滑移使得初期徐变大，但会较快地稳定下来。

文献[3]列举了巴斯特（C. H. Best）和翰逊（Hansen）的资料，认为试件在密封条件下加荷，温度范围在 20～60 ℃ 时，徐变与温度成正比；在 0～20 ℃ 变化不定，

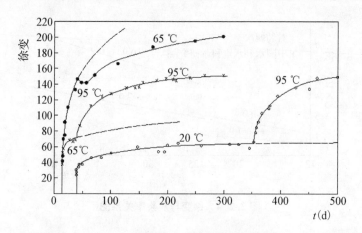

图 2.3-1 加荷时温度对徐变的影响

低于零度则因温度降低而徐变也小。根据其他学者作的密封混凝土徐变试验,温度在 20～75 ℃ 范围,徐变随温度升高有较大增加。

笔者对比了 20 ℃ 与 40 ℃ 两种温度下混凝土的荷载变形,得到的结果是:温度与晚龄期混凝土的弹性模量关系不大,试件在加荷前的养护温度相同,徐变因加荷期间温度升高而变大。

可以认为,非密封试件的徐变与温度之间的关系明显,若相对湿度较低,温度升高则徐变大;相对湿度较大,徐变与温度的关系将小一些。

密封试件与温度的确切关系尚难肯定,大概在采取最可靠的密封措施以后,徐变会因温度升高而有所增加;考虑温度对早龄期混凝土老化影响时基本徐变与温度的关系尚未查明。

应该承认,关于这一问题的研究还有待进一步深入。因此,作常规试验时,可把结构所处环境的年平均温度作为试验室的控制温度,或者与弹性模量、强度标准试验用同一控制温度。

对处于不同温度下的试件施加荷载,徐变度是时间、温度的某一函数 $C(t,\tau_1,T)$。用 20 ℃ 的徐变为标准值,徐变比 $\lambda_T = C(t,\tau_1,T)/C(t,\tau_1)$ 是温度 T 与 $t-\tau_1$ 的函数。据笔者整理的有关数据,荷载持续时间 $(t-\tau_1)$ 较大时,λ_T 与时间的关系似乎不大。温度 10 ～60 ℃ 左右,λ_T 可近似地表为

$$\lambda_T = 1 + b(T-20) \tag{2.3-1}$$

T 以摄氏(℃)计,b 是常数。图 2.3-2 是笔者根据阿山纳里(Arthanari)的试验结果整理绘制的。该试验用环氧树脂膜密封,b 值约为 0.021/℃。约克(York)等人用环氧树脂外加铜皮密封,对龄期 90 天试件加荷,b 值约为 0.013 / ℃。笔者对龄期 150 天的混凝土加荷,b 值为 0.018 /℃。

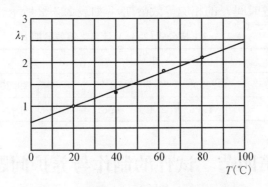

图 2.3-2 密封试件温度系数 λ_T 与温度的关系

温度上升一方面能增加混凝土的流动性,徐变增大;但对早龄期的混凝土而言,又促进其老化进程,使徐变减少。对于后者,可以采用等效龄期的徐变取代原来龄期的徐变。按照 CBE—FIP78 的原规定,等效龄期用下式计算

$$t_T = \frac{K}{30} \sum_0^{t_i} \{[T(\Delta t_i) + 10]\Delta t_i\} \tag{2.3-2}$$

式中 Δt_i 为第 i 个时间段(天数 d),相应的温度值为 $T(\Delta t_i)$(℃);$K=1,2,3$,分别对应于普通慢硬水泥,快硬水泥和快硬高强水泥。在后来 CEB—FIP MC90 将这一关系改为如下公式

$$t_T = \sum_{i=1}^n e^{-\{4000/[273+T(\Delta t_i)]-13.65\}} \Delta t_i \tag{2.3-3}$$

为明了温度对混凝土老化影响,现设在 0~0.5 d 初浇混凝土为 20 ℃,0.5~6 d 时段内温度为 30 ℃、40 ℃、50 ℃ 和 60 ℃,按公式(2.3-3)计算得等效龄期如表 2.3-1所列。结果显示,当温度达到 50 ℃ 以上时,效应明显。

表 2.3-1 按公式(2.3-3)计算之等效龄期 t_T 单位:d

0~0.5 d 之 T 值	20 ℃			
0.5~t_i d 之 T 值	30 ℃	40 ℃	50 ℃	60 ℃
t_i 2 d	2.85	4.08	5.82	8.22
4 d	5.98	8.86	12.91	20.01
6 d	9.11	13.63	18.51	28.80

再有混凝土板浇筑初期的温升过程如下式所示

$$T(t) = 5te^{-0.2t} + 20 \tag{2.3-4}$$

按式(2.3-3)计算各时间 t_i 的相应等效龄期 t_T 如表2.3-2所示。

表2.3-2　按公式(2.3-3)计算之等效龄期 t_T　　　　　　　　单位:d

计算龄期 t_i(d)	1	2	3	4	5	6	7
温度变化按式(2.3-4)	24.09	26.70	28.23	28.99	29.20	29.04	28.63
等效龄期(d)按式(2.3-3)	1.11	2.40	3.81	5.29	6.80	8.31	9.80

第四节　试件的制作与养护问题

制作一定形状尺寸的试件,是徐变试验的第一步工作。上一节已经讨论了徐变与非密封试件大小和形状的关系。对于密封试件试验,混凝土粗骨料大小是决定试件大小的主要因素。大块混凝土中骨料都比较大,试件做得很大,给室内工作带来困难;试件做得太小,骨料筛除过多,修正后数据的可靠性低甚至会有失真的可能;故而,采用适当大的试件是很有必要的。我国水利和水运工程混凝土的试验方法中以φ200 mm×600 mm圆柱体为标准试件。把试件做成标准尺寸,再将观测数据进行修正的方法是方便的。

一般认为,以骨料最大粒径的3～4倍为柱体试件圆截面的直径或正方形截面之边长为宜。按照这个比例,用直径φ=200 mm的圆柱体试件,骨料最大粒径可以用到40～60 mm,60 mm以上骨料应予筛除。

采用长宽比大的试件可以减少测值的离差,提高量测精度。常用的高宽比多在2～4之间。一种常用的长宽比计算方法是:长度等于仪器的测距加二倍截面宽度。由于刚性压块与试件端面不会完全贴合,由压块传递过来的荷载应力在端部分布会不均匀。根据圣维南原理,在离开端面等于截面尺寸以远处应力会趋于均匀分布,故在测距外应有适当的长度,此长度取其等于截面宽度是适宜的。若荷载通过柔性压板(如扁千斤顶)传递到混凝土上,试件长宽比可以适当缩小。

关于截面形状问题,棱柱体和圆柱体各有优缺点。较多的试验室,在制作大试件时多用圆形截面,方形截面用在小试件上较多。圆柱体试件采用立式成型,它的变形中心(或弹性中心)与几何中心容易重合。由于试件较高,立式成型会带来上下不均匀,端面要整平并使之与底面平行。用分层注料、分层振捣的成型方法,可使上下不均匀得到一定程度的消除;又仪器是安装在试件长度方向的中间部位,由上下不均匀带来的数据偏差也可以得到克服。棱柱体试件卧式成型,加压面不必作特殊处理,它的缺点是变形中心与几何中心容易偏离;棱柱体试件宜用千分表测量变形,测点标距也以150 mm为合适,增大标距虽然可以提高测试精度,但容易受室温波动和人为干扰。

混凝土硬化初期出现泌水,粗骨料下表面造成薄弱层。这种薄弱层垂直于圆柱体的受力方向,平行于棱柱体的受力方向,会使得试件的强度和变形不同。有人主张针对不同结构的受力情况采用不同形式的试件,如板、杆结构用棱柱体试件,对重力坝结构就用圆柱体试件。实际上,当荷载应力小于试件强度的三分之一,特别是采用高频振捣以后,可以认为两种试件的弹性模量和徐变度相同。

室内成型工作的质量,对试验结果的好坏起很大作用。试件中既不要出现大的洞穴和气孔(在干硬性拌合料中容易出现),又不要产生骨料与砂浆间的离析,这是振捣时要充分注意的。对于 φ200×600 mm 的标准试件,若铁模内装有应变计,骨料大于 40 mm 时,不宜采用振捣棒插振。流动度大的高性能混凝土可以用台振成型;若混凝土中掺有加气剂,宜采用高频率振捣器。为保证所有试件有较好的均一性,振捣程度要尽可能相同,装料时各试件之间装的砂石料比例也要均匀。

为了保证圆柱体上端面作得平整,混凝土成型后经 2～3 小时待泌水基本结束,将表层刮去,用水泥砂浆覆盖,使中间部分略为隆起,再用平整的铁板或加荷时用的刚性压块压在砂浆上面,用手将压块挪动,使压块与砂浆完全贴合又使之同底面平行。

密封材料和密封技术,对大块混凝土徐变试验颇为重要。在国内,用作密封的材料有沥青、清漆、石蜡松香混合物、薄橡皮、黄油、沥青漆、环氧漆和其他塑料漆。密封的目的是阻止混凝土内部水份外渗和蒸发。理想的密封材料要有良好的不透水性,与混凝土有一定的粘结力,不易老化,工作简单,价廉,对人身无毒。从不透水的角度考虑,上述材料均具备不透水性能,尤以橡皮套为优,因这种材料操作简易也能重复使用。沥青漆与混凝土有一定的粘结力,涂刷方便,但不易将混凝土表面的微小孔洞堵死,有气味。热涂沥青比较费事。用沥青和石蜡密封,在试件加荷过程中,还会出现密封层与混凝土脱离现象(粘结不好)。环氧漆价格昂贵且涂刷困难。比较方便的做法是先涂以沥青漆,待 1～2 d 漆干后再用石蜡松香热合物厚涂表面。

检验密封效果,可以由下面的现象鉴别。在试验室不作湿度控制时,徐变速率随湿度的变化而波动,这表示密封极为不良。若在加荷后期徐变曲线有起翘现象,即徐变速率增加,可能是密封层发生龟裂、漏气、或者是密封层同混凝土表面部分脱开,造成混凝土表面水气压下降,内部自由水可以向表面渗流。

下面再介绍试验室的温度与湿度控制以及试件在成型后的养护问题。

试验室的温度与湿度保持恒定不变,可以减少测试误差和数据的离散,以获得光滑的徐变过程线。试验方法规定采取 20 ℃ 为标准温度,温度的变幅为 ±2 ℃;有的国家取 23 ℃ 为标准温度,标准的湿度范围多用 65 ±5%。

从材料的基本物理力学性能试验的角度来看,为了能够互相比较,以获得一个统一的标准条件下的徐变指标,采用标准的温度和湿度控制是适宜的。

湿度对徐变的影响大,季节性湿度变化、甚至开关门引起的湿度升降、空气流通与否等情况都会改变徐变曲线的走向和引起数据的跳动。做非密封试件的试验,应做好湿度控制。

如前面第三节所述,温度改变会影响徐变的速率,由于温度波动,还会引起数据离散和试验误差。后面的结果与以下情况有关:加荷试件与校核试件的膨胀系数不等,同一试验室里各处的温度变幅不等,仪器的温度变化与试件的截面平均温度变化不同。当温度变幅在±2℃以内,变形曲线基本上光滑,测值的跳动是有限的。

最后,对于试件从成型至加荷这一段时间里的养护可以这样处理:

① 密封试验从成型完毕即将试件移至试验室里,表面抹平后用湿麻袋覆盖,外面再用塑料布包裹。拆模后即行密封,置于同一环境中养护以待加荷。

② 非密封试验拆模前的养护与上面讲的相同。拆模后用湿麻袋覆盖,外面再用塑料布包封,待加载前或龄期达 7 d 后将覆盖揭去,置于试验室中养护以待加荷。

第五节 加荷与量测问题

一、加荷装置

徐变仪是对混凝土试件施加长期恒定荷载使之产生徐变的持荷恒载装置。理想的徐变仪要求荷载稳定、加荷后不需调整荷载或调荷次数少、加荷范围大、操作简单、测读方便准确、受温、湿度影响小、体积小价廉等。按徐变仪的持荷恒载方式分,有弹簧式、液压式与杠杆式三类。

弹簧式徐变仪是目前应用最多的加荷装置,我国水电、交通与建筑部门的徐变试验室大都拥有这类装置。图 2.5-1 所示,弹簧式徐变仪由千斤顶施加荷载使弹簧和试件同时受压,荷载大小由钢环式测力计测读(或由装置在千斤顶上的油压表显示)。荷载达到预定值后,将徐变仪上的锁紧螺母扳紧,靠压缩弹簧维持一个比较稳定的荷载。这种装置具有占地面积小、加荷方便、测读荷载简单、受温度影响小、工作可靠等优点。

因混凝土徐变、收缩引起荷载值的相对变化与弹簧压缩量有关。用 δ 表示弹簧由荷载产生的压缩变形,δ_c 表示两个刚性压块之间由于混凝土徐变、收缩引起的相对位移,则荷载的改变值为 $\Delta P/P = \delta_c/\delta$。根据经验,只要 $\delta > 40 \sim 50$ mm 即可满足荷载稳定要求,不需要作

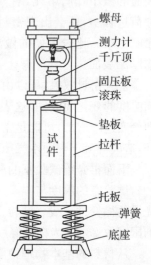

图 2.5-1 弹簧式徐变仪示意图

（图注标识：螺母、测力计、千斤顶、固压板、滚珠、垫板、拉杆、试件、托板、弹簧、底座）

调整。

　　按受拉的立杆数目不同,可分单杆仪、双杆仪与三杆仪等。单杆徐变仪用于对空心试件加荷,载荷吨位较低。双杆徐变仪在加荷荷重小于 10 t 以下用。我国多数试验室都配置三杆徐变仪,荷载吨位有 18 t 和 30 t 两种;前一种吨位的徐变仪是每根立杆上放一个弹簧,后一种是套放两个弹簧。

　　加荷范围在 30 t 以下,用弹簧式徐变仪是比较简单和适宜的。要求加荷能力超过 30 t 以上,仍用钢制弹簧作为恒载手段就显得笨重和复杂。中国水利水电科学研究院结构材料所改用液压加载的徐变仪,试件做成 ϕ 150 mm 的圆柱体,据称操作也很方便。

　　杠件式徐变仪用砝码加荷,荷载放大倍数由臂长决定,结构简单、荷载稳定可靠;因加荷能力小,只用在小型试件的徐变试验。早期用作研究性的临时试验室采用这种徐变仪加载恒压。

二、测量仪器

　　作徐变试验的常用量测仪器有:差动电阻式应变计、钢弦式应变计和千分表。上述仪器具有良好的长期稳定性,这是用在长期变形测量需要具备的首要功能。

　　仪器量程可以根据试验条件选择,它应大于混凝土的弹性变形、徐变和收缩的总和。用于密封试件的观测时,量程在 $600 \sim 800 \times 10^{-6}$ 即可;对于非密封试件加载,由于试件的收缩与徐变大大增加,量程在 $1\,000 \sim 1\,200 \times 10^{-6}$ 为宜;作水泥浆试件的徐变测试,量程宜大于 $1\,200 \times 10^{-6}$。

　　灵敏度的选择也与试验条件有关。以密封试件的试验而言,仪表的刻度值(灵敏度倒数,对机械仪表应为单位刻度的应变值)可选择在 $2 \sim 4 \times 10^{-6}$。对于非密封试验,可提高为 $4 \sim 6 \times 10^{-6}$,这样可以提高量程。用在抗拉试验上,刻度值要小,取为 $1 \sim 2 \times 10^{-6}$,量程在 300×10^{-6} 即可。虽然提高仪器灵敏度可以提高试验精度,但温度波动对测值的影响也大。

　　测距大小与量程、灵敏度有关。测距大小的选择由骨料大小决定。混凝土是一种非均质材料,仪器显示的应变值是测距以内材料的平均应变。从这一意义上看,测距大一些,量测值就更有代表性,更能反映实际工程中把混凝土看作均质材料的变形指标。测距越长,试件也越长,试验工作量就大。所以,希望在满足精度要求的基础上选择一个合适的最小测距。通常认为,最小测距取为骨料最大粒径的三倍为宜。从表 2.5-1 可以看到,当测距等于骨料尺寸的三倍,弹性模量趋于比较稳定的值,离差较小。

表 2.5-1　测距长度与弹性模量关系的试验结果举例

试件尺寸			Φ 150 mm×300 mm			Φ 100 mm×200 mm		
骨料最大粒径			20 mm			20 mm		
仪器测量长度			60 mm	30 mm	10 mm	60 mm	30 mm	10 mm
量测内容	抗压强度 R (MPa)	试件值	35.2	35.3	34.5	36.1	35.4	32.7
			35.3	35.9	33.6	34.0	34.6	32.6
			36.4	34.9	35.4	33.8	34.0	33.9
		平均值	35.6	35.7	34.5	34.6	34.7	33.1
	弹性模量 max=R/3 (×10⁴ MPa)	试件值	2.93	2.88	4.60	3.33	2.81	7.57
			3.37	3.24	3.61	2.97	3.38	6.19
			3.03	2.64	3.81	3.14	3.00	5.23
		平均值	3.11	2.92	4.01	3.15	3.06	6.33

　　选择量测仪器还要考虑试件大小、形状、安装、试验的重要性等。

　　下面简单介绍一下几种常用的量测仪器。

　　差动电阻式应变计以电阻比变化显示被测物体的应变。国产定型规格有 DI－25 型和 DI－10 型两种。常规试验用 DI－25 型,它的测距为 250 mm,单位电阻比变化的读数值约为 $3.5×10^{-6}$ 应变值,量程 $1\,000×10^{-6}$(压缩),可用于 φ 200 mm×600 mm 或更大尺寸试件的密封试验和非密封试验。DI－10 型应变计的测距为 100 mm,单位电阻比变化的应变值约 $5.8×10^{-6}$,量程大于 $1200×10^{-6}$。差动电阻式应变计是一种预埋式量测仪器,工作可靠,不受外界干扰,测读方便,但价格较贵,可用于比较重要的工程试验;如试件断面直径小于 200 mm 最好不要使用。

　　钢弦式应变计以钢弦频率的变化显示被测物体的变形,亦为预埋式仪器,工作可靠,量测方便,灵敏度高(单位频率变化的应变值可做到 $1～3×10^{-6}$);由于没有定型产品,在国内常规试验中极少使用。

　　千分表亦是用于表面测量的机械仪表,各种尺寸和形状的试件均可使用。它的迟后效应明显,易受外界干扰;由于量程大,适用于非密封试验和高应力作用下的徐变试验。

三、加荷与应变的测量

　　加荷方法大概包括应力大小、加荷速度和重复次数,在混凝土徐变试验方法上都有说明。通常做法是取试件强度(与加荷试件一样的柱体在同龄期的强度)的 0.3 倍为最大加荷应力 $σ_0$,把此应力分成 $3～5$ 等分(级),先用第一级应力将试件预压,以校核变形是否偏心;在确认偏心不大以后,再以较大的速度加荷,在 $1～2$ 分钟以内将荷载由零增加到预定值,同时测出每级荷载下试件的变形。这是第一次的加荷。如在第一次加荷时发现有较大的偏心,应在卸荷后调整试件位置。测读完第一次加荷的试件变形即行卸荷,重作第二次加荷或卸荷再作第三次加荷。在第三次加荷时当应力达到 σ_0 值时,即将此荷载固定(扳紧弹簧徐变仪的锁紧螺母或关闭液压徐变仪的送油阀门),测读量测仪表数值,此读数是徐变的基准值。

在上述应力范围和荷载速度下,第二次加荷的应力应变曲线可与卸荷回弹曲线基本重合。用 ε_e 表示第三次加荷时应力由零到 σ_0 产生的应变增量,弹性模量为 $E=\sigma_0/\varepsilon_e$。在徐变仪上加载卸载时,可以将荷载回到零,因为有千斤顶和钢环测力计及顶上铁板压在试件顶端,试件的上、下端面与压板间不会松动脱开,这与在压力机上加载是不同的。

试件横截面直径在 400 mm 以上,整个加荷过程可以在半小时以内完成。

一般而言,在第一次卸荷时混凝土中会留下 5%～10% 左右的残余应变,这个残余应变在较广的(应力)范围里与应力成正比,是迅速增长的塑性变形。除了量测仪器本身不回零带来的显示偏差以外,此塑性变形可能同骨料与水泥石之间的相对滑移有关,亦可能由泌水层的压密引起。在线性理论中假定混凝土的瞬时塑性变形为零,似乎应将它归入到徐变变形中。根据笔者所作的大小试件变形特征的比较,证实在第一次加荷时大试件(ϕ 400 mm)的应力应变曲线表现出很好的线性关系,在同样应力下小试件(ϕ 200 mm)的应力与应变之间的线性关系差些,这表示大试件的瞬时塑性变形接近于零。考虑到水工建筑中混凝土的体积与试件体积相比要大得多,应该把加荷中迅速增长的塑性变形排除在弹性模量和徐变度的计算以外。在计算小型构件的预应力衰减时,这种迅速发展的塑性变形会使得初始阶段的预应力快速降低,应该予以考虑。

试件经受多次重复荷载的作用可能会影响混凝土的内部结构,加荷时应尽可能快地排除荷载的偏心。

徐变观测时间的长短与若干具体条件有关。原则上,当加荷试件的应变增长速度与校核试件的应变增长速度相同,表示徐变已趋于稳定,即可停止观测,结束试验。由于徐变速率的变化又与混凝土的加荷龄期、密封与否、试件大小、湿度条件诸因素有关,故不同情况的观测时间的长短也不同,分述于下。

密封试件的徐变观测:加荷龄期小于 28 d,观测一年至一年半左右;加荷龄期大于 90 d,观测一年至三年左右。

弹性后效的观测:从卸荷时刻开始观测 50 d 至两个月左右。

用于预应力计算的徐变试验,主要是为确定使用预应力的大小,观测时间不一定很长,可在构件承受荷载的相当龄期卸荷。

每次观测相隔时间的长短与整理资料使用的坐标有关,但应前密后疏。

用直角坐标系表示徐变与持荷时间的关系时,前 10 d 可每天测一次,10 d 至两个月每两天测一次，两个月后每 3 d 至一个星期测一次。用对数坐标表示时，第一个星期每天测一次，第二个星期隔天测一次，第三个星期至两个月每周测一次，第三个月至一年每月测一次，一年以后可隔月测一次。

工程混凝土试验的目的是为了获得实用需要的数据，加荷龄期的大小，加荷时间的长短，都要根据需要来决定。

第三章　混凝土的非荷载变形与测试

由于水泥的水化和外界非荷载因素(温度、湿度等)产生的变形,统称混凝土的非荷载变形。主要有浇制初期的凝缩、硬化后的自生变形、湿胀干缩和温度伸缩等。下面分别介绍混凝土非荷载变形的特点和试验方法。

第一节　混凝土的凝缩

混凝土拌制后一段时间内,水泥的水化反应激烈,分子链逐渐形成,出现泌水和体积缩小现象。这种体积缩小称凝缩或凝聚;块体结构混凝土浇筑后的初始一段时间,其竖向变形明显,也称初浇混凝土的凝缩为沉陷。凝缩多发生在材料拌和后约3～12小时以内,即在终凝前比较明显。凝缩的结果,骨料受压,水泥胶结体受拉,既使得水泥石与骨料得以紧密结合,又可能在水泥石中造成微裂。部分被析出的水停留在粗骨料下表面,形成水泥石与骨料之间结合的薄弱部分,降低混凝土的强度。

凝缩除了与混凝土本身的材料组成有关以外,还与成型振捣条件、温度条件等关系较大。拌合料温度低凝缩大、凝缩延续时间长,用高频率振捣器振捣,凝缩小;水灰比大,水泥用量低,凝缩大。终凝以后,大约在成型后12小时开始,混凝土有一定程度的膨胀。这种膨胀可能与温度有关,亦可能与水泥的水化有关。

初浇混凝土的凝缩可用排液法、排液称重法或机械仪表测量。

用机械仪表量测凝缩沉陷如图3.1-1所示,圆形铁模的内侧面涂上一层薄的滑润油,从底部起将侧面用塑料圆筒与混凝土拌合料隔开,铁模底面同混凝土接触。新拌和的混凝土拌合料装入筒内经振捣,安装千分表测具。根据千分表读数的变化计算沉陷应变。同时还可在混凝土中插上温度计或用热电偶量测温度的变化。

用排液法与排液称重法观测砂浆、水泥浆的凝缩为宜。用料体积较大的混凝土以第三种方法量测为好。

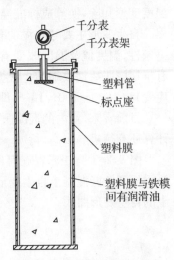

千分表
千分表架
塑料管
标点座
塑料膜
塑料膜与铁模间有润滑油

图 3.1-1　机械量测法

该试验需在恒温室里进行。为了避免温差影响，试验前二天即应将仪器和拌合材料（水泥、砂、石、水）放入恒温室。

由于初浇混凝土的凝缩受外界条件的影响较大，对于同一混凝土来说，在不同的时间里所做的试验结果都可能有较大的差别。

第二节 混凝土的自生变形

在密封保水和温度不变的条件下，混凝土会产生膨胀或者收缩。这种与外界作用无关、仅仅由于混凝土内部材料的化学物理因素引起的、随时间逐渐发展的线应变，称自生变形。自生变形的化学因素是混凝土硬化后水泥的继续水化和碱性骨料的影响，其物理因素是骨料的吸水和混凝土中自由水的移动。

自生变形是一种各向同性的体积变化，会在超静定结构中引起应力。在徐变试验中，密封的校核试件在恒温条件下的变形被看作是混凝土的自生变形。

作混凝土自生变形试验时，既要防止水分向外散逸，又要防止外界水分内渗，试件外表要作严格的密封处理。

作混凝土自生变形专项测试时，标准试件尺寸为直径 200 mm、高 500～600 mm 的圆柱体。用镀锌铁皮或其他材料做成试件的密封桶，要求密封桶不渗水不透气，内壁衬一层 1～2 mm 的橡皮或涂抹一层厚约 0.3～0.5 mm 的沥青隔层。用 DI−25 型差动电阻式应变计和配套的水工比例电桥测量应变变形。应变计置于桶的中心位置。成型时拌合料 40 mm 以上骨料用湿筛法剔除，记录下灰浆率。成型好以后严格检查各种缝隙并作密封处理。

标准试验在 20 ℃温度下施行测试。非标准温度的观测结果应在整理资料时把温度变形扣除，换算成标准温度的变形。

自生变形主要与水泥的化学成分、骨料和混合料的配合组成有关，可能还与振捣条件、温度值及温度改变有关。因混凝土品种不同，有膨胀型的，有收缩型的，也有早期膨胀后期收缩的。根据一般的徐变试验，从 7 天开始至一年的自生变形（收缩应变）约为 $20～100×10^{-6}$，即相当于应力 0.6～3.0 MPa 的瞬时弹性应变。

目前看来，室内的混凝土自生变形试验的结果能否直接应用于实际结构的分析计算还有待进一步商讨。

图 3.2-1 为江苏省五河口大型斜拉桥塔柱和主梁以及京杭运河预应力混凝土箱梁桥高性能混凝土自生变形曲线。图 3.2-2 为南京长江二桥掺粉煤灰高强混凝土的自生变形曲线。

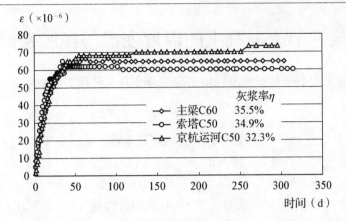

图 3.2-1 三种高性能混凝土自生变形曲线

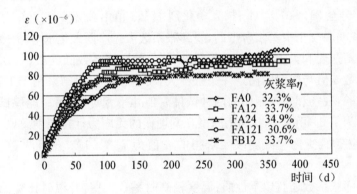

图 3.2-2 南京长江二桥高强混凝土自生变形曲线

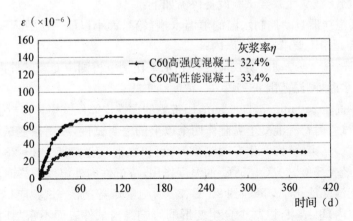

图 3.2-3 宜万铁路大桥高强混凝土自生变形曲线

第三节　混凝土的温度变形与线胀系数

工程中假定混凝土的温度改变值与温度应变存在线性关系如下：

$$\varepsilon_T = \alpha \Delta T \tag{3.3-1}$$

式中 ε_T 是温度应变，ΔT 是温度改变，α 为线膨胀系数。若 α 已知，由 ΔT 可计算温度变形 ε_T。α 值的测定是徐变试验室的一个工作内容，应设置专门设备。

混凝土的膨胀系数多为 $8 \sim 10 \times 10^{-6}/℃$，变化范围可在 $6 \sim 12 \times 10^{-6}/℃$。

骨料种类、水泥用量对 α 值有较大影响，掺用外加剂、改变水灰比和配合比也会改变 α 值。例如，乌溪江水电厂大坝三级配混凝土线胀系数为 $8.2 \times 10^{-6}/℃$，将粗骨料筛除，余下的砂浆的 α 值为 $14 \times 10^{-6}/℃$，该水泥按 0.37 水灰比制作的水泥石试件，α 值上升至 $21 \times 10^{-6}/℃$；掺入塑化剂 1%，α 值由 $8.2 \times 10^{-6}/℃$ 上升到 $9.7 \times 10^{-6}/℃$。说明混凝土中灰浆含量高，线膨胀系数大。广西大化水电站三级配混凝土采用破碎的石灰岩和人工石灰岩砂作粗细骨料，线膨胀系数低至 $4.3 \times 10^{-6}/℃$。

线胀系数 α 值与成型振捣条件关系不大，可直接将室内结果用于工程计算。据某船坞的试验，现场和室内制作的两种试件 α 值几乎相等；在另一船坞试验中，室内测试的结果为 $7.6 \times 10^{-6}/℃$，利用原型观测埋设的无应力计在温度急剧下降的一段时间里，由应变的变化和温度改变求得的 α 值为 $7.3 \times 10^{-6}/℃$，两者基本接近或相近。

混凝土膨胀系数还有以下性质：温度较高时系数大些，升温时比降温时略大，经周期性升降温多次作用后略有降低，龄期小略小、28 d 后基本不变。

测试混凝土线膨胀系数试验设备仪器如下：

① 带有搅拌器自动控制水温的恒温水槽（箱），大小以能一次放入 $4 \sim 6$ 个试件为度；温度控制精度要求 $0.5℃$ 以内；

② 用 DI－25 型差动电阻式应变计和水工比例电桥测应变和试件内部温度；长杆温度计测水温，测温范围 $0 \sim 100℃$，精度 $0.1℃$；

③ 试件直径 200 mm、高 500 mm，用带盖的白铁皮筒作试模和密封桶。

作该项试验时每种混凝土需制作两个以上的密封试件，或用徐变试验的校核试件（待徐变试验结束时做）。作专项测试时，可以在混凝土龄期 7 d～28 d 进行试验测试。试件经受 $5℃$、$20℃$、$45℃$ 的温度作用，待试件内外温度一样时测量它的变形，然后再把温度从 $45℃$ 降回到 $20℃$、$5℃$，测量降温变形。试验应尽量在较短时间（如一天以内）里结束，以减少自生变形的影响。当试件表面不密封时，需在试验之前两天把试件置于水中。

做混凝土的线膨胀系数试验时，选用差动电阻式应变计作为应变的量测仪器是方便的,这种仪器不但可以测量应变,还可以从电阻的变化中鉴定试件的内部温度是否已经稳定以及内部的温度是否与外部的温度一致;若采用千分表时应注意夹具的温度伸缩。

表3.3-1是中国水利水电科学研究院做的若干大坝混凝土试验结果[30]。我们做的部分试验结果列于表3.3-2。

表3.3-1 国内若干水电工程混凝土线膨胀系数

工程名称	$\alpha(10^{-6}/℃)$	备注	工程名称	$\alpha(10^{-6}/℃)$	备注
大　化	5.4～5.6	石灰岩	安　康	9.75	
乌江渡	5～6	石灰岩	三门峡	10.00	
岩　滩	7～8	石灰岩	柘　溪	9.6～10.2	
刘家峡	7.5	0 ℃以下为12.3	龙羊峡	9.5～10.4	变质石英岩
龚　咀	8.4～9.1		东　江	10.5～11.0	砂岩、石英砂岩
潘家口	8.8～9.4				

本表数据摘自文献[30]。

表3.3-2 若干工程混凝土线膨胀系数

工程名称	部位	线膨胀系数 $\alpha(10^{-6}/℃)$
五河口大桥	索塔 C50	9.3
	主梁前期 C60	9.3
	主梁后期 C60	8.2
京杭运河大桥	箱梁 C50	10.2
乌拉泊水库	副坝防渗墙	9.72
宜万铁路桥	C60 高性能	9.2
	C60 高强	9.8
厦门海沧大桥	C50(M0)	10.25
	C50(TS15)	10.25
P300 工程安全壳	C30	7.61

第四节　混凝土的干缩变形

置于一定湿度中的非密封试件的变形与密封试件以同一时间为起点的变形之差,被定义为混凝土的干缩。收缩是干缩与自生变形的和。干缩由试件表面的水分蒸发和内部水分逸出引起。干缩是由表及里逐渐发展的,试件断面上存在互相平衡的内应力。因此,干缩首先与湿度大小以及试件的截面尺寸形状有关。

截面尺寸大,渗径长,自由水外逸所需的时间也长,散逸阻力大,干缩小;由于截面尺寸增加,内应力分布越不均匀。

试验室湿度越低,干缩越大。湿度似乎影响混凝土的干缩速度和最终干缩值。当湿度变化在 $50\%\sim70\%$ 左右,干缩变形的变化较大,湿度大于 80%,或者小于 40%,干缩与湿度的关系则不很显著。

一般认为,水灰比大、水泥用量增加和骨料级配不良,都会使干缩变大。

经过一段时间的干缩以后,将试件置于水中,会发生体积膨胀,称为混凝土的湿胀。湿胀总比干缩小。设试件在水中吸入的水等于其蒸发的水,则混凝土的干缩是部分可逆的(可逆部分为湿胀值)。

干缩和湿胀都是一种迟后变形,它与试件放置在空气中干燥(或由空气中移至水中)时的材料龄期以及在空气中静置的持续时间有关。

考虑到干燥收缩与自生变形对工程的效应相似,现行标准试验方法不再将混凝土的干缩与自生变形分开,干燥收缩试验的观测结果即为两者之和。

干燥收缩试验的设备仪器如下:

① 试模　尺寸为 100 mm×100 mm×515 mm 棱柱体铁模,两端可以埋设不锈钢测头。测头外伸长度 12.5 mm。安装好以后试件与两端测头总长 530 mm。

② 量测仪表　弓形螺旋测微计、比长仪、混凝土干缩仪等,精度不低于 0.01 mm。

③ 干缩室　室温控制 20±2 ℃,相对湿度 60±5%。

图 3.5-1～图 3.5-4 为五河口大桥索塔 C50 和主梁 C60 高性能混凝土干缩试验的结果。图中 W－14－3# 组混凝土采用了多孔粗骨料且用水量比其他两组提高了 $4.3\%\sim6.7\%$。

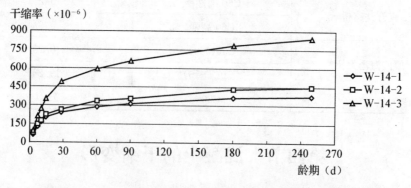

图 3.5-1　五河口大桥索塔 C50 混凝土干缩变化曲线(潮养 2 d)

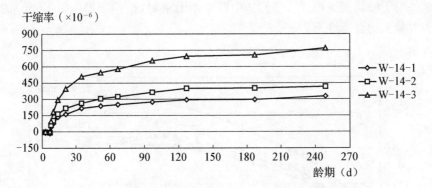

图 3.5-2 五河口大桥索塔 C50 混凝土干缩变化曲线(潮养 7 d)

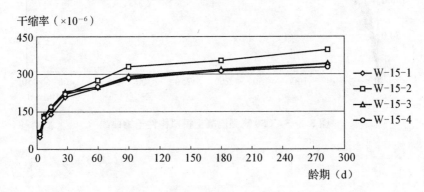

图 3.5-3 五河口大桥主梁 C60 混凝土干缩变化曲线(潮养 2 d)

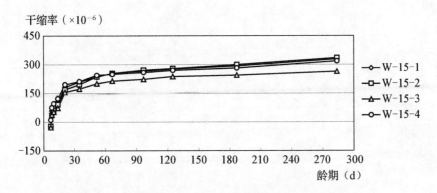

图 3.5-4 五河口大桥主梁 C60 混凝土干缩变化曲线(潮养 7 d)

我们采用 150 mm×150 mm×450 mm 的棱柱体试件,按四个侧面不密封、一对侧面密封、三侧面密封和四侧面密封的办法模拟有效厚度 $h=75$ mm、150 mm、300 mm 和>500 mm 的构件进行干缩变形观测,量测仪表为标距 150 mm 的固定千分表。试件的干缩结果见图 3.5-5。其中四个侧面密封（模拟板厚＞500 mm）的试件变形为混凝土的自生变形。

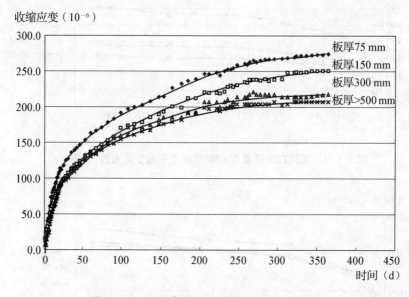

图 3.5-5　C50 高强混凝土模拟构件干缩曲线

第四章　试验成果的整理

第一节　数据匀整与图表表示

用 $\varepsilon_e(t_i)$ 表示瞬时应变，t_i 是从成型开始算起的时间，n 表示一组试件的数目，弹性模量用下式计算

$$E(t_i) = \frac{1}{n}\sum_1^n \frac{\sigma}{\varepsilon_e(t_i)} \tag{4.1-1}$$

$E(t_i)$ 为龄期 t_i 的弹性模量，是 n 个试件的平均值。在一组试件中（同龄期试件），各个试件的弹性模量与平均值之差超过规定范围时，按试验方法的有关规定处理，也可将各个试件的弹性模量值示于直角坐标 $t-E$ 图上。

设有 k 组试件，分别在 t_1、t_2、$\cdots\cdots$、t_k 时间加荷，将得到 k 个龄期的弹性模量平均值 $E(t_1)$、$E(t_2)$、$\cdots\cdots$、$E(t_k)$。在直角坐标系中，横坐标表示成型后的时间 t，纵坐标表示弹性模量 E，描点绘制弹性模量时间过程线。作图时应尽量使所作曲线靠近或通过多数测值，同时要注意到曲线是光滑的。这一工作即为弹性模量的图解法数据匀整，也称图解法数据分度。坐标分度值可以这样选取：使得从 7 d 到 28 d 一段曲线的斜率大约在 $30°\sim 40°$ 左右，读取弹性模量数值时能准确到第二位数、第三位数是估计值。

弹性模量随时间的增长与水泥的水化程度有关。假定水泥的水化过程线为一条光滑曲线，则弹性模量时间过程线亦是光滑的。按照实测数据联结而成的弹性模量曲线如不成为光滑曲线，将被认为与各组试件之间变形属性的差异有关，属性的差异主要是由于混凝土是非均质材料混合体和试件之间的成型操作差别所致。数据匀整可以看成对试件属性差异及试验所引起误差的某种修正。从这一意义上来讲，用图解法作数据匀整是对所有测值无法采取算术平均而决定（个别值的）取舍的一种补充。试件组数越多，每组的试件数目越多，则所作曲线就越具有代表性。实际制作的试件是很有限的，所以制作成型的熟练程度和方法是否合理、早龄期和晚龄期测值的偏差、作图者对发展规律的认识都或多或少地影响到曲线的走向和分度值的大小。

试验报告应有图示法表示的弹性模量时间过程线，尚应同时用列表法直接列出指定龄期的弹性模量值，以便查阅。列表表示弹性模量与时间的关系，是列出时间

分度上的弹性模量值，此弹性模量由上面所作图解曲线中查取。时间分度值应前密后疏，或者使得每个时间间距上弹性模量的差值相近。例如，按 7 的倍数递增，7、14、28、36、56、98、133、……；亦可按 5 的倍数递增，7、10、15、20、30、40、60、90、120、150、……（d）。

上述过程大概如下：先用图解法作数据匀整，根据图解曲线查取列表值并列表表示之，再将图解曲线和测值用适当大小的直角坐标图表示。

用 $\varepsilon(t_i,\tau_k)$ 表示加荷试件从 τ_k 到 t_i 时间的应变增加值，$t_i \geqslant \tau_k$，$\varepsilon_0(t_i,\tau_k)$ 表示校核试件从 τ_k 到 t_i 的应变增加值（均以缩小为正），徐变度 $C(t_i,\tau_k)$ 用下式计算

$$C(t_i,\tau_k) = \frac{1}{\sigma}\left[\bar{\varepsilon}(t_i,\tau_k) - \bar{\varepsilon}_0(t_i,\tau_k)\right] \qquad (4.1\text{-}2)$$

$\bar{\varepsilon}(t_i,\tau_k)$、$\bar{\varepsilon}_0(t_i,\tau_k)$ 是一组试件中加荷试件与校核试件在 t_i 时刻的应变平均值。

徐变度同样用图示法和列表法表示之，并附在试验报告上。

为了使用方便，要列出一定持荷时间的徐变值。试验过程中的测量时间可能是不规则的，或者是列表所不需要的时间；另外，计算所需要的混凝土加荷龄期值也未必等于有限组别的试件的加荷龄期，再者，由于多方面的原因，徐变测量值是不规则的，不能直接使用，需要作数据匀整。若试验只给出一个龄期的徐变度测值，仅用图表表示徐变度与持荷时间的关系即可。有 k 组试件分别在龄期 τ_1、τ_2、……、τ_k 加荷，还要用列表法表示徐变度与龄期的关系，也就要作徐变度与加荷龄期之间的数据匀整。这个工作大致按下面的方法进行。先用 τ_k 表示加荷龄期，τ_k 与弹性模量中的 t_k 相同，即 $t_k = \tau_k$。在直角坐标图中，取纵标表示徐变度 C，横标表示持荷时间 $t - \tau_k$，描点作出徐变度与持荷时间的关系曲线。有 k 组加荷龄期的试件，就有 k 条这样的曲线。作图原则与前面相同。这是第一类图的做法。

第一类图作好以后，再用纵坐标表示徐变度，横坐标表示加荷龄期，绘制徐变度与加荷龄期的关系曲线。绘制此图时，持荷时间是参变量，徐变度值由上一图中的徐变度持荷时间曲线上查取。假设持荷时间为 10 天，在徐变度—持荷时间曲线图上可查 k 个持荷 10 天的徐变值，由这 k 个值绘制一条曲线。查出 p 个持荷时间的徐变值（共 $p \times k$ 个点），就可绘出 p 条曲线。我们将这种图称为第二类图。

最后是列表表示徐变度与持荷时间 $t - \tau_k$、加荷龄期 τ_k 的关系。列表时徐变度值在第二类图的曲线中查取，共有 p 个持荷时间和 k 个加荷龄期的时间分度，徐变度值分度值有 $k \times p$ 个。需要根据此表作插值计算，持荷时间和加荷龄期的分度要适当增加。列表时，取 τ_k 与弹性模量表中的 t_k 相等，即 7、10、15、…，取 $t - \tau_k = 1$、2、5、10、15、20、30、50、70、…。

再下一步是用列表值绘制徐变度—持荷时间关系曲线，此图中加荷龄期是参变量，把测量值也同时描在此图上。坐标系可用直角坐标，也可用半对数坐标。

第二节 变形函数的公式表示

为便于插值计算和理论分析,仅用图表来表示混凝土弹性模量和徐变变形是不够的。采用形式上更为紧凑、简明的公式表示,可以在公式使用范围内进行任意的内插和外延计算、微积分运算等,甚至获得某些问题的封闭解。公式表示法还可以省去大量图表,使读者从一个简明的公式看出函数的发展变化和最后趋向。所以,在研究混凝土徐变问题的众多学者中,曾提出了各种经验公式。

徐变公式有直接描述徐变度变化的,有用积分核形式表示的。在目前,以前者最多,研究也比较深入。由于徐变不但与混凝土的加荷龄期有关,而且与荷载作用历史有关,这两者都表示为时间过程,用核形式表示似乎更为合理。关于这一问题,将在后面章节变荷载下混凝土的徐变计算与测试中详细讨论。

用 $t-\tau_1$ 表示持荷时间,τ_1 表示加荷龄期,最简单的幂规律徐变度公式可表示如下

$$C(t,\tau_1) = f(\tau_1)(t-\tau_1)^n \qquad (4.2-1)$$

$f(\tau_1)$ 与加荷龄期有关,n 是小于 1 的正数,均由龄期 τ_1 的徐变度曲线决定。容易看出,当持荷时间 $t-\tau_1$ 无限增大,$C(t,\tau_1)$ 也无限增加,不能取得徐变度最终渐近值,这是公式(4.2-1)的一个主要缺点。由于该式过分简单,在使用的时间区间上不容易与试验曲线符合得较好。

1953 年美国垦务局提出一个对数方程,徐变度表达式为

$$C(t,\tau_1) = f(\tau_1)\ln(t-\tau_1+1) \qquad (4.2-2)$$

$f(\tau_1)$ 是与加荷龄期有关的函数,如 $\tau_1=7$ d,$f(\tau_1)=0.076\sim0.079$,$\tau_1=28$ d,$f(\tau_1)=0.041\sim0.052$,$\tau_1=90$ d,$f(\tau_1)=0.026\sim0.030$。这是一个预测性的徐变度公式,在与试验结果符合得较好的一段以后,外延时间可以较长。

显然,$t-\tau_1$ 无限增加时,由公式(4.2-2)得到无限大的徐变变形,也不符合实际。以徐变度为纵坐标,以时间的对数为横坐标,公式(4.2-2)为一条通过坐标原点的直线。该式认为徐变曲线的形状与龄期无关,与试验的多数结果不符。不过,对某些试验结果,在有限时段内,公式(4.2-2)还是可以与试验值有较好的接近。

为了表示徐变有最终值,双曲线方程也比较常用。徐变度公式为

$$C(t,\tau_1) = f(\tau_1)\frac{t-\tau_1}{b+(t-\tau_1)} \qquad (4.2-3)$$

$f(\tau_1)$ 表示最终徐变量,是徐变速率趋于零的徐变值。$t-\tau_1$ 较小,公式(4.2-3)发展缓慢,在较宽广的时间区间上与试验数据符合得不理想。为此,美国混凝土协会

（ACI）提出下面表达式

$$C(t,\tau_1) = f(\tau_1) \frac{(t-\tau_1)^{0.6}}{10+(t-\tau_1)^{0.6}} \tag{4.2-4}$$

上面诸式都比较简单，作插值计算是很方便的，作理论分析却比较麻烦。前苏联学者较多地使用指数公式，如

$$C(t,\tau_1) = f(\tau_1)[1-e^{-\gamma(t-\tau_1)}] \tag{4.2-5}$$

指数函数 e^{-x} 在 x 不大时发展不快，公式(4.2-5)不容易在所有时间上与试验值符合得比较好，为弥补指数公式(4.2-5)的这个缺点，可用多项指数公式表示徐变度与持荷时间之间的关系

$$C(t,\tau_1) = \sum C_i[1-e^{-\gamma_i(t-\tau_1)}] \tag{4.2-6}$$

这是狄利克雷级数式，$C_0 = \sum C_i$ 是最终徐变量。公式(4.2-6)作微积分运算很方便。C_i、γ_i 是未知量，当 C_i、γ_i 取适当值，公式会与试验曲线有相当好的符合，拟定该式的主要困难在于由一组试验数据确定 γ_i 值。有 k 组试件分别在小龄期到大龄期加荷，C_i、γ_i 还与龄期有关。

公式(4.2-1)～(4.2-6)将 τ_1 换成 τ，便成为弹性徐变理论的徐变度公式。加荷龄期很大，徐变度与 τ_1 无关，成为弹性继效理论的徐变度公式。

下面的指数公式，可以表示卸荷时徐变部分可复的性质

$$C(t,\tau) = \sum_{i=1}^{p-1} \varphi_i(\tau)[1-e^{-\gamma_i(t-\tau)}] + C_p(e^{-\gamma_p\tau} - e^{-\gamma_p t}) \tag{4.2-7}$$

C_p、γ_p 由加荷曲线中发展缓慢的部分决定。γ_i 是比 γ_p 大的常数。公式(4.2-7)式右第二项采用了曲线平行假设，而第一项的指数和式之前也引入了一个老化系数 $\varphi_i(\tau)$，故而该公式是弹性徐变理论与老化理论结合的公式，可称是典型的弹性老化理论公式。式右最后一项表示不可复徐变变形。τ 趋于无限大，不可复变形为零。

下面的指数型徐变公式将徐变度表示为可复徐变与不可复徐变两者之和。公式形式如下

$$\left. \begin{aligned} C(t,\tau_1) &= C_y(t-\tau_1) + C_N(t,\tau_1) \\ C_y(t-\tau_1) &= \sum_{i=1}^{2} C_i[1-e^{-\gamma_i(t-\tau_1)}] \\ C_N(t,\tau_1) &= \sum_{j=3}^{5} C_j[1-e^{-\gamma_i(t-\tau_1)}] \end{aligned} \right\} \tag{4.2-8}$$

式中 $C_y(t-\tau_1)$ 为可复变形或弹性后效，C_i、γ_i 均为常量，用卸载后的徐变恢复曲线确定其值；徐变度 $C(t,\tau_1)$ 减去 $C_y(t-\tau_1)$ 便为不可复徐变曲线 $C_N(t,\tau_1)$。式(4.2-8)中第三式的 C_j、γ_j 一般与加载龄期有关，当龄期 τ_1 较大时成为常量。这种公式可以与试验曲线符合得相当好。该公式的核形式为

$$
\left.\begin{aligned}
\xi(t,\tau,\tau_1) &= \xi_y(t-\tau) + \xi_N(\tau,\tau_1) \\
\xi_y(t-\tau) &= \sum_{i=1}^{2} C_i\gamma_i \mathrm{e}^{-\gamma_i(t-\tau)} \\
\xi_N(\tau,\tau_1) &= \sum_{j=3}^{5} C_j\gamma_j \mathrm{e}^{-\gamma_j(\tau-\tau_1)}
\end{aligned}\right\}
\tag{4.2-9}
$$

核公式中 t 表示观测时间，τ 表示荷载作用时间，τ_1 是加载龄期。

弹性模量 $E(t)$ 可以用如下指数公式表示

$$
E(t) = E\left(1 - \sum_{i=1}^{k} \beta_i \mathrm{e}^{-\alpha_i t}\right)
\tag{4.2-10}
$$

一般认为，取两项指数和式即可有相当满意的拟合结果。取 $k=2$ 时可将上式写成

$$
E(t) = E_1(1 - \mathrm{e}^{-\alpha_1 t}) + E_2\left[1 - \mathrm{e}^{-(b+\alpha_2 t)}\right]
\tag{4.2-11}
$$

$E = \sum\limits_{i=1}^{k} E_i$ 即为晚龄期弹性模量（最终稳定值）。

按表示徐变与持荷时间之间的关系分类，可将上述的公式分为下述四个类型：幂函数、对数函数、双曲函数和指数函数。当 $f(\tau_1)$、$\varphi_i(\tau_1)$ 或 $C_j(\tau_1)$ 等函数取为加荷龄期的各种不同形式时，又派生出各种具体形式的徐变公式，种类很多。

很多试验指出，不同龄期的徐变度曲线是不相似的。公式(4.2-1)～(4.2-6)取各龄期的徐变度曲线相似，作了过分简化，可能会与试验曲线符合得较差。若加荷龄期大于 28 d，取各龄期徐变度曲线相似，会有较好的近似。

理想的徐变公式，在形式上要简单，同试验曲线有好的符合。此外，它还应该计算容易、易于作微积分运算；在计算工具落后的年代，公式简单或有表可查也成为决定取舍的评判标准之一。至于选用那种公式最为理想，现在还难于定论，需针对具体试验来分析。在表达一组数据时，为了作出比较理想的变形公式，对于一个没有经验的人来说，在开始时是需要经过反复琢磨和实践的。同时，对于各种简单函数的图形必须有比较清楚的认识。

作变形公式的一般步骤是，根据试验数据的函数图像构造一个分析公式，求出式中各常数。在直角坐标或半对数坐标上同时标出数据图像和公式图像。或由相关分析，检验所取公式是否适合，最后决定取舍。

第三节 徐变公式的图解作法与应用

一、变形公式的图解作法

用 t 表示 $t-\tau$、t、τ_1 等自变量，用因变量 $C(t)$ 表示徐变度和弹性后效。混凝土徐变度、弹性后效、不可复变形、弹性模量等可用下面简单公式进行组合

$$
\left.
\begin{aligned}
C(t) &= At^p \\
C(t) &= A\frac{t}{b+t} \\
C(t) &= A\ln(1+t) \\
C(t) &= \sum A_i(1-e^{-\gamma_i t}) \\
C(t) &= A_1 - A_2\frac{t}{b+t} \\
E(t) &= A(1-\sum \beta_i e^{-\alpha_i t})
\end{aligned}
\right\}
\tag{4.3-1}
$$

式左 $C(t)$ 或 $E(t)$ 是已知的观测值，式右除 t 以外均为常数，需要由已知的 $C(t)$、$E(t)$ 测值决定。上述各式均为非线性方程，为了能够用图解法决定式中的常数，需要经过适当变换，使变换后新的因变量成为自变量 t（或 t 的某一已知函数）的线性方程。下面分别介绍几类公式的图解作法。

（一）幂公式

$$
C(t) = At^p
\tag{4.3-2}
$$

上式两边取对数，得到线性方程

$$
z = a + p\theta
\tag{4.3-3}
$$

式中　$z = \ln C(t)$；

　　　$\theta = \ln t$；

　　　$a = \ln A$。

在直角坐标中，以 z 为纵坐标，θ 为横坐标，$z \sim \theta$ 是一条直线，a 是截距，p 是斜率。由以上分析，幂公式作法如下。先由已知的观测值 $C(t)$ 算出其对数 $\ln C(t)$ 及相应的时间对数 $\ln t$，选取直角坐标系，以 $\ln t$ 为横坐标，$\ln C(t)$ 为纵坐标，描点作直线。直线与纵坐标的交点即为 $\ln A$，斜率为 p。测值较多时，可以用线性回归分析法的相关公式计算斜率 p 和截距 $\ln A$，此时 p 称为回归系数。决定 A 和 p 后可以用相关指数 R 衡量所取表达式是否得当。关于变量间的回归分析与相关问题，将在后面第五章第四节混凝土强度与弹性模量关系讨论中详细介绍。

（二）对数公式

$$C(t)=A\ln(1+t) \tag{4.3-4}$$

作代换 $\theta=\ln(1+t)$，则 $C(t)=A\theta$。这是直线方程。在直角坐标系中，以 $\ln(1+t)$ 为横坐标，$C(t)$ 为纵坐标，当一组观测值 $C(t_i)$ 能够用公式(4.3-4)表示时，就可以作出一根直线，A 即为直线的斜率，该直线是通过坐标原点的。同样可以用线性回归分析求此直线方程的斜率 A。

（三）双曲线方程

$$C(t)=\frac{t}{A+Bt} \tag{4.3-5}$$

如上方程(4.3-5)两边的倒数成为

$$\frac{1}{C(t)}=\frac{A}{t}+B \tag{4.3-6}$$

两边乘以 t 得到

$$z(t)=A+Bt \tag{4.3-7}$$

式中 $z(t)=t/C(t)$。此方程(4.3-7)有两个常数 B 和 A，在直角坐标系中是一条不通过原点的直线，A 为截距，B 为斜率。当有 n 个测值 $C(t_1)$、$C(t_2)$……$C(t_n)$ 时，可以在直角坐标系 zot 上作出这条直线并确定其斜率 B 和截距 A。同样也可以用线性回归分析求得这两个常数，并用曲线相关指数 R 判别其优劣。

如下方程是单调递减函数

$$\varphi(t)=A_1-\frac{t}{A+Bt} \tag{4.3-8}$$

由于 $t=0$ 时，$\varphi(0)=A_1$，故 A_1 为已知值，取 $\varphi_1(t)=A_1-\varphi(t)$ 时，上述方程(4.3-8)变成如下形式

$$\varphi_1(t)=\frac{t}{A+Bt} \tag{4.3-9}$$

这个方程(4.3-9)在形式上与方程(4.3-5)相同，可以用上面方法确定常数 A 和 B。

（四）指数方程

下面的方程为指数公式最简单的形式

$$C(t)=A(1-e^{-\gamma t}) \tag{4.3-10}$$

式中 $t\to\infty$ 时 $e^{-\gamma t}\to0$，A 即为最终徐变值，可以通过长时间的荷载测试取得；在加载时间不太长，$C(t)$ 尚未达到或趋近最终稳定值时则需要依据测试者的经验，用试算

法决定。将式(4.3-10)的两边除以 A，再经移项可得到

$$e^{-\gamma t} = 1 - C(t)/A \qquad (4.3\text{-}11)$$

两边取对数，并命 $z(t) = \ln[1 - C(t)/A]$，可得

$$z(t) = -\gamma t \qquad (4.3\text{-}12)$$

这是一根通过坐标原点的直线。在一般情况下开始一段时间徐变变形发展很快，函数关系 $z(t) \sim t$ 表现为非线性关系，如图 4.3-1 所示，只有当 t 大于某一值以后才表现出良好的线性关系。为了克服指数公式(4.3-10)的这一缺陷，采用下面的指数和公式，将可获得满足要求的拟合结果，形式如下

$$C(t) = \sum_{i=1}^{p} A_i(1 - e^{-\gamma_i t}) \qquad (4.3\text{-}13)$$

用式(4.3-13)拟合徐变度曲线时，A_i、γ_i 都可能与试件加载时混凝土的龄期有关。为了能够采用一种作图方法逐个确定 γ_i 和 A_i，我们假设 $\gamma_1 \leqslant \gamma_2 \leqslant \cdots \leqslant \gamma_p$，在 t 大于某一 t_1 以后，$e^{-\gamma_2 t} = e^{-\gamma_3 t} = \cdots = e^{-\gamma_p t} = 0$，方程(4.3-13)成为下面形式

$$C(t) = \sum_{i=2}^{p} A_i + A_1(1 - e^{-\gamma_1 t})$$

或写成如下形式

$$C(t) = \sum_{i=1}^{p} A_i - A_1 e^{-\gamma_1 t}$$

取 $A = \sum A_i$，上式变为

$$C(t) = A - A_1 e^{-\gamma_1 t} \qquad (4.3\text{-}14)$$

式中 A 即为徐变最终稳定值，将其两边除以 A，移项并取对数，可以变换成如下形式

$$-\ln[1 - C(t)/A] = \gamma_0 + \gamma_1 t \qquad (4.3\text{-}15)$$

式中 $\gamma_0 = -\ln(A_1/A)$，或 $A_1/A = e^{-\gamma_0}$

引用记号 $z(t) = -\ln\left[1 - \dfrac{C(t)}{A}\right]$，上式成为

$$z(t) = \gamma_0 + \gamma_1 t \qquad (4.3\text{-}16)$$

在直角坐标中，当 t 大于某一数值 t_1 以后，$z(t)$ 是一根直线，γ_1 是直线的斜率，$\gamma_0 = -\ln(A_1/A)$ 是直线的截距。

可见当一组观测值 $C(t_i)$ 可以写成方程(4.3-13)的形式时，且存在关系 $\gamma_1 \ll \gamma_2 \ll \cdots \ll \gamma_p$，在直角坐标 toz 中，当自变量 $t > t_1$，新的因变量 $z(t)$ 呈直线变化；当 $t < t_1$，$z(t)$ 是通过坐标原点的曲线(在 $t = 0$ 时 $C(t) = 0$)，γ_1 是直线部分的斜率，γ_0

$=-\ln(A_1/A)$ 是延长线的截距。图 4.3-1 为两种水泥混凝土的 $z(t)\sim t$ 关系图,图中 t_1 是 t 当 $z(t)$ 从曲线转为直线的大致数值。图 4.3-1a 的直线斜率与龄期关系明显,图 4.3-1b 的直线斜率近于相等,表示四条徐变曲线近于相似。

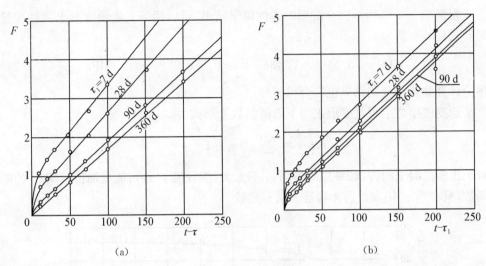

(a) (b)

图 4.3-1　$z\sim t$ 关系曲线

用图解法作出 γ_1,还可以用下式计算 A_1

$$A_1 = \frac{1}{m}\sum_{i=1}^{m} \frac{C_{i+1}-C_i}{e^{-\gamma_1 t_i}-e^{-\gamma_1 t_{i+1}}} \qquad t_{i+1}>t_i>t_1 \tag{4.3-17}$$

其中 $C_{i+1}=C(t_{i+1})$,$C_i=C(t_i)$,$i=1、2、\cdots\cdots、m$。

决定常数 γ_1、A_1 以后,再用新的因变量 $C_1(t)=C(t)-A_1(1-e^{-\gamma_1 t})$ 决定 γ_2、A_2,作法如上,其余类推。

上面几类简单公式作适当组合,便可同时描述徐变度、荷载持续时间、加荷龄期之关系。例如,假定徐变度由可复徐变 $C_y(t-\tau_1)$ 和不可复徐变 $C_N(t,\tau_1)$ 组成,即

$$C(t,\tau_1)=C_y(t-\tau_1)+C_N(t,\tau_1) \tag{4.3-18}$$

利用某大坝的资料(其中的一种为三级配混凝土试验结果),用下式表示可复徐变

$$C_y(t-\tau_1) = \{0.49[1-e^{-0.17(t-\tau_1)}]+0.21[1-e^{-1.74(t-\tau_1)}]\}\times 10^{-5}\text{MPa}^{-1} \tag{4.3-19}$$

不可复徐变用下式计算

$$C_N(t,\tau_1)=f_3(\tau_1)[1-e^{-0.0184(t-\tau_1)}]+f_4(\tau_1)[1-e^{-0.61(t-\tau_1)}] \tag{4.3-20}$$

其中 $f_3(\tau_1)=(0.9+0.6e^{-0.015\tau_1}+0.2e^{-0.11\tau_1})\times 10^{-5}\text{MPa}^{-1}$

$$f_4(\tau_1) = (0.17 + 0.787e^{-0.0127\tau_1} + e^{-4.11-0.53\tau_1}) \times 10^{-5} \text{ MPa}^{-1}$$

$C_y(t-\tau_1)$、$C_N(t,\tau_1)$ 相加,得到徐变度 $C(t,\tau_1)$。如图 4.3-2 所示,计算的曲线与观测值有相当好的符合。

根据图 4.3-3 所示四个龄期的弹性模量结果,可以用下式表示混凝土弹性模量时间过程线

$$E(t) = 3.48(1 - 0.43e^{-0.02t} - 0.57e^{-0.157t}) \times 10^4 \text{ MPa} \qquad (4.3-21)$$

理论计算曲线与观测结果也符合得很好。

徐变度中之不可复变形表为下面的指数和形式

$$C_N(t,\tau_1) = \sum f_j(\tau_1)[1 - e^{\gamma_j(t-\tau_1)}]$$

对于很多混凝土而言,如果加荷龄期 τ_1 不太大,指数值 γ_j 还可能是加荷龄期 τ_1 的减函数;只有当 τ_1 很大以后才接近于某一常数。

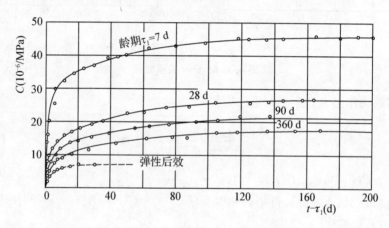

图 4.3-2　徐变度指数型公式计算曲线

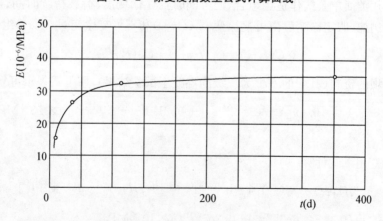

图 4.3-3　弹性模量指数公式计算曲线

二、应用分析

下面举例说明指数公式、幂公式和双曲线公式在徐变计算中的应用。

（一）弹性模量与抗压强度公式

试验证实，混凝土的弹性模量 E 和强度 f_{cu} 随时间 t（龄期）单调递增，并逐渐趋向某一稳定值，较多学着采用指数公式表示这两者与时间 t（龄期）之间的关系，如

$$E(t)=5.10(1-0.21\mathrm{e}^{-0.43t}-0.232\mathrm{e}^{-0.016t}) \qquad (4.3-22)$$

$$f_{cu}(t)=81.3(1-0.221\mathrm{e}^{-0.70t}-0.380\mathrm{e}^{-0.02t}) \qquad (4.3-23)$$

式中　$E(t)$—弹性模量（10^4 MPa）；

　　　$f_{cu}(t)$—立方块抗压强度（MPa）；

　　　t—龄期（d）或测试时间。

弹性模量和抗压强度随时间的延续而增大与混凝土材料的水化反应进程有关，故而相互之间存在相关关系。利用这种相关关系，曾出现为数众多弹性模量 E～抗压强度 f 公式。由抗压强度的测试结果推算混凝土的弹性模量是一种方便作法，有利于在施工现场实施。下面的平方根公式是一利用较多的公式形式

$$E=-1.061+0.67\sqrt{f_{cu}} \qquad (4.3-24)$$

以上三式由同一材料和配比的混凝土制作的试件测试资料用前面所述作法得出。试验资料和按公式推算的结果列于表 4.3-1。

表 4.3-1　抗压强度 f_{cu} 与弹性模量 E 推算结果比较表

名称（单位）	来由	龄期 t(d)							
		1	3	7	14	28	60	90	180
f_{cu}（MPa）	按试验	42.1	50.0	54.3	58.0	63.5	72.0	76.3	80.5
	按式(4.3-23)	42.1	50.0	54.3	57.9	63.7	72.0	76.2	80.5
E（10^4 MPa）	按试验	3.25	3.68	3.93	4.13	4.30	4.60	4.82	5.02
	按式(4.3-22)	3.24	3.68	3.99	4.15	4.34	4.65	4.82	5.03
	按式(4.3-24)	3.28	3.68	3.88	4.04	4.29	4.63	4.79	4.95

混凝土基本材料来源改变，应另行通过系统实验建立相应关系式。

（二）徐变系数的内插与外延公式

例一、据江苏京杭运河箱梁桥高性能混凝土 C50 的试验结果，28 d 龄期基本徐变系数 ϕ_{28} 可用如下三个公式表示

$$\phi_{28}=0.15(1-\mathrm{e}^{-2t})+0.28(1-\mathrm{e}^{-0.086t})+0.482(1-\mathrm{e}^{-0.011t}) \qquad (4.3-25)$$

$$\phi_{28} = \frac{t^{0.8}}{13.0 + 0.995t^{0.8}} \tag{4.3-26}$$

$$\phi_{28} = \frac{t^{0.6}}{7.05 + 0.905t^{0.6}} \tag{4.3-27}$$

例二、另据一高强度混凝土 C50 龄期 7 d 加载、试件等效厚度 75 mm 的徐变测试资料,用与上面三式相同的指数公式和双曲线公式表示如下

$$\phi_7 = 0.18(1 - e^{-3.5t}) + 0.48(1 - e^{-0.23t}) + 1.27(1 - e^{-0.0074t}) \tag{4.3-28}$$

$$\phi_7 = \frac{t^{0.8}}{14.8 + 0.416t^{0.8}} \tag{4.3-29}$$

$$\phi_7 = \frac{t^{0.6}}{6.49 + 0.36t^{0.6}} \tag{4.3-30}$$

按公式计算和按试验测试的结果同列于表 4.3-2,上述公式外延计算结果的比较列于表 4.3-3,分析如下。

表 4.3-2 徐变系数公式推算结果比较表

持续时间 $t(d)$	例一之 ϕ_{28}(基本徐变系数)				例二之 ϕ_7(等效厚度 $h=75$ mm)			
	按试验	按式 (4.3-25)	按式 (4.3-26)	按式 (4.3-27)	按试验	按式 (4.3-28)	按式 (4.3-29)	按式 (4.3-30)
1	0.15	0.16	0.07	0.13	0.30	0.28	0.07	0.15
5	0.28	0.27	0.22	0.28	0.56	0.55	0.22	0.35
10	0.36	0.36	0.33	0.37	0.69	0.70	0.36	0.50
20	0.47	0.48	0.46	0.48	0.83	0.83	0.57	0.70
30	0.54	0.54	0.54	0.55	0.92	0.91	0.72	0.83
60	0.66	0.66	0.67	0.66	1.09	1.11	1.03	1.09
90	0.73	0.73	0.74	0.73	1.22	1.27	1.22	1.26
120	0.78	0.78	0.78	0.77	1.34	1.40	1.36	1.38
180	0.84	0.85	0.83	0.82	1.55	1.58	1.54	1.54
240	0.87	0.88	0.86	0.86	1.70	1.70	1.67	1.66
360	0.90	0.90	0.90	0.90	1.82	1.82	1.82	1.82
二年		0.91	0.94	0.96		1.90	2.03	2.06
五年		0.91	0.97	1.02		1.91	2.21	2.31
十年		0.91	0.99	1.05		1.91	2.29	2.45
二十年		0.91	0.99	1.07		1.91	2.34	2.55

表 4.3-3　三种徐变系数公式外延值与一年期试验值比较表

		例一			例二		
		式(4.3-25)	式(4.3-26)	式(4.3-27)	式(4.3-28)	式(4.3-29)	式(4.3-30)
360 d 计算值		0.90	0.90	0.91	1.82	1.82	1.82
徐变系数比	二年/一年	1.01	1.04	1.07	1.04	1.14	1.13
	五年/一年	1.01	1.08	1.13	1.05	1.21	1.27
	十年/一年	1.01	1.10	1.17	1.05	1.26	1.35
	二十年/一年	1.01	1.10	1.19	1.05	1.29	1.40

　　① 三项和指数公式(4.3-25)及式(4.3-28)在一年以内与实验值符合较好,双曲线公式在 60 d～360 d 的时段内与试验值符合较好。这是因为指数公式可以按 γ_i 值之不同分段分层与试验曲线拟合;双曲公式过分简单,只能依靠改变幂次来改变公式线形的弯曲曲率,难与加载早期变化激烈的徐变曲线拟合较好。

　　② 指数公式中当 $\gamma_i t > 1$ 以后,$e^{-\gamma_i t}$ 衰减较快,与徐变后期发展缓慢有违;双曲线函数后期发展缓慢,与徐变速率的变化相一致。据笔者的测算,用持载 60 d～360 d 之徐变资料确定的双曲线公式,与外延二年的测试结果(实际测量持续三年)符合较好。

　　综合如上两条分析的结论为:三项指数和公式用于内插计算很好,双曲线公式作 60 d 以后的内插计算和两年以内的外延计算是合适的。

　　③ 从表 4.3-3 的数值比较看,双曲公式外延计算的增加量不但与时间变量 t 的幂次有关,还与徐变系数后期的发展有关,故而不要把某一公式(包括统计公式在内)看作具有普遍性适用的模型,只可作为参考。

第五章　桥用高强混凝土的长期变形

　　桥用混凝土不仅要有高强度、耐久性好、体积稳定、流动性好以符合设计和施工要求,还应具有小的收缩和徐变变形、弹性模量高,有与钢材相近的线膨胀系数 α 值。

　　混凝土的徐变会导致构件预应力损失,可能造成塔柱和桥面长期变形过大。目前估计桥用混凝土长期变形的途径是采用常规方法作徐变测试,再利用已有研究成果对常规方法的试验数据进行修正,其中主要是考虑桥梁结构的工作环境和结构构造进行湿度和构件尺寸修正,掺筋量修正,长期徐变的预测等。本章首先讨论高强高性能混凝土徐变试验的若干结果,第三、四节的论述则与施工控制中变形参数的取值有关,在最后一节讨论湿度和构件尺寸修正问题,余者因与徐变力学混合问题及其他环境量有关,拟待第九章专门讨论。

第一节　高强高性能混凝土的徐变

一、概要

　　本节介绍江苏省五河口斜拉桥和京杭运河箱梁桥主体工程高性能混凝土常规试验的徐变收缩,讨论其变形特征与材料影响。

　　五河口斜拉桥主梁工程 C60、索塔工程 C50 及京杭运河大桥箱梁工程 C50 三种施工用高性能混凝土每方材料用量见表 5.1-1。试验用原材料均选自五河口特大桥、京杭运河大桥施工工地在用材料。上述混凝土按加载龄期分组,加载龄期和组数如下。

工程名	工程部位及混凝土名称	加载龄期
五河口大桥	索　塔　C50	3 d、7 d、28 d、90 d
五河口大桥	主　梁　C60	3 d、7 d、28 d、90 d
京杭运河大桥	主桥箱梁　C50	3 d、7 d、28 d、90 d

表 5.1-1　每方混凝土材料用量

混凝土名	水泥 (kg/m³)	粉煤灰 (kg/m³)	纤维 (kg/m³)	河砂 (kg/m³)	碎石 (kg/m³)	用水量 (kg/m³)	外加剂 (kg/m³)	坍落度 (cm)	灰浆率 η
索塔 C50	419 (巨龙)	74	0	676	1057 (睢宁)	180	4.93	21.5	34.9%
主梁 C60	490 (巨龙)	54	0	660	1032 (睢宁)	172	6.80	22.0	35.5%
箱梁 C50	454 (京阳)	0	0	674	1198 (盱眙)	177	6.36	18.8	32.3%

注:水泥项括号内为水泥牌号,碎石项括号内为石料来源产地。

二、试验方法要点

本试验方法依据中华人民共和国国家标准《普通混凝土长期性能和耐久性能试验方法》GBJ82—1985、中华人民共和国行业标准《公路工程水泥混凝土试验规程》JTJ053—1994 及《水运工程混凝土试验规程》JTJ270—1998。试件为直径 200 mm、高 600 mm 的圆柱体。制作试件时,先将混凝土应变计固定在铁制模具的中心位置,应变计为差动电阻式 DI—25 型应变计。混凝土浇筑后,应变计即成为预埋在试件内部的测量仪器。制作试件时,配料用搅拌机拌和,分三层浇筑,振动台振实,同时制作强度试验的标准立方体试块。徐变试件成型后放在 20 ℃的恒温室内带模养护 24 h,拆模后试件表面作密封处理。立方块强度试件放在标准养护室养护。

试件在三杆弹簧徐变仪上加载,液压千斤顶加载,钢环测力计测量荷载。加荷应力在相应龄期柱体强度的 30% 左右,荷载值分 4～5 级,平均加载速率为 3 MPa/min;经两次加、卸载循环,第三次最后一级加载完毕,完成弹模测试后将荷载锁定;荷载锁定后一定时间同时测定加载试件及校核试件的变形,时间间隔前密后疏。试验室温度控制 20±2 ℃,相对湿度 65±5%。

徐变为加载试件在荷载锁定后受压应变的增加值减去以相同时刻为起点的校核试件压应变增加值两者之差值。上述加荷试件及校核试件的应变均为各自两个试件的观测结果的平均值。各加载试件的持荷时间以试件变形近于或基本稳定为止;卸荷后测试徐变恢复(即可复徐变)。

三、混凝土的抗压强度与弹性模量

表 5.1-2 及表 5.1-3 为混凝土的抗压强度及瞬时弹性模量试验结果。

从表 5.1-2 的结果看,索塔 C50 和箱梁 C50 两种混凝土强度试验值及强度随时间的发展变化大致接近。从表 5.1-3 看,索塔 C50 的弹模值高于箱梁 C50 对应龄期的弹模值,主要原因在于箱梁 C50 粗骨料密实性欠佳。

该两项结果显示混凝土的早期强度和早期弹性模量比较高,从 28 d 至 90 d 一段时间的增加都很有限。

表 5.1-2 混凝土抗压强度试验结果

部位及混凝土名	抗压强度(MPa)及龄期(d)				强度比 R_t/R_{28} 及龄期(d)			
	3 d	7 d	28 d	90 d	3 d	7 d	28 d	90 d
索塔 C50	46.3	51.9	61.3	64.0	0.76	0.85	/	1.04
主梁 C60	51.0	58.5	70.2	70.5	0.73	0.83	/	1.00
箱梁 C50	42.1	50.4	62.1	63.3	0.68	0.81	/	1.02
强度比平均值					0.72	0.83	/	1.02

表 5.1-3 混凝土瞬时弹性模量试验结果

部位及混凝土名	弹模 $E(10^4 \text{MPa})$ 及龄期(d)				弹模比 R_t/R_{28} 及龄期(d)			
	3 d	7 d	28 d	90 d	3 d	7 d	28 d	90 d
索塔 C50	3.85	4.02	4.20	4.37	0.92	0.96	/	1.04
主梁 C60	3.92	4.11	4.29	4.52	0.91	0.96	/	1.05
箱梁 C50	3.05	3.37	3.50	3.76	0.87	0.96	/	1.07
弹性模量比平均值					0.90	0.96	/	1.05

按照第六届国际预应力混凝土会议建议的强度时间关系,时间(龄期)t 分别为 3 d、7 d、28 d、90 d、360 d 的强度 R_t 与标准强度 R_{28} 之比,对加有早强剂的快硬普通硅酸水泥混凝土而言,比值 R_t/R_{28} 的建议取值为 0.55、0.75、1.00、1.15、1.20。本试验三个施工配比混凝土的试验结果,平均值为 0.72、0.83、1.00、1.02(缺一年值)。可见工程施工用的高性能混凝土早期强度较高。

三种混凝土在 7 d 龄期以后弹性模量的增加不大,从弹性模量比的平均值一栏看 7 d 至 28 d 增加 4%,从 28 d 至 90 d 增加 5%。

为便于施工监控时弹性模量的取值计算,可以采用如下指数公式表示弹性模量 E 与时间 t 的关系

$$E(t) = E_0(1 - \alpha_1 e^{-\beta_1 t} - \alpha_2 e^{-\beta_2 t}) \tag{5.1-1}$$

式中 E_0 表示弹性模量最终值,α_1、α_2、β_1、β_2 为经验常数,t 为加载时间或龄期。采用曲线回归分析法进行计算,确定出各混凝土的上述常数如表 5.1-4 所列。按公式计算值与试验结果进行比较,列于表 5.1-5。利用公式进行插值及外延计算时,时间以不小于 3 d 为宜。3 d 以前的弹性模量取值,可以参用早期强度试验值进行推算。

表 5.1-4　公式(5.1-1)中的常数汇总表

工程部位及混凝土名	E_0 (10^4 MPa)	α_1	β_1	α_2	β_2
索塔 C50	4.53	0.10	0.012	0.11	0.25
主梁 C60	4.68	0.12	0.014	0.15	0.37
箱梁 C50	3.90	0.148	0.015	0.346	0.50

表 5.1-5　混凝土弹性模量试验值与按公式计算值比较表

工程部位及混凝土名	按公式(5.1-1)及表 5.1-4 参数计算					按试验值			
	3 d	7 d	28 d	90 d	360 d	3 d	7 d	28 d	90 d
索塔 C50	3.86	4.03	4.21	4.38	4.52	3.85	4.02	4.20	4.37
主梁 C60	3.91	4.12	4.30	4.52	4.68	3.92	4.11	4.29	4.52
箱梁 C50	3.05	3.34	3.52	3.75	3.90	3.05	3.37	3.50	3.76

四、混凝土的收缩

索塔 C50、主梁 C60 和箱梁 C50 三种混凝土按标准方法进行干缩测试,测试前分别做了潮养 2 d 和 7 d 比较,结果见下表 5.1-6。

表 5.1-6　混凝土试件收缩应变试验结果

混凝土名称	潮养天数(d)	各龄期的收缩量(10^{-6})					
		10 d	28 d	60 d	90 d	180 d	249 d
索塔 C50	2	166	242	287	314	363	374
	7	76	188	243	273	295	327
主梁 C60	2	122	207	245	281	314	341 *
	7	80	195	245	260	290	329 *
箱梁 C50	2	228	410	496	549	636	705 * *
	7	161	348	462	550	630	635 * *

注:* 为龄期 284 d,* * 为龄期 236 d。

由表 5.1-6 所列看,经过 250 d 后收缩仍然有增加,在龄期 20~28 d 这一段时间预计可以完成一年期收缩量的 50% 左右。表中潮养 2 d 和 7 d 收缩测值中最后三次值(90、180、249 d)的平均值之比 $\bar{\varepsilon}_2/\bar{\varepsilon}_7$ 为:索塔 C50:1.17、主梁 C60:1.06、箱梁 C50:1.04。上述比值说明在 10 d 之前两种潮养制度下的收缩应变差异明显,10 d 以后差异缩小。索塔 C50 和主梁 C60 两种混凝土的收缩应变几乎相当,箱梁 C50 混凝土的收缩应变几乎为前两者的 2 倍,说明骨料品质对混凝土收缩的影响比对弹性模量的影响更为显著。

有文献[9]指出,以石英石、石灰岩为骨料的混凝土,23 年的干缩(收缩)分别为 550×10^{-6}、650×10^{-6},以砾石、砂岩为骨料的混凝土,23 年的干缩应变分别为 $1\,140 \times 10^{-6}$、1260×10^{-6},后者约为前者的 2 倍。说明骨料品质对混凝土干缩的影响明显,对高强混凝土干缩的影响亦效果一样。

五、徐变度与徐变系数

图 5.1-1～图 5.1-3 为三种高性能混凝土的徐变度曲线。所有曲线示值按下面的指数型公式计算

$$C(t,\tau_0) = C_y(t-\tau_0) + C_N(t,\tau_0) \tag{5.1-2}$$

其中

$$\left. \begin{aligned} C_y(t-\tau_0) &= C_1[1-e^{-\gamma_1(t-\tau_0)}] + C_2[1-e^{-\gamma_2(t-\tau_0)}] \\ C_N(t,\tau_0) &= C_3[1-e^{-\gamma_3(t-\tau_0)}] + C_4[1-e^{-\gamma_4(t-\tau_0)}] + C_5[1-e^{-\gamma_5(t-\tau_0)}] \end{aligned} \right\} \tag{5.1-3}$$

式中　$C_y(t-\tau_0)$——可复徐变或称弹性后效($10^{-6}/\mathrm{MPa}$);

$C_N(t,\tau_0)$——不可复徐变($10^{-6}/\mathrm{MPa}$);

$C(t,\tau_0)$——徐变度($10^{-6}/\mathrm{MPa}$);

τ_0——加载龄期(d),以成型时刻起计;

t——观察时间(d),以成型时刻起计;

$t-\tau_0$——持续时间(d)。

式中的常数和系数 $C_1 \sim C_5$、$\gamma_1 \sim \gamma_5$ 列于表 5.1-7。

表 5.1-7　徐变度公式(5.1-3)之系数(及常数)汇总表

部位混凝土名		索塔 C50	主梁 C60
弹性后效 C_y	γ_1(1/d)	0.2	0.1
	γ_2(1/d)	1.8	1.0
	C_1	2.8	3.2
	C_2	0.7	0.4
不可复徐变 C_N	γ_3(1/d)	$1+2e^{-0.06\tau_0}$	$1.5+1.5e^{-0.5\tau_0}$
	γ_4(1/d)	$0.01+0.1e^{-0.038\tau_0}$	$0.015+0.4e^{-0.12\tau_0}$
	γ_5(1/d)	$0.005+0.023e^{-0.016\tau_0}$	$0.01+0.018e^{-0.1\tau_0}$
	C_3	$1.2+4e^{-0.08\tau_0}$	$0.7+3e^{-0.1\tau_0}$
	C_4	$3+5e^{-0.05\tau_0}$	$2.5+5e^{-0.05\tau_0}$
	C_5	$4.5+7e^{-0.04\tau_0}+5e^{-0.5\tau_0}$	$3+7e^{-0.04\tau_0}+2e^{-0.5\tau_0}$

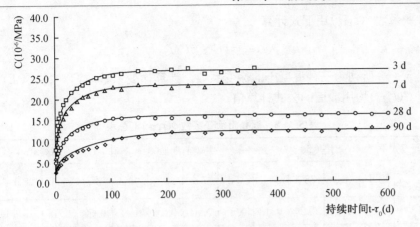

图 5.1-1　五河口索塔 C50 徐变度曲线

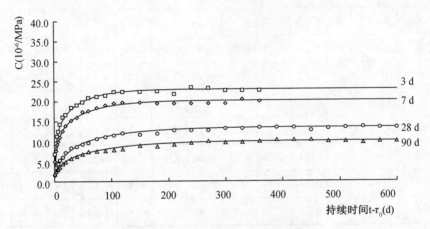

图 5.1-2　五河口主梁 C60 徐变度曲线

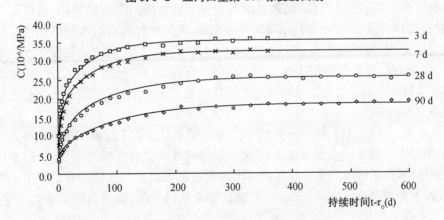

图 5.1-3　京杭运河箱梁 C50 徐变度曲线

徐变系数 $\phi(t,\tau_0)$ 用下式计算

$$\phi(t,\tau_0)=E(\tau_0)C(t,\tau_0) \tag{5.1-4}$$

表 5.1-8 所列为三种混凝土的徐变系数。计算徐变系数时，弹性模量 $E(\tau_0)$ 及徐变度 $C(t,\tau_0)$ 均用前面的公式计算值。

表 5.1-8 混凝土徐变系数 $\phi(t,\tau_0)$ 汇总表

名称 $t-\tau_0$	索塔 C50				主梁前期 C60				箱梁 C50			
τ_0	3 d	7 d	28 d	90 d	3 d	7 d	28 d	90 d	3 d	7 d	28 d	90 d
5 d	0.50	0.44	0.26	0.18	0.43	0.34	0.14	0.12	0.53	0.48	0.28	0.23
10 d	0.64	0.57	0.35	0.23	0.54	0.46	0.21	0.17	0.64	0.61	0.36	0.27
20 d	0.77	0.69	0.45	0.28	0.64	0.57	0.29	0.23	0.75	0.72	0.47	0.32
30 d	0.84	0.76	0.51	0.31	0.70	0.63	0.34	0.27	0.81	0.78	0.54	0.36
60 d	0.95	0.86	0.59	0.39	0.81	0.72	0.44	0.33	0.93	0.91	0.66	0.45
90 d	1.00	0.90	0.63	0.44	0.85	0.77	0.48	0.37	1.00	0.98	0.73	0.52
120 d	1.02	0.93	0.65	0.47	0.88	0.79	0.52	0.39	1.04	1.02	0.78	0.56
180 d	1.04	0.94	0.67	0.51	0.89	0.82	0.55	0.42	1.07	1.07	0.84	0.63
240 d	1.04	0.94	0.68	0.53	0.90	0.83	0.56	0.44	1.08	1.08	0.87	0.66
360 d	1.04	0.94	0.68	0.54	0.90	0.83	0.58	0.45	1.08	1.09	0.90	0.69

徐变系数是一个相对值，是衡量混凝土徐变特性的一个重要指标，可以用来对结构的应力和变形的变化进行粗略估计。比如，采用弹性分析法取得结构或构件的弹性变位 u^e 时，可估计其荷载变位为 $u^e(1+\phi)$；由温度变化或边界位移引起的弹性应力 σ^e 已知时，最简单的估计结果为 $\sigma^e/(1+\phi)$；对于构件预应力的变化（多连体混合问题），最简单的估算方法是将混凝土弹性模量 $E(\tau_0)$ 用有效模量 $E(\tau_0)/(1+\phi)$ 代入变形方程中求解。

从表 5.1-8 横列看，持续时间相等时，徐变系数 ϕ 基本上随着加载龄期增大而变小，说明徐变度随龄期变大而减小，其衰减的速度比单位弹性瞬时变形（$1/E(\tau_0)$）的减小来得快，且延续时间长。这是较多出现或者也可以说是比较普遍的情况。为便于比较，下面专以持续时间 $t-\tau_0$ 一年的徐变系数值为例，说明其值 ϕ 的大小变化。其值列于表 5.1-9。

表 5.1-9　混凝土徐变系数 ϕ 汇总表

混凝土名称	灰浆率 η	$t-\tau_0=360\ d$ 的各龄期徐变系数 ϕ			
		3 d	7 d	28 d	90 d
索塔 C50	34.9%	1.04	0.94	0.68	0.54
主梁 C60	35.5%	0.90	0.83	0.58	0.45
箱梁 C50	32.3%	1.09	1.10	0.90	0.69
平 均 值	34.1%	1.02	0.96	0.72	0.57

南京长江二桥某混凝土徐变试验，一共作了六组试件，均在龄期 7 d 时加荷。其中一组配比混凝土未掺用粉煤灰，灰浆率 32.6%；另外四组掺有粉煤灰，灰浆率 30.6%～36.1%、平均值 33.8%。同样比较持载 360 d 的徐变系数，未掺粉煤灰的一组 $\phi_0=1.19$，掺有粉煤灰的四组徐变系数为 0.87～1.02，平均值为 $\bar{\phi}=0.95$，比值 $\bar{\phi}/\phi_0=0.80$。表 5.1-9 中箱梁 C50 混凝土未掺粉煤灰，索塔 C50 和主梁 C60 两组混凝土都掺用了粉煤灰，后两者 7 d 的平均值 $\bar{\phi}=0.885$，与箱梁 7 d 值 $\phi=1.10$ 相比为 0.80，说明掺粉煤灰高强混凝土徐变系数有所降低。

黄石大桥箱梁二级配混凝土共作 5 d、28 d、90 d 三组加载龄期试件，灰浆率 34.6%，未掺粉煤灰，持荷一年的徐变系数分别为 1.59、1.14、1.02。另有一组掺用粉煤灰的一级配龄期 5 d 加载试件，徐变系数为 1.49。说明在高强混凝土中掺入粉煤灰后徐变系数变小。

以往曾做的大坝及大型港口工程混凝土徐变试验，试件混凝土灰浆率多在 22% 以内，晚龄期加载的徐变系数多在 0.6～0.8，早龄期加载的徐变系数值一般为 1.0～1.2。相比较而言，本试验的高性能混凝土徐变系数较低，徐变系数和徐变度较低可能主要与外加剂和粉煤灰的掺入有关。

第二节　高强混凝土模拟构件的收缩徐变

一、试验设计

用四个配比的高强混凝土试件作徐变和收缩测试。混凝土配比等见表 5.2-1，测试目的、内容及试件模拟尺寸等见表 5.2-2。

表 5.2-1　试验混凝土配合比和每方材料用量

混凝土编号	配置标识	水灰比 W/B	每方混凝土材料用量（kg/m³）					萘系减水剂 FND	聚羧酸减水剂 PC—2	早强剂 Na₂SO₄
			水	水泥	硅粉	砂	5～15 mm 碎石			
1#	C50FDN	0.33	159	482	0	614	1150	0.70%		
2#	C50FNA	0.33	159	482	0	614	1150	0.70%		1.0%
3#	C50PC	0.33	159	482	0	614	1150		0.50%	
4#	C60SF	0.30	152	482	25	606	1136		0.50%	

表 5.2-2　测试目的、内容及试件的模拟处理表

试件尺寸形状	测试内容	测试目的	表面密封处理形式	等效厚度 h(mm)	试验混凝土编号	坍落度
正方形截面边长 150 mm，高 450 mm 棱柱体试件	收缩徐变	外掺剂影响比较	一个相对表面密封另一对面暴露	150	1#、2#、3#、4#	不小于 180 mm
		试件尺寸影响比较	四侧面暴露	75	1#	
			一相对侧面暴露	150		
			一个侧面暴露	300		
			四侧面密封	＞500		

表中的等效厚度 h 等于正方形截面边长 a 的一半，即 $h=a/2$。四种等效厚度试件模拟的构件截面边长分别为 150 mm、300 mm、600 mm 和＞1 000 mm。所有试件均在龄期 7 d 加载，收缩测试也是从 7 d 开始。

二、外掺剂对收缩徐变影响

表 5.2-3 为强度与弹性模量结果。四种混凝土弹性模量基本相近，比按《混凝土结构规范》弹性模量推算公式值偏高 11%～12%。

表 5.2-3　混凝土龄期 7 d 强度 f_{cu} 与弹性模量 E

内容名称	配比编号			
	1#	2#	3#	4#
立方块强度 f_{cu}(MPa)	54.3	54.8	50.4	60.2
试件弹模 E(10⁴ MPa)	3.95	3.87	3.84	3.93
规范公式 E(10⁴ MPa)	3.52	3.53	3.46	3.62

图 5.2-1 和图 5.2-2 为四配比混凝土的收缩量 $S(t)$ 及徐变度 $C(t, \tau_0)$，收缩量 $S(t)$ 与徐变系数 ϕ 分度值见表 5.2-4。$1^{\#}$、$2^{\#}$、$3^{\#}$ 配比混凝土收缩量基本接近；$4^{\#}$ 混凝土掺有硅粉，收缩量有较大的下降，这与一般测试结果一致。徐变系数和徐变度的数值从大到小的排列顺序是 $1^{\#}$、$3^{\#}$、$2^{\#}$、$4^{\#}$。混凝土中掺入硅粉，徐变有大幅下降。$2^{\#}$ 混凝土掺入早强剂 Na_2SO_4，老化进程加快，从而徐变也偏低。若不计早强剂的影响，从收缩和徐变量的下降两者看，聚羧酸系列优于萘系列。

表 5.2-4　$1^{\#} \sim 4^{\#}$ 配比混凝土试件的收缩 $S(t)$ 与徐变系数 ϕ

持续时间 $t(d)$	收缩 $S(t)$				徐变系数 $\phi(t)$			
	$1^{\#}$	$2^{\#}$	$3^{\#}$	$4^{\#}$	$1^{\#}$	$2^{\#}$	$3^{\#}$	$4^{\#}$
10	60	75	54	50	0.56	0.30	0.34	0.22
30	105	113	92	70	0.74	0.39	0.48	0.28
90	160	167	140	97	0.96	0.47	0.64	0.34
180	208	205	180	117	1.11	0.55	0.76	0.37
360	251	233	213	136	1.25	0.66	0.90	0.43

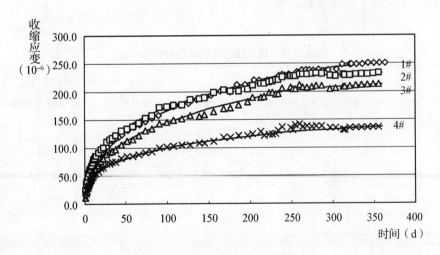

图 5.2-1　四配比混凝土收缩曲线

($h = 150$ mm)

三、试件尺寸影响

表 5.2-5 为 $1^{\#}$ 混凝土四种模拟尺寸试件的收缩 $S(t)$ 与徐变系数 $\phi(t)$ 测试结果。图 5.2-3 和图 5.2-4 为 $1^{\#}$ 混凝土四种模拟尺寸试件的收缩过程线及徐变度过

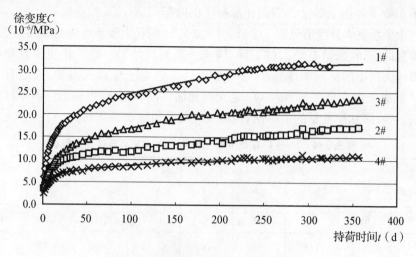

图 5.2-2 四配比混凝土徐变度曲线

（加载龄期 7 d、$h=150$ mm）

程线。从表格值及图示过程线看,有效厚度 300 mm 与密封试件($h>500$ mm)的收缩及徐变系数都比较接近。我们把 360 d 的自生变形及基本徐变系数扣除,可得相应时间的干缩和干徐变系数如下:

表 5.2-5 模拟板厚 h 的收缩和徐变系数

时间 t(d)	收缩 $S(t)$(10^{-6})				徐变系数 $\phi(t)$			
	$h=75$ mm	150 mm	300 mm	>500 mm	$h=75$ mm	150 mm	300 mm	>500 mm
10	80	60	53	52	0.69	0.56	0.46	0.42
30	128	105	106	100	0.92	0.74	0.58	0.54
90	183	160	155	150	1.22	0.96	0.69	0.67
180	230	208	193	185	1.55	1.11	0.75	0.71
360	274	251	218	208	1.82	1.25	0.83	0.75

干缩应变 $S_干$			干徐变系数 $\phi_干$		
$h=75$ mm	$h=150$ mm	$h=300$ mm	$h=75$ mm	$h=150$ mm	$h=300$ mm
66×10^{-6}	43×10^{-6}	10×10^{-6}	1.07	0.50	0.08

一年期的干缩 $S_干$ 和干徐变系数可以用下式表示

$$S_{\mp}=125e^{-0.0084h} \tag{5.2-1}$$

$$\phi_{\mp}=2.54e^{-0.0115h} \tag{5.2-2}$$

收缩变形和徐变系数ϕ可用下式表示

$$S=208+125e^{-0.0084h} \tag{5.2-3}$$

$$\phi=0.75+2.54e^{-0.0115h} \tag{5.2-4}$$

式中 h—构件(试件)等效板厚度(mm)。

式(5.2-3)和式(5.2-4)的计算结果见表5.2-6。可见计算值与试验值基本一致。

表5.2-6　S按公式(5.2-3)、ϕ按公式(5.2-4)计算与试验值比较

内容	$S(10^{-6})$				ϕ			
等效板厚(mm)	75	150	300	∞	75	150	300	∞
计算值	274	243	218	208	1.82	1.20	0.83	0.75
试验值	274	251	218	208	1.82	1.25	0.83	0.75

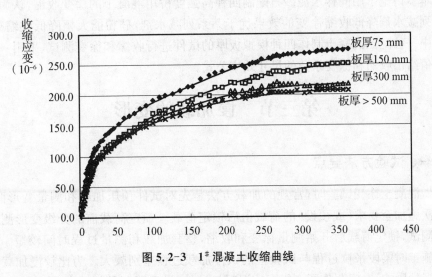

图5.2-3　1#混凝土收缩曲线

若以混凝土的自生变形为基准时,收缩的尺寸形状效应系数可用下式表示

$$K_S=1+0.6e^{-0.0084h} \tag{5.2-5}$$

同样以混凝土的基本徐变为基准时,得到徐变系数的尺寸形状效应系数如下

$$K_{\phi_0}=1+3.39e^{-0.0115h} \tag{5.2-6}$$

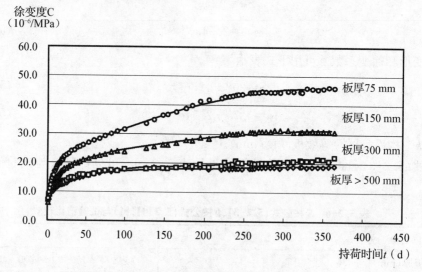

图 5.2-4　1#混凝土徐变度曲线

式中等效板厚 h 以 mm 计。

　　本节讨论了用同样水泥砂石配制四种高强度桥用混凝土的徐变收缩,认为聚羧酸系列减水剂降低收缩徐变的效果优于萘系列减水剂,硅粉能大幅降低收缩徐变;用其中一种配比混凝土制作四种模拟板厚的试件进行收缩和徐变测试,采用一年期的测值给出收缩和徐变系数的尺寸效应公式。

第三节　慢加载的变形

一、试验方法要点

　　做混凝土徐变试验时,常规的加载方法是先对试件预压加载和测量变形两次,第三次施加至要求(或预设)的荷载值后锁定荷载。锁定荷载前的分级变形测量为弹模测试,锁定荷载后开始测量徐变和收缩,整套加载和测量过程时间较短。桥梁分段施工时梁段张拉过程与试验室的试件加载过程差别颇大。为比较慢加载对试件变形的影响,专门制作了一组配比混凝土试件,设置了四种加载方式,来比较其弹性变形和徐变的变化。四种加载方式如下。

　　① 试件不经预压,荷载由零至 250 kN 分五级均衡施加,测定五级荷载的变形后锁定荷载。

　　② 试件经二次预压,按 50 kN 一级荷载分 5 级施加至 250 kN,完成变形测定后锁定荷载,这种加载方法与弹性模量试验基本一致。

③ 试件不经预压,按 50 kN 一级荷载分 5 级施加至 250 kN,每两级荷载施加时间相隔 1 小时,其间除测试弹性瞬时应变外,还测试两级荷载之间的徐变变形,然后锁定荷载。

④ 试件不经预压,按 25 kN 一级荷载分 10 级施加至 250 kN,每两级荷载施加时间相隔 0.5 小时,测试加载时的瞬时弹性变形和间隔时间的徐变变形,然后锁定荷载。

每种试件加载测定完毕锁定荷载后做徐变和收缩(校核试件)测试。

混凝土配比和材料见第二节表 5.2-1 之 1# 混凝土 C50FDN。

试件为 φ200×600 mm 的圆柱体非密封试件,立式成型。采用 DI—25 型差动电阻式应变计测量试件的轴向应变,应变计预先埋设在试件的中部。测量仪表为 SQ—5 型数字式水工比例电桥。

二、加载时的变形

加载期间出现的变形总列于表 5.3-1,逐条分析如下。

表 5.3-1　试件四种加载方式的荷载值 $P(t)$、弹性瞬时应变 ε_e 和徐变应变 ε_c

荷载值（kN）	加载方式与应变 $\varepsilon_e(10^{-6})$、$\varepsilon_c(10^{-6})$									
	① 0~250 kN		②压三次 0~250 kN		③分五级 每级隔 1 小时			④分十级 每级隔 0.5 小时		
	弹性应变 ε_e		弹性应变 ε_e		弹性应变 ε_e		徐变 ε_c	弹性应变 ε_e		徐变 ε_c
	增量	累加	增量	累加	增量	累加	累加	增量	累加	累加
25								18.7	18.7	
50	37.8	37.8	41.5	41.5	39.8	39.8		18.7	37.4	1.7
75								18.7	56.1	6.8
100	41.2	79.0	45.0	86.5	38.1	77.9	6.9	18.7	74.9	11.9
125								15.3	90.2	20.4
150	46.4	125.4	43.2	129.7	39.8	117.7	15.6	18.7	108.9	27.2
175								18.7	127.6	35.7
200	46.4	171.8	46.7	176.4	41.5	159.2	26.0	20.4	148.0	40.8
225								18.7	166.7	49.3
250	48.1	219.9	45.0	221.4	45.0	204.2	34.7	20.4	187.1	54.4
弹模	$3.70×10^4$ MPa		$3.68×10^4$ MPa		$3.99×10^4$ MPa			$4.35×10^4$ MPa		
$\varepsilon_e+\varepsilon_c/$ 相对值	219.9/0.99		221.4/1.00		238.9/1.08			241.8/1.09		

注:表中最下方的相对值指 $\varepsilon_e+\varepsilon_c$ 与方式②之 221.4 相比。

加载方式①　该加载方式下每级荷载的瞬时变形增量明显呈逐级变大的趋势，第五级与第一级变形增量之比为 1.27。

加载方式②　第②种加载为正常的弹性模量试验加载方法，各级荷载下的瞬时弹性变形增量明显均匀，第五级与第一级变形增量比为 1.08；第①与第②种加载的总应变基本相等。如上结果与以往的多数试验结果相一致。

加载方式③　第③种加载同样分五级，但每两级荷载之间相隔 1 小时施加，中间 4 小时观测徐变，至 200 kN 时各级应变增量均匀，弹性瞬时应变的累加值和增量值都比前两者明显减少。

加载方式④　第④种加载分 10 级，每两级之间间隔 0.5 小时，共有 4.5 小时观测徐变，每级瞬时应变增量值均匀性更好，其累加值更小。

最后一级荷载施加结束，第③种加载的瞬时弹性变形 ε_e 和徐变 ε_c 累加值之和为 238.9×10^{-6}，第④种加载的相同结果为 241.5×10^{-6}，两者比值为 1.01，可见分五级加载和分 10 级加载，加载结束时的应变总量基本相等，割线变形模量为 3.41×10^4 MPa 和 3.37×10^4 MPa。

三、徐变变形

在计算徐变度时，加载方式①和②的徐变变形以锁定荷载时的测值作为基准值，加载方式③和④则还计及锁定荷载前两级加载值之间发生的单位应力徐变增加值。结果如图 5.3-1 所示，分度值如表 5.3-2 所列。表中徐变系数一列采用 i 种加载徐变度 C_i 乘以加载方式②的弹性模量 E_2。徐变系数比 $\overline{\varphi}_1/\overline{\varphi}_2$ 采用 10 d～90 d 的平均值相比。

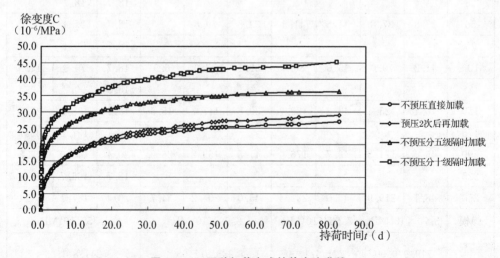

图 5.3-1　四种加载方式的徐变度曲线

表 5.3-2 混凝土徐变度 C 和徐变系数 ϕ 表

持荷时间 (d)	C 或 ϕ 及加载方式①~④							
	徐变度 $C(10^{-6}\,\text{MPa})$				徐变系数 $\phi = E_2 C_i$			
	①	②	③	④	①	②	③	④
1	8.4	8.3	17.8	22.5	0.31	0.30	0.66	0.83
5	14.2	14.3	23.7	29.0	0.52	0.53	0.87	1.07
10	17.5	17.9	27.2	33.6	0.64	0.65	1.00	1.24
30	22.9	24.5	33.0	39.6	0.84	0.89	1.21	1.46
60	25.8	27.6	35.7	43.7	0.95	1.02	1.31	1.61
90	27.0	28.6	36.6	45.2	0.99	1.05	1.35	1.66
徐变比 $\dfrac{\phi_i}{\phi_2}$					0.94	1.00	1.35	1.65

我们从图 5.3-1 所示的曲线走势看,四种加载方式的差别在于开始时刻,10 d
以后四条曲线基本平行。由徐变曲线如上走势,我们再回过来以荷载锁定时的测值
作为计算徐变的基准值,即按一般试验方法处理计算徐变度数据,初始几天的结果
列于表 5.3-3。此结果显示,从荷载锁定起四种加载方式的徐变度测值基本一致或
相近。作变形控制时可以不考虑加载方式影响,直接采用常规试验的变形参数 E、ϕ。

表 5.3-3 锁定荷载起始的徐变度 C_i 及徐变系数

持续时间 (d)	徐变度及加载方式 （10^{-6}/MPa)					徐变系数 平均值 $\bar{\phi}$
	①	②	③	④	平均	
0.1	3.4	3.0	2.8	2.7	3.0	0.11
1	8.4	8.3	7.9	6.5	7.8	0.29
2	10.5	10.5	10.9	9.2	10.3	0.38
3	12.2	12.2	11.9	11.5	12.0	0.44
4	13.3	13.8	13.2	12.3	13.2	0.49

四、卸载时的回弹变形与徐变恢复

试件在徐变仪上持续加载 90 d 后作卸载测试,观测其瞬时回弹应变和全部卸载
后依时发展的回弹应变,卸载速度与加载试验的速度一致。由瞬时回弹应变推算混
凝土 97 d 龄期的(回弹)弹性模量;由全部卸载后试件的回弹变形及校核试件的收缩
测试推算混凝土的徐变恢复(弹性后效)。

表 5.3-4 列有瞬时回弹的测试结果。荷载方式②(标准弹模试验方式)最后一
级瞬时回弹应变有所偏大,前四级回弹应变及其他三种荷载方式的各级回弹应变基

本均匀,用前四级变形计算回弹弹性模量。在应力应变图上看,卸载时瞬时回弹变形曲线的直线性优于加载时压缩变形的直线性。四个回弹弹性模量平均值 4.43×10^4 MPa,极差 6.3%。极差在 10% 以内,可以采用平均值代表 97 d 的弹性模量值。

97 d 龄期的回弹弹性模量 E_{97} 与方式②7 d 龄期的加载弹性模量 E_7 之比值如下:

荷载方式 　　　 ① 　　　 ② 　　　 ③ 　　　 ④ 　　　 平均 $\overline{E}_{97}/E_7$

$E_{97} : E_7$ 　　 1.20 : 1 　 1.18 : 1 　 1.25 : 1 　 1.18 : 1 　　 1.20

混凝土标准试件 90 d 龄期和 7 d 龄期的弹性模量比为 $E_{90} : E_7 = 1.21 : 1$(见第三节 1# 混凝土试验结果),上述回弹弹性模量测试结果正常。按照标准方法进行测试取得的混凝土抗压弹性模量—龄期关系只代表未经荷载作用的混凝土弹性特征,本回弹测试结果所得弹性模量值与常规测试结果基本一致。

表 5.3-4　卸载时试件的瞬时回弹应变 ε_e 测试结果　　　　　　单位:10^{-6}

荷载下降值(kN)	方式①		方式②		方式③		方式④	
	级值	累加值	级值	累加值	级值	累加值	级值	累加值
250～200	36.1	36.1	38.1	38.1	34.6	34.6	37.4	37.4
200～150	36.1	72.2	36.3	74.4	34.6	69.2	37.4	73.1
150～100	36.1	108.3	38.0	112.4	34.6	103.8	37.4	112.2
100～50	37.8	146.1	38.0	150.4	36.4	138.4	37.4	149.6
50～0	37.8	183.9	45.0	195.4	38.1	176.5	37.4	187.0
弹性模量 E	4.43×10^4 MPa		4.33×10^4 MPa		4.61×10^4 MPa		4.35×10^4 MPa	

表 5.3-5 为徐变恢复的测试结果。现以卸载弹性模量的平均值 $E=4.43\times10^4$ MPa 来推算,可复徐变系数最终值估计为 0.22～0.25,与普通混凝土的试验结果一致[5][29][30]。此处可复徐变基本不受荷载方式的影响,又由于其与加载和卸载时的混凝土龄期无关[29],故而在构件预应力衰减计算和松弛计算中,可以将其表示为荷载延时的函数 $C_y(t-\tau)$ 或 $\phi_y(t-\tau)$。

表 5.3-5　徐变恢复应变 ε_y 与可复徐变 C_y 测试结果

卸载延时 t	$\varepsilon_y(10^{-6})$				C_y				平均
	方式①	方式②	方式③	方式④	方式①	方式②	方式③	方式④	
1 d	24.0	24.2	27.7	23.8	2.9	3.0	3.4	2.9	3.0
5 d	38.0	38.5	41.6	36.2	4.7	4.7	5.1	4.4	4.7
10 d	40.0	40.5	43.9	28.1	4.9	5.0	5.4	4.7	5.0
15 d	41.4	41.0	45.4	39.4	5.1	5.0	5.6	4.8	5.1
$\varepsilon_y+\varepsilon_e$	225.3	236.4	221.9	226.4	/	/	/	/	/

本节对试验数据分析的主要结果如下。

① 加载方式①与②在荷载锁定前的应变测值相近;加载方式③和④的瞬时弹性模量有一定提高,然而在荷载锁定前的瞬时弹性变形与快速发展的徐变变形两者之和则接近于加载方式②的变形。

② 以荷载锁定时的测值作为徐变度计算的基准值,四种加载方式的徐变度和徐变系数基本一致。

③ 四种加载方式的回弹弹性模量之平均值与最大值(或最小值)之差在5%以内,极差在10%以内,可用其平均值作为混凝土卸载时的回弹模量;其值与常规试验90 d的结果一致。

④ 弹性后效的结果与加载方式基本无关,可复徐变系数 ϕ_y 最终值估计在0.22～0.25左右,属于一般试验值范围。

据以上分析结果,用作实用计算的变形参数取值可以采用常规试验的相关结果。

第四节　高强混凝土强度与弹性模量发展相关性与应用

一、引述

为了确定施工条件下(特别是早龄期)混凝土的弹性模量,当相同条件标准尺寸的立方块混凝土抗压强度已经用试验确定时,通过弹性模量与抗压强度两者的相关关系进行推算,将比直接进行弹性模量测试简单得多。推算结果能否付诸实际应用,是本节要讨论的主要问题。为此目的,专门配制了四种配比的高强度混凝土试件,分5个以上龄期加载,测试其抗压强度与弹性模量,通过强度与弹性模量随时间增长的相关性分析,提出合适的关系式和计算方法,作为合理控制施工工期、组织施工之变形参数取值用。基于如上应用目的以及混凝土强度和弹性模量随龄期增长前快后慢的普遍结果,加载龄期的时间间距安排前密后疏,重点测试早期(如龄期14 d前)的抗压强度和弹性模量。混凝土中掺入早强剂是加快施工进度和缩短工期的有效途径之一,早强剂为目前预应力混凝土结构施工所常用,为比较其对强度与弹性模量两者关系的影响,制作了掺入早强剂和不掺早强剂两种混凝土试件进行测试。

二、试验概要

共制作两组掺入早强剂和两组不掺早强剂的混凝土试件,四种配合比的混凝土编号用 1#、2#、3# 和 4# 作标记,其中 1#、2#、3# 均为 C50 混凝土,4# 混凝土强度高于 C50,7 d 强度与前两组基本一致。两组掺早强剂混凝土 7 d 强度 f_{cu7} 与 28 d 强度之比要求达到 $f_{cu7}/f_{cu}=0.80～0.85$,3 d 的强度比达到 $f_{cu3}/f_{cu}=0.70～0.75$。混凝土配合比的试验编号、强度等级、配制标识、每方的材料用量见本章第二节之表5.2-1。试件的加载龄期分别选定为 1 d、2 d、3 d、7 d、14 d、28 d、60 d 和 90 d。混凝土材料品质与来源说明如下。

水泥:双龙集团水泥厂生产的 PO42.5 普通硅酸盐水泥。

砂:中砂,产地江西。

石:江苏句容产石灰岩碎石。

混凝土强度和弹性模量测试的试件尺寸形状及数量见表 5.4-1 所列。

表 5.4-1　混凝土弹性模量、强度、时间关系测试的分组试件数量

混凝土编号		1#	2#	3#	4#
掺早强剂否		掺 1	掺 2	不掺	不掺
150×150×150 mm 立方块 每种混凝土试件数量	每次测试数量	每种配比每次加载测试的试件 3 件/配比			
	总数量	每种混凝土试件 24 件/配比,四配比 108 件 *			
150×150×450 mm 柱体 每种混凝土试件数量	每次测试数量	每次试验:3 件做 E,3 件做 f,共 6 件/配比			
	总数量	每种混凝土共 48 件/配比,四配比 216 件 * *			

注: * 每配比多 3 个备件, * * 每配比多 6 个备件。

主要成型设备有标准铁模、拌和机、振动台、量具工具等。

试件成型后移入养护室作标准养护。

加载与测试设备有 2 000 kN 万能试验机、千分表、千分表夹具。

试验方法参照国家规程"普通混凝土长期性能和耐久性能试验方法"GBJ82—1985。

三、结果与分析

表 5.4-2、表 5.4-3 和表 5.4-4 分别为混凝土立方块抗压强度、棱柱体抗压强度和静力弹性模量的测试结果。按表 5.4-2 所列,因 $f_{cu3}/f_{cu7}>0.75$、$f_{cu7}/f_{cu}>0.81$,故四种配比的强度发展满足前述要求。

表 5.4-2　混凝土标准立方块抗压强度测试结果　　　　单位:MPa

名称	编号	加载测试时混凝土龄期 t(d)								
		1	2	3	7	14	28	60	90	180
抗压强度值 f_{cut}	1#	42.1	48.2	50.0	54.3	58.0	63.5	72.0	76.3	80.5
	2#	43.6	50.6	51.4	54.8	59.0	62.0	66.0	74.0	75.2
	3#	33.4	44.2	46.6	50.4	56.2	61.6	68.0	76.2	77.8
	4#	35.9	47.7	57.0	60.2	65.7	70.4	78.5	82.5	84.0

续表 5.4-2

名称	编号	加载测试时混凝土龄期 t(d)								
		1	2	3	7	14	28	60	90	180
抗压强度相对值 f_{cut}/f_{cu}	1#	0.66	0.76	0.79	0.86	0.92	1.00	1.13	1.23	1.26
	2#	0.70	0.82	0.83	0.88	0.95	1.00	1.07	1.19	1.21
	3#	0.54	0.72	0.76	0.82	0.91	1.00	1.10	1.24	1.26
	4#	0.51	0.68	0.81	0.86	0.93	1.00	1.12	1.17	1.19
	平均	0.61	0.74	0.80	0.85	0.93	1.00	1.10	1.21	1.23

表 5.4-3　混凝土柱体抗压强度测试结果　　　　单位:MPa

名称	编号	混凝土龄期 t(d)								
		1	2	3	7	14	28	60	90	180
抗压强度值 f_{ct}	1#	36.7	38.2	40.1	49.3	55.4	56.6	60.7	64.0	66.8
	2#	33.9	42.6	46.0	50.7	56.9	55.0	59.5	62.0	64.5
	3#	33.8	35.6	39.4	43.6	49.3	57.3	62.6	67.5	69.2
	4#	33.7	38.2	43.8	53.0	58.1	64.5	68.5	72.3	74.1
强度相对值 f_{ct}/f_{cu}	1#	0.65	0.67	0.71	0.87	0.98	1.00	1.07	1.13	1.18
	2#	0.62	0.77	0.84	0.92	1.03	1.00	1.08	1.13	1.17
	3#	0.59	0.62	0.69	0.76	0.86	1.00	1.09	1.18	1.21
	4#	0.52	0.59	0.68	0.82	0.90	1.00	1.06	1.12	1.15
	平均	0.59	0.67	0.73	0.84	0.94	1.00	1.08	1.14	1.18

表 5.4-4　混凝土弹性模量测试结果　　　　单位:10^4MPa

名称	编号	混凝土龄期 t(d)								
		1	2	3	7	14	28	60	90	180
弹性模量值 E_t	1#	3.25	3.51	3.68	3.97	4.13	4.30	4.60	4.82	5.02
	2#	3.21	3.58	3.76	3.94	4.01	4.20	4.35	4.60	4.86
	3#	3.21	3.54	3.60	3.79	4.02	4.20	4.46	4.71	5.14
	4#	3.21	3.56	3.68	3.96	4.25	4.50	4.82	5.02	5.26
弹性模量相对值 E_t/E_{28}	1#	0.76	0.82	0.86	0.92	0.96	1.00	1.07	1.12	1.17
	2#	0.76	0.85	0.90	0.94	0.96	1.00	1.04	1.10	1.16
	3#	0.76	0.84	0.86	0.90	0.96	1.00	1.06	1.12	1.22
	4#	0.71	0.79	0.82	0.88	0.94	1.00	1.07	1.12	1.17
	平均	0.75	0.83	0.86	0.91	0.95	1.00	1.06	1.12	1.18

按如上三表所列抗压强度相对值 f_{cut}/f_{cu} 和弹性模量相对值 E_t/E_{28} 看出，随着加载龄期的增长，强度和弹性模量的增长速率逐渐变小。混凝土弹性模量的增加主要依赖于胶浆中弹性骨架的增加以及胶浆与骨料之间粘结强度随时间的增长，由于骨料弹性模量基本不变且对混凝土弹性模量有重要影响，其弹性模量相对值的增量应低于抗压强度相对值的增量。按表 5.4-2 和表 5.4-4 最后一行平均值的示值，各时段增量与增量比如下。

测试龄期(d)	2	3	7	14	28	60	90	180
f_{cut}/f_{cu} 增量	0.13	0.06	0.05	0.08	0.07	0.10	0.11	0.02
E_t/E_{28} 增量	0.08	0.03	0.05	0.04	0.05	0.06	0.06	0.06
上、下增量比	2.00	2.00	1.00	2.00	1.40	1.67	1.83	0.60

在上述时间段上，弹性模量比的增量比较均衡。1 d～90 d 抗压强度相对值增加0.61，弹性模量相对值增加 0.37。

对于某一配比的混凝土，当有三个以上龄期的弹性模量测值给出时，可以采用图解法绘制弹性模量的时程曲线，也就是 $E(10^{-4}\text{MPa})\sim t(\text{d})$ 曲线，工程技术人员可以在 $E\sim t$ 曲线上查取其他时间 t_i 的弹性模量值 E_i，或由弹性模量值反查相应的龄期 t。在有条件或需要时，亦可以采用三参数指数公式或五参数指数公式表示混凝土弹性模量与时间(龄期)的关系。三参数公式应有三个以上龄期的测值，后者则应有五个以上龄期的测值。例如，对本试验而言因有五个以上龄期的测值，7 d 以前弹性模量增长速度较快，可以采用下面形式的五参数公式表示。

$$E_t = E_0(1 - \beta_1 e^{-\alpha_1 t} - \beta_2 e^{-\alpha_2 t}) \times 10^4 \text{MPa} \tag{5.4-1}$$

式中常数 E_0、β_1、β_2 可以采用曲线回归法或试算法确定，α_1、α_2 可以采用经验试算法或图解分析法确定，结果如表 5.4-5 所列，试验值与计算结果比较见表 5.4-6 和图 5.4-1。

表 5.4-5 混凝土弹性模量时程公式 5.4-1 常数表

公式名称	常数名称/单位	1#	2#	3#	4#
		C50FDN	C50FNa	C50PC	C60SF
E_t 公式 (5.4-1)	$E_0(10^4\text{MPa})$	5.10	4.90	4.98	5.30
	β_1	0.21	0.27	0.19	0.20
	β_2	0.232	0.21	0.22	0.27
	$\alpha_1(1/\text{d})$	0.43	0.58	0.376	0.38
	$\alpha_2(1/\text{d})$	0.0161	0.015	0.016	0.021

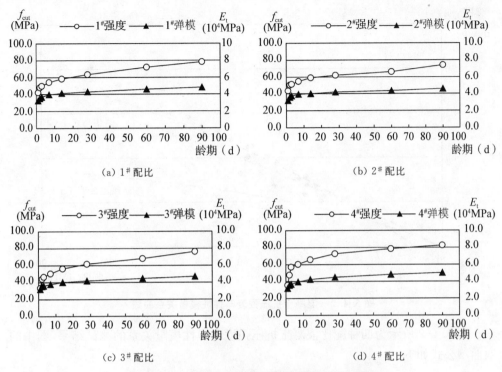

(a) 1#配比　　　　　　　　　(b) 2#配比

(c) 3#配比　　　　　　　　　(d) 4#配比

图5.4-1　混凝土的强度与弹性模量发展过程线

表5.4-6　混凝土弹性模量测值与时程公式(5.4-1)计算值比较表

名称 (单位)	龄期	1# C50FDN		2# C50FNa		3# C50PC		4# C60SF	
		实验值	计算值	实验值	计算值	实验值	计算值	实验值	计算值
弹性模量 E_t (10^4MPa)	1	3.25	3.24	3.21	3.15	3.21	3.25	3.21	3.17
	2	3.51	3.50	3.58	3.49	3.54	37.47	3.56	3.42
	3	3.68	3.68	3.76	3.68	3.60	3.63	3.68	3.62
	7	3.97	3.99	3.94	3.95	3.79	3.93	3.96	3.99
	14	4.13	4.15	4.01	4.67	4.02	4.10	4.25	4.23
	28	4.30	4.35	4.20	4.22	4.20	4.28	4.50	4.51
	60	4.60	4.65	4.35	4.48	4.46	4.56	4.82	4.89
	90	4.82	4.82	4.60	4.63	4.71	4.72	5.02	5.08
	180	5.02	5.03	4.86	4.83	5.14 *	4.92	5.26	5.27

注：* 该测值疑似偏高。

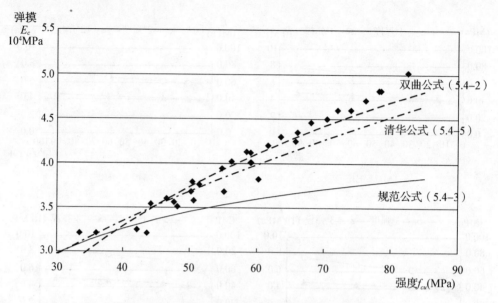

图 5.4-2 混凝土抗压强度与弹性模量关系曲线

图 5.4-2 所示为四种配比混凝土抗压强度与弹性模量关系的测试结果,图中的双曲型公式如下

$$E = \frac{10}{1.21 + 72.98/f_{cu}} \times 10^4 \text{MPa} \qquad (5.4-2)$$

《混凝土结构设计规范》(GBJ10—1989)的弹性模量公式为

$$E = \frac{10}{2.2 + 34.7/f_{cu}} \times 10^4 \text{MPa} \qquad (5.4-3)$$

公式(5.4-3)为中国建筑科学研究院依据上世纪六十年代的试验结果给出,试件混凝土强度以中、低标号为主。比较两条曲线看出,当混凝土强度大于 40 MPa 以后,规范公式的曲线走势渐趋水平。

采用平方根公式时,回归结果如下

$$E = (-0.493\,6 + 0.595\,6\sqrt{f_{cu}}) \times 10^4 \text{MPa} \qquad (5.4-4)$$

公式(5.4-4)的曲线示值与规范公式比较如图 5.4-3 所示。

清华大学和铁道部大桥科研局依据部分高强混凝土试验资料,作出一个接近于试验结果平均值的修正公式[31]如下

$$E = (0.45\sqrt{f_{cu}} + 0.5) \times 10^4 \text{MPa} \qquad (5.4-5)$$

此公式的示值仍在本试验回归曲线的下方。应该认为,公式(5.4-4)与公式(5.4-5)

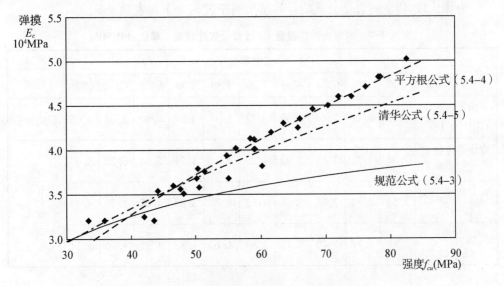

图 5.4-3　混凝土抗压强度与弹性模量关系曲线

示值的差异是两批不同材料和配比混凝土测试结果的差异,在描述混凝土高强度范围的弹性模量—强度关系时比规范公式明显合理。说明平方根公式可以在更宽广的高强度范围内与试验值有较好的拟合。

欧、美、日等国根据抗压强度和容重两个参数来推算弹性模量,ACI363 委员会提出一个抗压强度在 21~110 MPa 范围适用的弹性模量公式如下[32]

$$E=(0.335\ 2\ \sqrt{f_{cu}}+0.703)\left(\frac{\gamma}{2.346}\right)^{1.5}\times10^4\mathrm{MPa} \qquad (5.4-6)$$

式中 γ 为混凝土的松装密度(t/m^3)。

ACI209(82)委员会较早的弹性模量公式为

$$E(28)=0.136\rho^{1.5}\sqrt{f'_{ck}}\times10^4\mathrm{MPa} \qquad (5.4-7)$$

式中　$E(28)$—28 d 龄期的弹性模量;

　　　　f'_{ck}—28 d 龄期的圆柱体试件抗压强度标准值(MPa);

　　　　ρ—混凝土密度(t/m^3)。

其他时间的弹性模量用下式推算

$$E_t=\sqrt{\frac{t}{a+bt}}E(28) \qquad (5.4-8)$$

式中 t 表示混凝土龄期(d);a 和 b 为经验常数,潮湿养护,I 型水泥,$a=4.0$,$b=0.85$。

为作比较,将上述几个公式的计算结果列于表 5.4-7 和表 5.4-8。

表 5.4-7　混凝土弹性模量 E_c 计算公式比较表　单位:10^4 MPa

公式 出处	强度等级 $f_{cu,k}$										公式 型式
	C30	C40	C50	C60	C70	C80	C90	C100	C110	C120	
国家规范 GBJ10—1989	2.98	3.26	3.46	3.60	3.71	3.80	3.87	3.93	3.98	4.02	双曲函数
清华修正公式 (5-16)	2.96	3.35	3.68	3.99	4.26	4.52	4.77	5.00	5.22	5.43	平 方 根 式
ACI363 委员会 (5-17)	2.55	2.83	3.08	3.31	3.52	3.71	3.89	4.07	4.23	4.39	
ACI209 委员会 (5-18)	2.40	2.77	3.10	3.46	3.80	4.10	4.38	4.65	4.90	5.14	

表 5.4-8　公式(5.4-8)中混凝土弹性模量相对值 $E_t/E_c(28)$ 表

龄期 $t(d)$								
1	2	3	7	14	28	60	90	360
0.45	0.59	0.68	0.84	0.94	1.00	1.04	1.06	1.08

从我们以往所作高强度混凝土弹性模量和强度试验的经验看,对于抗压强度在 40~80 MPa 的混凝土弹性模量,公式(5.4-5)基本与试验结果相近,规范公式(5.4-3)则偏低较多。由于外加剂应用技术研究的进展,现代高强混凝土早期强度和弹性模量普遍较高,表 5.4-8 所示的早龄期弹模相对值偏低。

平方根公式(5.4-4)的相关指数 $R=97.9\%$,双曲函数公式(5.4-2)的相关指数 $R=96.3\%$,两个公式都达到高显著性相关,能较好描述混凝土强度与弹性模量之间的关系。再比较图 5.4-2 和图 5.4-3 中这两个回归公式的曲线走向,当强度 f_{cu} 大于 70 MPa 以后,图 5.4-2 所示双曲公式(5.4-2)的曲线开始偏向水平方向,偏差逐渐变大,平方根公式(5.4-4)没有这种高强度范围的走向偏差(如图 5.4-3 所示),说明从公式构造型式看,平方根公式更为合适,可以在更宽广的强度范围内描述两者的相关关系。

四种配比混凝土所用水泥和骨料相同,由于外加剂和材料配比不同,乃至试验误差等,弹性模量与强度关系曲线 E_c—f_{cu} 表现出一定的离散性(如图 5.4-2 和图 5.4-3 所示)。可以预见,对于覆盖范围更大(反映各种不同水泥、砂石料、粉煤灰、外掺剂和早强剂等)的公式,其上限值和下限值之差也应更明显,其推算结果的可信性差,不宜作为施工安排和现场监控中弹性模量推算取值所用。

四、抗压强度与弹性模量随龄期增长的平方根关系式

当混凝土的材料和材料用量决定以后,龄期是决定强度和弹性模量变化的主要因素,下面讨论混凝土强度与弹性模量随时间发展的相关关系。

前面我们利用本试验的结果讨论了双曲函数公式和平方根公式,基于平方根公式应用的强度范围较广,目前应用比较普遍,下面先着重讨论这一公式型式。如前所列公式(5.4-4)、(5.4-5)、(5.4-6)可以写成下面形式的平方根公式

$$E = A + B\sqrt{f} \tag{5.4-9}$$

式中　E—弹性模量(10^4MPa);

　　　A—常数(10^4MPa);

　　　B—常数(10^4MPa$/\sqrt{f}$);

　　　f—抗压强度f_{cu}(MPa)。

常数 A 和 B 可以采用图解法求得,亦可用回归分析法确定,计算公式为

$$B = \frac{\sum_{i=1}^{n}(x_i - \bar{x})(E_i - \bar{E})}{\sum_{i=1}^{n}(x_i - \bar{x})^2} = \frac{\sum_{i=1}^{n}E_i x_i - n\bar{x}\bar{E}}{\sum f_i - n\bar{x}^2} \tag{5.4-10}$$

$$A = \bar{E} - B\bar{x} \tag{5.4-11}$$

式中　x_i—强度测值平方根$\sqrt{f_i}$;

　　　$\bar{x}$—强度平方根之平均值;

　　　E_i—弹性模量测值;

　　　$\bar{E}$—弹性模量测值之平均值;

　　　n—测次。

其中

$$\bar{E} = \frac{1}{n}\sum E_i \qquad \bar{x} = \frac{1}{n}\sum \sqrt{f_i}$$

直线方程的相关系数 r 用下式计算

$$r = \frac{\sum(x_i - \bar{x})(E_i - \bar{E})}{\sqrt{\sum(x_i - \bar{x})^2 \cdot \sum(E_i - \bar{E})^2}} = \frac{\sum_{i=1}^{n}E_i x_i - n\bar{x}\bar{E}}{\sqrt{\sum(f_i - n\bar{x}^2)(\sum E_i^2 - n\bar{E}^2)}} \tag{5.4-12}$$

当测次 $n=4、5、6、7、8、9$ 时,高显著水平($\alpha=0.01$)的相关系数起码值 r_{min} 分别为 0.990、0.959、0.917、0.874、0.834、0.798。均方差用下式计算

$$\sigma = \sqrt{\sum_{i=1}^{n} \left(E_i - A - B\sqrt{f_{cui}}\right)^2 / n} \tag{5.4-13}$$

我们分别利用表 5.4-2 所列四种配比的混凝土抗压强度测值和表 5.4-4 所列弹性模量测值代入上述公式,可以计算得各配比混凝土弹性模量—强度公式中的常数 A、B 及均方差 σ、相关系数 r,结果如表 5.4-9 所列。

表 5.4-9 混凝土弹性模量平方根公式回归计算结果

试验编号	配制标识	公式结果				混凝土灰浆率	28 d 强度值（MPa）
		A 10^4 MPa	B 10^4 MPa	σ 10^4 MPa	$r(\%)$		
1[#]	C50FDN	−1.061	0.670	0.056	99.4	0.33	63.5
2[#]	C50FNa	−1.265	0.690	0.064	98.8	0.33	59
3[#]	C50PC	0.067	0.528	0.048	99.5	0.33	61.6
4[#]	C60SF	−0.459	0.591	0.099	98.7	0.32	70.4
1[#]～4[#] 总体		−0.494	0.596	0.085	98.6	/	/

由表 5.4-9 所列看,各配比的弹性模量公式比总体数据回归公式(5.4-4)的计算精度和相关系数都有提高。现依据混凝土抗压强度 f_{cut} 和表 5.4-9 所列公式参数 A 和 B 进行计算,计算值和测试值对比列于表 5.4-10。该表计算值与测试值之间的差值包含有抗压强度测试误差引起的计算误差和弹性模量测试误差。另外,3[#]、4[#] 混凝土 1 d 计算值偏低,这可能因早龄期强度较低时骨料骨架作用明显使弹性模量偏高有关。

表 5.4-10 混凝土弹性模量平方根公式计算结果与试验值比较 单位:10^4 MPa

配比参数	方式方法	计算测试龄期(d)								
		1	2	3	7	14	28	60	90	180
1[#]	计算	3.29	3.59	3.68	3.88	4.06	4.28	4.62	4.87	4.93
	测试	3.25	3.51	3.68	3.97	4.13	4.30	4.60	4.82	5.02
2[#]	计算	3.29	3.64	3.68	3.84	4.03	4.17	4.34	4.67	4.72
	测试	3.21	3.58	3.76	3.94	4.01	4.20	4.35	4.60	4.86
3[#]	计算	3.11	3.58	3.67	3.82	4.03	4.21	4.42	4.68	4.72
	测试	3.21	3.54	3.60	3.79	4.02	4.20	4.46	4.71	5.14
4[#]	计算	3.08	3.62	4.01	4.13	4.34	4.51	4.79	4.92	4.97
	测试	3.21	3.56	3.68	3.96	4.25	4.50	4.82	5.02	5.26

注:配比参数 A、B 按表 5.4-9 取用;抗压强度 f_{cut} 按表 5.4-2 取用。

表 5.4-11 为相同强度条件下各配比混凝土平方根弹性模量公式计算结果比较。结果显示,当混凝土骨料相同而外加剂和掺量不同时,按各配比测试数据所得之公式与按四配比总体数据所得之公式的最大误差(在计算强度范围内)在 5% 以内,各配比公式之间的最大误差在 10% 以内。

表 5.4-11 在等强度下各配比混凝土平方根弹性模量公式计算比较

单位:10^4 MPa

平方根公式 A、B 取值 按表 5.4-9 所列	弹性模量				
	40	50	60	70	80
1# ~4# 总体式	3.28	3.72	4.12	4.49	4.84
1# 式	3.18	3.68	4.13	4.54	4.93
2# 式	3.10	3.61	4.08	4.51	4.91
3# 式	3.41	3.80	4.16	4.48	4.79
4# 式	3.28	3.72	4.12	4.49	4.83
各配比式与总体式之最大误差	5.6%	3.0%	1.0%	1.1%	1.4%
各配比式之间的最大误差	9.5%	5.1%	1.9%	1.3%	2.9%

为进一步比较材料和混凝土强度对弹性模量与强度增长相关性的影响,现将几个工程混凝土抗压强度,弹性模量列举如下 5.4-12 和表 5.4-13。各混凝土平方根弹性模量公式(5.4-9)的常数 A 和 B 列于表 5.4-14。

表 5.4-12 高强混凝土抗压强度与弹性模量实验结果

工程名称	混凝土标识	立方块抗压强度 f_{cu}(MPa)						弹性模量 E(10^4 MPa)					
		3 d	7 d	14 d	28 d	60 d	90 d	3 d	7 d	14 d	28 d	60 d	90 d
五河口斜拉桥	索塔 C50	46.3	51.9	/	61.3 (58.0)		64.0	3.85	4.02		4.20	/	4.37
	主梁 C60	51.0	58.5		70.2 (68.9)		70.5	3.92	4.11		4.29		4.52
京航运河大桥	箱梁 C50	42.1	50.4		62.1 (54.9)		63.3	3.05	3.37		3.50		3.76
南水北调工程	5F	36.1	50.2	58.9	65.6	66.4	/	3.16	3.43	3.67	3.75		/
	5FK	26.4	47.4	56.5	61.5	67.1		3.02	3.37	3.58	3.68		
	5K	31.1	49.6	69.2	75.1	77.1		3.05	3.40	3.68	3.72		

注:28 d 的括号内数值为均整值。

表 5.4-13　坝工混凝土抗压强度与弹性模量试验结果

工程名称	混凝土标识	立方块抗压强度 f_{cu} (MPa)						弹性模量 E (10^4 MPa)					
		3 d	7 d	28 d	90 d	120 d	180 d	3 d	7 d	28 d	90 d	120 d	180 d
龙滩电站	坝基	12.7	19.0	28.3	/	37.8	39.2	2.10	2.71	3.22	/	3.74	3.90
铜子街电站沙埠电站	常态 b_1	/	6.9	9.9	13.9	/	19.8	/	1.23	1.81	2.31	/	2.55
	常态 b_2	/	7.5	13.3	16.9	/	22.1	/	1.47	2.06	2.56	/	2.82
	常态 b_3	/	10.2	17.2	22.1	/	28.3	/	1.73	2.31	2.80	/	3.06
	常态 b_4	/	9.1	17.2	26.4	/	30.1	/	2.06	2.63	3.09	/	3.33

表 5.4-14　按平方根公式(5.4-4)的常数计算结果表

工程名称	混凝土标识或编号	公式(5.4-17)~(5.4-20)的计算结果			灰浆率 η(%)	混凝土 28 d 强度(MPa)
		A	B	r		
五河口斜拉桥	主梁 C60	0.440	0.485	0.995	35.5	70.2
	索塔 C50	0.887	0.435	1.000	34.9	61.3
京杭运河大桥	箱梁 C50	−0.065	0.481	0.999	32.3	62.1
南水北调工程	5F	−0.651	0.536	0.994	30.9	65.6
	5FK	−0.554	0.521	0.993	31.1	61.5
	5K	0.363	0.378	0.973	30.1	75.1
龙滩水电站	坝基混凝土	−0.140	0.638	0.998	17.7	28.3
铜子街电站沙埠电站	常态 b1	−0.547	0.723	0.969	16.8	9.9
	常态 b2	−0.480	0.713	0.991	16.5	13.3
	常态 b3	−0.327	0.646	0.994	17.3	17.2
	常态 b4	0.537	0.504	0.999	17.3	17.2

从表 5.4-14 看,当按灰浆率从大到小进行排列,或按 28 d 强度从高到低进行排列时,各混凝土公式的 B 值基本按由低向高变化,表现为混凝土中骨料含量高,则 B 值偏大,灰浆率大则 B 值小的趋势。

龙滩电站坝基混凝土为中低强度混凝土,骨料含量高,当混凝土弹性模量可以表现为灰浆弹性模量和骨料弹性模量的某种权函数时,坚硬骨料的效果应该比较明显故而回归系数 B 的数值较大。相比较而言,表 5.4-13 中铜子街、沙埠电站的 b1、 b2、b3 三组,同样也是骨料含量较高,早期强度更低,回归系数 B 值比前者增大,常数 A 出现负数的绝对值更大。

试验曲线 $f \sim t$(时间)和 $E \sim t$,即弹性模量和强度随时间的变化也能较大影响到系数 B 和常数 A 的数值。如京杭运河大桥箱梁 C50 混凝土早期强度增加的速度慢于弹性模量的增加,斜拉桥索塔 C50 混凝土则与前者相反,早期强度高、弹性模量的发展相对较慢,故而两者 A 值相差较大。

五河口斜拉桥工程主梁 C60 和索塔 C50 混凝土所用砂石料相同;南水北调渡槽工程三种配比混凝土骨料相同。在相等强度条件下,弹性模量推算结果比较如表 5.4-15 所列,可见在骨料相同时相等强度条件下不同配比的推算结果基本接近,最大极差在 10% 以内,五河口 C50 和 C60 的最大推算极差在 5% 以内。

表 5.4-15　在等强度下配比混凝土平方根弹性模量公式计算比较

单位:10^4MPa

试验编号		E 推算公式	抗压强度 f(MPa)			
			40	50	60	70
五河口斜拉桥	主塔 C60	$0.440+0.485\sqrt{f}$	3.51	3.87	4.20	4.50
	索塔 C50	$0.887+0.435\sqrt{f}$	3.64	3.96	4.26	4.53
	相对极差		3.6%	2.3%	1.4%	0.7%
南水北调渡槽	5F	$-0.651+0.536\sqrt{f}$	2.74	3.14	3.50	3.83
	5FK	$-0.554+0.521\sqrt{f}$	2.74	3.13	3.48	3.80
	5K	$0.363+0.378\sqrt{f}$	2.75	3.04	3.29	3.53
	相对极差		0.4%	3.2%	6.1%	8.1%

五、双曲函数公式和幂函数公式

(一) 双曲函数关系式

如前所列,关系式(5.4-2)、(5.4-3)可以写成下面的两参数公式

$$E = \frac{10}{A+B/f} \times 10^4 \text{MPa} \tag{5.4-14}$$

省略弹性模量的单位 10^4MPa 后,将上式写成

$$A + B\frac{1}{f} = \frac{10}{E} \tag{5.4-15}$$

命 $y = 10/E, x = 10/f, B' = B/10$,将上式写成

$$y = A + B'x \tag{5.4-16}$$

方程式(5.4-16)中的常数 A 和 B' 按下式计算

$$B' = \frac{\sum (x_i - \overline{x})(y_i - \overline{y})}{\sum (x_i - \overline{x})^2} = \frac{\sum x_i y_i - n\overline{x}\,\overline{y}}{\sum x_i^2 - n\overline{x}^2} \qquad (5.4\text{-}17)$$

$$A = \overline{y} - B'x \qquad (5.4\text{-}18)$$

$$B = 10B' \qquad (5.4\text{-}19)$$

式中　$x_i = 10/f_i$；

　　　$y_i = \dfrac{10}{E_i}$。

双曲方程(5.4-14)经线性化以后变为直线方程(5.4-16)，其相关系数采用下式计算

$$r = \frac{\sum (x_i - \overline{x})(y_i - \overline{y})}{\sqrt{\sum (x_i - \overline{x})^2 \sum (y_i - \overline{y})^2}} = \frac{\sum x_i y_i - n\overline{x}\,\overline{y}}{\sqrt{(\sum x_i^2 - n\overline{x}^2)(\sum y_i^2 - n\overline{y}^2)}}$$

$$(5.4\text{-}20)$$

以前面部分资料为例,计算结果列于表 5.4-16。从计算的四组算例看,双曲函数公式的 A 值变化较小,其最小至最大为 1.375～1.700,平均值为 1.54,波动范围约 10%。所列四组资料中的系数 B 值随 28 d 后强度的增加而变大,为与强度有关的系数。比较计算值与测试值可以看出,对于同一配比混凝土而言,采用双曲函数公式时其拟合结果较好,适宜于在回归计算的强度范围内应用。

按该表的结果可以认为,图 5.4-2 所示的双曲函数公式(5.4-2)是依据本试验高强度混凝土的弹性模量—强度结果作出,曲线示值较大范围内与测试结果一致;规范公式(5.4-3)是依据六十年代中、低强度混凝土的试验结果作出,当强度大于 50 MPa 以后,延伸曲线的示值明显偏低。

表 5.4-16　双曲公式计算分析表

混凝土标识	$\hat{E}$ 公式	强度 f 及弹性模量 E	序号 i					灰浆率 $\overline{\eta}$(%)
			1	2	3	4	5	
龙滩坝基	$\dfrac{10}{1.60+\dfrac{40.14}{f}}$	f_i(MPa)	12.7	19.0	28.3	37.8	39.2	17.7
		E_i(10^4 MPa)	2.10	2.71	3.22	3.74	3.90	
		$\hat{E}_i$	2.10	2.69	3.31	3.76	3.80	
主梁 C60	$\dfrac{10}{1.486+\dfrac{51.66}{f}}$	f_i(MPa)	46.3	51.9	58.0	64.0		35.5
		E_i(10^4 MPa)	3.85	4.02	4.20	4.37		
		$\hat{E}_i$	3.84	4.03	4.21	4.36		

混凝土标识	$\hat{E}$ 公式	强度 f 及弹性模量 E	序号 i					灰浆率 $\eta(\%)$
			1	2	3	4	5	
5K	$\dfrac{10}{1.70+\dfrac{79.05}{f}}$	$f_i(\text{MPa})$	49.6	69.2	75.1	77.1		30.1
		$E_i(10^4\text{MPa})$	3.05	3.40	3.68	3.72		
		$\hat{E}_i$	3.04	3.52	3.63	3.67		
25—SF*	$\dfrac{10}{1.375+\dfrac{108.74}{f}}$	$f_i(\text{MPa})$	71.3	88.6	107.0	116.0	122.0	37.3
		$E_i(10^4\text{MPa})$	3.46	3.82	4.17	4.33	4.43	
		$\hat{E}_i$	3.45	3.84	4.18	4.32	4.41	

注：* 该组测试数据摘取于文献[58]。

（二）幂函数关系式

考虑外掺剂、骨料及水泥与掺合料的品质和用量对高强度混凝土弹性模量及其与强度关系的影响，目前尚没有固定的弹性模量—强度关系公式。有学者[32]提出，对于抗压强度 140 MPa 的混凝土，其弹性模量可用下面的幂函数公式推算

$$E=0.1836 f_{cu}^{0.3}\gamma^2\times 10^4\text{MPa} \tag{5.4-21}$$

式中　γ—混凝土的松装密度(t/m^3)；

f_{cu}—抗压强度(MPa)。

欧洲 CEB—FIP 规范提出的关系式为：混凝土的切线模量 E_0 与 $(f_c')^{1/3}$ 成正比，f_c' 为标准圆柱体试件的抗压强度。英国混凝土协会（CS）1978 年建议的弹性模量估算公式将弹性模量 $E(28)$ 表示为抗压强度的线性关系式 $20+0.2 f_{cu,28}$（GPa）。为适应实际测值的多变性关系，我们可以采用更一般的幂关系式

$$E=A+B f_{cu}^Q \tag{5.4-22}$$

式中 A 和 B 可应用前面的公式计算，此时命 $Y=E$、$x=f_{cu}^Q$；Q 可以采用试算法决定，如命 Q 依次为 0.1、0.2、……、1.0 等时，计算出 A、B 及均方差 σ 和相关系数 r。r 值最高、σ 值最小者为最佳结果，对应的 A、B、Q 为取用值。表 5.4-17 所列，列有最佳幂次 Q 的结果和平方根公式的结果。

由表 5.4-17 所列各混凝土公式的均方差 σ 和相关系数 r 看出，当幂指数 Q 取 0.1、1.0 和 0.4 时，与取 $Q=0.5$ 时（即平方根公式）几乎一致，或者可以认为没有实质性差别。为了使工作变得简单，对于一般性的试验数据可以采用平方根公式或双曲函数公式表示弹性模量—强度关系。

表 5.4-17　幂公式与平方根公式计算比较

混凝土编号或标识	幂公式					平方根公式			
	最佳 Q	A	B	σ	r	A	B	σ	r
本试验 1#	0.1	−21.59	17.09	0.045	99.6%	−1.061	0.670	0.056	99.4%
本试验 2#	0.1	−22.23	17.48	0.055	99.1%	−1.265	0.690	0.064	98.9%
本试验 3#	1.0	1.960	0.0363	0.028	99.8%	0.067	0.528	0.048	99.4%
本试验 4#	1.0	1.711	0.0393	0.042	99.7%	−0.459	0.591	0.099	98.7%
龙滩坝基	0.4	−0.907	1.096	0.045	99.8%	−0.140	0.638	0.047	99.8%
五河口主梁 C60	1.0	2.555	0.0266	0.066	95.4%	0.955	0.414	0.068	95.2%
南水北调 5K	1.0	1.829	0.0241	0.057	97.8%	0.363	0.378	0.062	97.3%
高强 25—SF	0.5	0.305	0.374	0.001	100.0%	0.305	0.374	0.001	100.0%

六、成果要点

（1）四组配比混凝土抗压强度 2 d 龄期值大于 C50 级混凝土配制强度的 0.75（43.7 MPa），7 d 强度大于配制强度的 0.85（49.5 MPa）；1# 和 2# 早强混凝土 7 d 龄期强度 f_{cu7} 与 28 d 龄期强度 f_{cu} 之比值达到 0.855 和 0.884。四组混凝土强度满足预设要求。

（2）采用平方根公式表示骨料水泥相同的高强度混凝土的强度—弹性模量关系时，式中常数会因外掺剂和配比不同有一定的变化，在公式的适用强度范围内推算结果基本相同，极差一般在 5% 以内，个别值在 10% 以内。

（3）本节讨论了平方根公式、非 0.5 次方幂函数公式和双曲函数公式三种类型的强度—弹性模量关系式，给出常数计算公式和评判方法。平方根公式经变量转换、线性化后可以采用作图法或回归分析法公式确定其常数，简单明了，能较好反映混凝土的强度—弹性模量关系，能在直角坐标图上看出个别离群值和离群原因量（指强度或弹性模量测值异常），目前为应用较多的公式形式。在本节所列的几个算例中，非 0.5 次方的幂公式在推算结果的精度和相关系数方面没有显示出特别的优越性（与平方根公式相比）。双曲函数公式亦能较好描述混凝土的强度—弹性模量关系，公式常数与混凝土的强度范围关系密切。

第五节　构件混凝土徐变的湿度与尺寸形状效应修正

前面章节讲到混凝土的徐变与环境湿度的高低及构件形状尺寸大小关系密切，通常是湿度低徐变大、反之则小，构件截面尺寸小徐变大、反之则小。工程混凝土徐变测试很难模拟实际环境的湿度变化和按构件尺寸制作试件进行试验,采用标准方法进行常规测试,然后依据有关经验对测试资料进行修正应用,就成为方便途径。

环境湿度和构件形状尺寸对混凝土徐变的影响,是通过构件的暴露表面起作用,把这两种影响修正放在一起讨论是适宜的。

一、现行修正方法

当混凝土在标准条件下的徐变系数 ϕ_m 由试验给出时,考虑构件尺寸形状及环境湿度影响,构件混凝土的徐变系数 ϕ 按下面公式计算

$$\phi = \phi_m k_H k_h \tag{5.5-1}$$

式中　k_H——湿度修正系数;

k_h——尺寸形状修正系数。

湿度系数 k_H 和尺寸系数 k_h 由已往试验研究结果给出,或借鉴有关经验取值。

据参考文献[30]所载,CEB/FIP70 法采用下面的公式预测混凝土的徐变系数 $\phi(t)$

$$\phi(t) = k_b k_c k_d k_e k_t \tag{5.5-2}$$

式中　k_b——配合比修正系数;

k_c——湿度修正系数;

k_d——龄期修正系数;

k_e——尺寸修正系数;

k_t——时间修正系数。

对于给定混凝土而言,配合比和加载龄期为已知,时程曲线由试验给出,故有 $\phi_m = k_b k_d k_t$,修正表达式成为

$$\phi(t) = \phi_m(t) k_c k_e \tag{5.5-3}$$

ACI78 法的徐变系数估算公式如下

$$\phi_\infty(\tau) = 2.35 k_1 k_2 k_3 k_4 k_6 k_7 \tag{5.5-4}$$

式中　k_1——湿度修正系数;

k_2——龄期修正系数;

k_3——坍落度修正系数;

k_4——尺寸修正系数;

k_6——砂率修正系数;

k_7——含气量修正系数。

由于加载龄期、坍落度、砂率、含气量都是已知量,当标准试验的徐变系数 ϕ_m 已

知时,亦只作湿度和尺寸修正,公式成为

$$\phi = \phi_m k_1 k_4 \qquad (5.5-5)$$

式(5.5-3)和(5.5-5)在形式和做法上完全一样。

CEB/FIP78 法将 28 d 龄期的徐变系数表为

$$\phi_{28}(t,\tau) = \beta_a(\tau) + \varphi_d \beta(t-\tau) + \varphi_f [\beta_f(t) - \beta_f(\tau)] \qquad (5.5-6)$$

式中 $\beta_a(\tau)$ 为早期流动系数,与加载时的强度相对值 f_c/f_∞ 有关,$\beta_a(\tau) = 0.8(1-f_c/f_\infty)$;式右第二项表可复徐变,且 $\varphi_d = 0.4$,$\beta(t-\tau)$ 表示继效函数;$[\beta_f(t) - \beta_f(\tau)]$ 为时程老化曲线,φ_f 为流动系数,φ_f 用下式计算

$$\varphi_f = \varphi_{f1} \varphi_{f2}$$

式中　φ_{f1}——湿度系数,查表取值;

φ_{f2}——名义厚度系数。

28 d 的徐变系数成为

$$\phi_{28}(t,\tau) = 0.8(1-f_c/f_\infty) + 0.4 + [\beta_f(t) - \beta_f(\tau)]\varphi_{f1}\varphi_{f2} \qquad (5.5-7)$$

CEB/FIP78 法对不可复徐变作了湿度和尺寸效应修正,变形发展快的早期变形如 $\beta_a(\tau)$、$\varphi_d \beta(t-\tau)$ 都不作修正(湿度影响已纳入可复系数 φ_f,笔者注)。

对于非密封试件而言,假设非标准湿度 H 和标准湿度 $H_标$ 条件下的干徐变系数 $\phi_干(H,h)$ 和 $\phi_干(H_标,h)$ 与湿度差 $(100-H)$、$(100-H_标)$ 成正比时,即有下面等式成立

$$\frac{\phi_干(H,h)}{\phi_干(H_标,h)} = \frac{100-H}{100-H_标} = x \qquad (5.5-8)$$

由上式可以得到干徐变系数的下述关系

$$\phi_干(H,h) = x\phi_干(H_标,h) \qquad (5.5-9)$$

式中　$\phi_干(H,h)$——湿度为 H、等效厚度 h 的干徐变系数推算值;

$\phi_干(H_标,h)$——试验室标准湿度 $H_标$,等效厚度 h 的干徐变系数试验值;

x——比例系数,其值为 $(100-H)/(100-H_标)$。

由于 $\phi(H,h) = \phi_0 + \phi_干(H,h)$、$\phi(H_标,h) = \phi_0 + \phi_干(H_标,h)$,故有

$$\left. \begin{array}{l} \phi_干(H,h) = \phi(H,h) - \phi_0 \\ \phi_干(H_标,h) = \phi(H_标,h) - \phi_0 \end{array} \right\} \qquad (5.5-10)$$

为了直接利用常规试验的测试结果 ϕ_0 和 $\phi(H_标,h)$ 推算 $\phi(H,h)$,将上面的两个等式 (5.5-10) 代入式 (5.5-9) 以消去 $\phi_干(H,h)$、$\phi_干(H_标,h)$,再经移项整理,便得到下面

的推算公式

$$\phi(H,h)=(1-x)\phi_0+x\phi(H_标,h) \tag{5.5-11}$$

式中　$\phi(H,h)$—相对湿度 H 的徐变系数推算值；

　　　ϕ_0—密封试件的徐变系数试验值，即基本徐变系数值；

　　　$\phi(H_标,h)$—标准湿度非密封试件的徐变系数试验值，为形状尺寸 h 和时间 t 的函数，可以用图表法表示，亦可用公式法表示。

　　按公式(5.5-11)作湿度调整，需要同时测试混凝土的基本徐变和标准湿度 $H_标$ 尺寸 h 的徐变，才能得到试验值 ϕ_0 和 $\phi(H_标,h)$。

　　英国迪河湾大桥高性能混凝土徐变试验的室内湿度 $H_标=68\%$，试验给出标准圆柱体(φ6 吋)在水中加载和在空气中加载的徐变系数，28 d 龄期的徐变系数分别为 ϕ_{28w} 和 ϕ_{28d}，大桥环境年平均湿度取值为 $H=80\%$，将 $H_标$ 和 H 代入式(5.5-8)，得到 $x=0.625$，湿度调整公式为[36]

$$\phi_{28}(80)=0.375\phi_{28w}+0.625\phi_{28d} \tag{5.5-12}$$

式中　ϕ_{28w}—龄期 28 d 在水中加载的徐变系数试验值；

　　　ϕ_{28d}—同龄期在空气中加载的徐变系数试验值。

　　按以上方法推算，该大桥混凝土 7 d、28 d、90 d 加载、持载期一年的徐变系数 $\phi(80)$ 推算值分别为 1.59、1.20、0.95。

二、湿度系数的取值与公式

　　R. L. Hermite[44][30] 曾提出一个湿度修正的线性公式

$$k_K=1.27-0.006\ 7H \tag{5.5-13}$$

当湿度 $H=40\%$ 时，$k_H=1.00$，这是以相对湿度 40% 为基准湿度的公式。这个公式就是 ACI78 法中公式(5.5-4)的湿度系数 k_1 的计算公式。

　　CEB/FIP70[30] 法以湿度 $H=100\%$ 为基准湿度，湿度系数 k_H 用图示法表示(见第二章之图 2.2-2 湿度修正系数曲线)。图解曲线标有试验值，该湿度系数曲线可以用下面的回归公式表示

$$k_H=1+3.25[1-e^{-0.0168(100-H)}] \tag{5.5-14}$$

现将公式(5.5-13)和式(5.5-14)计算值以及图解曲线标示的试验值一并列于表 5.5-1。为作比较，还以 $H=100\%$ 为基准湿度 H_0 列出公式(5.5-13)的对应值。由基准湿度相同($H_0=100\%$)的计算结果看出，CEB/FIP70 法和 CEB/FIP78 法与 ACI78 法的推算结果差异甚大。

表 5.5-1　介质湿度对混凝土徐变的影响系数 k_H 表

湿度 H(%)		100	90	80	70	60	50	40
ACI78	按式(5.5-13)	0.60	0.67	0.73	0.80	0.87	0.94	1.00
	取 $H_0=100\%$	1.00	1.11	1.22	1.34	1.47	1.56	1.67
CEB/FIP70	试验值	1.00	1.50		2.30		2.85	
	按式(5.5-14)	1.00	1.50	1.93	2.29	2.59	2.85	3.06
CEB/FIP78	试验值	0.80	1.00	1.42 *	2.00	2.44 *	2.76 *	3.00
	取 $H_0=100\%$	1.00	1.25	1.78	2.50	3.05	3.45	3.75

注:带 * 数据为笔者插值数据,其中 $H=65\%$ 时,$K_H=2.26$。

据有关文献[32]评解,对于强度达到 48 MPa 的高性能混凝土在相对湿度 100% 的条件下进行试验,其徐变约为湿度 60% 时徐变的 1/3。我们试验室的控制湿度为 65%±5%,标准柱体试件一年期的徐变系数比 $\phi_{65\%}/\phi_0 \approx 2.43$(见本章第二节高强混凝土模拟构件的徐变)。一般认为,非密封试件混凝土的徐变可以达到弹性变形的 2~3 倍。故而可以认为,公式(5.5-14)的取值比公式(5.5-13)明显合理。

三、尺寸系数的取值与公式

CEB/FIP70[30]用图解曲线表示尺寸系数 k_h 与等效(理论)厚度 h 的关系,取 $h=101.6$ mm 为基准理论厚度 h_0,这时的 $k_h=1.00$。图解曲线中标有试验值(见本书第二章之图 2.2-3)。可用下面的回归方程表示该结果

$$k_h = 0.70 + 0.79 \mathrm{e}^{-0.0092h} \qquad h_0 = 101.6 \text{ mm} \qquad (5.5\text{-}15\text{A})$$

当采用基准理论厚度 $h_0=150$ mm 时,该尺寸系数公式可用下面方程表示

$$k_h = 0.79 + 0.88 \mathrm{e}^{-0.0092h} \qquad h_0 = 150 \text{ mm} \qquad (5.5\text{-}15\text{B})$$

为便于比较,现将几个尺寸系数的数值同列于表 5.5-2。

表 5.5-2　试件尺寸对混凝土徐变的影响系数 k_h

	h(mm)	50	75	100	150	200	250	300	400	≥500
(1)	CEB/FIP70	1.20	1.10 *	1.00	0.90 *	0.85	0.78 *	0.75	0.72	0.70
(2)	ACI78	1.30	1.17	1.11	1.00	0.96	0.91	0.87	0.68	0.67
(3)	A. M. Neville	1.50		1.15	1.05	1.00	0.95	0.90	0.80	0.75
(4)	笔者试验 * *		1.00		0.68			0.45		0.41

以 h＝150 mm 为基准时	(1)	1.34	1.22	1.11	1.00	0.95	0.87	0.83	0.80	0.78
	(2)	1.30	1.17	1.11	1.00	0.96	0.91	0.87	0.68	0.67
	(3)	1.43		1.10	1.00	0.95	0.90	0.86	0.76	0.71
	(4)		1.46		1.00			0.67		0.60
(1)、(2)、(3)平均		1.36		1.11	1.00	0.95	0.89	0.85	0.75	0.72

注：* 用公式(5.5-15A)计算；** 此行数据出自本章第二节。

高强度混凝土模拟构件试验结果(4)用下式(5.5-16)表示尺寸系数 K_h

$$k_h=0.412+1.137\mathrm{e}^{-(0.008h+0.000\,009h^2)} \qquad h_0=75\ \mathrm{mm} \qquad (5.5\text{-}16\mathrm{A})$$

$$k_h=0.60+1.64\mathrm{e}^{-(0.008h+0.000\,009h^2)} \qquad h_0=150\ \mathrm{mm} \qquad (5.5\text{-}16\mathrm{B})$$

最后一行(1)、(2)、(3)平均值可配用下面公式

$$k_h=0.72+0.92\mathrm{e}^{-0.008h} \qquad h_0=150\ \mathrm{mm} \qquad (5.5\text{-}17)$$

上一段给出了一个可供参考应用的湿度调整公式，这一段给出了三个尺寸系数公式以供参考。上面所列湿度系数和尺寸系数的公式和表格数据，都是包含有干徐变和基本徐变在内的相对调整值，在作徐变系数的湿度和尺寸效应修正时，这些公式和表格值还需作出变换，以消除对基本徐变不应有的调整修正。

四、徐变系数的湿度尺寸效应修正

为了书写方便，下面我们用 H_0 表示试验室的标准湿度。我们国家一般的试验室湿度控制为 65%±5%，故用 H_0＝65(%)。等效厚度基准值 h_0 有用 75 mm、150 mm 或 200 mm 的，我们国家以用 150 mm 比较合适。

设标准湿度 H_0 和基准等效厚度 h_0 的干徐变系数已经由试验给出，用 $\phi_{干m}$ 表示，它仅与 H_0、h_0 及时间 t 有关，即为以上三者的函数 $\phi_{干m}(H_0,h_0,t)$。用 $\lambda(H,h)$ 表示干徐变系数的修正系数时，修正后的干徐变系数 $\phi_干(H,h)$ 可用下式表示

$$\phi_干(H,h)=\lambda(H,h)\phi_{干m} \qquad (5.5\text{-}18)$$

由于 $H=100\%$ 时没有干徐变，试件尺寸很大时也没有干徐变，故有如下条件

$$\left.\begin{array}{l} H=100\%,\lambda(H,h)=0 \\ h\rightarrow\infty,\lambda(H,h)=0 \end{array}\right\} \qquad (5.5\text{-}19)$$

又设 $\lambda(H,h)$ 可以表示为一个湿度函数 $f_1(H)$ 和一个尺寸函数 $f_2(h)$ 的乘积，表达式如下

$$\lambda(H,h)=f_1(H) \cdot f_2(h) \tag{5.5-20}$$

$f_1(H) \cdot f_2(h)$ 应满足如下条件

$$f_1(65)=1 \quad f_1(100)=0 \tag{5.5-21}$$

$$f_2(150)=1 \quad f_2(\infty)=0 \tag{5.5-22}$$

利用如上条件及式(5.5-14)、式(5.5-21)、式(5.5-16)和式(5.5-17)右边第二项,可以得到 $f_1(H)$ 及 $f_2(h)$ 的具体形式,总列于表5.5-3和表5.5-4。

表5.5-3 修正系数 $\lambda(H,h)$ 之 $f_1(H)$、$f_2(h)$

函数	公式形式	资料来源	注
$f_1(H)$	$2.25[1-e^{-0.0168(100-H)}]$	CEB/FIP70	(1)
$f_2(h)$	$3.975e^{-0.0092h}$	CEB/FIP70	(1)
	$4.066e^{-(0.008h+0.000009h^2)}$	高强混凝土试验	(4)
	$3.323e^{-0.008h}$	CEB/FIP70、ACI78、A. H. Neville 平均	

徐变系数 $\phi(H,h)$ 用下式计算

$$\phi(H,h)=\phi_0+\lambda(H,h)[\phi_m(H_0,h_0)-\phi_0] \tag{5.5-23}$$

式中　ϕ_0——基本徐变系数试验值,为加载龄期 τ_1、持载时间 $t-\tau_1$ 的函数;

$\phi_m(H_0,h_0)$——标准湿度 H_0、基准有效厚度 h_0 的徐变系数试验值;

$\lambda(H,h)$——干徐变系数修正系数,$\lambda(H,h)=f_1(H)f_2(h)$,$f_1$、$f_2$ 可用表5.5-3的公式计算;或查表5.5-4。

表5.5-4 修正系数 $\lambda(H,h)$ 之函数 $f_2(h)$ 表与 $f_1(H)$ 表

等效厚度 h(mm)	50	75	100	150	200	250	300	400	数据来源
$f_2(h)$	1.91	1.52	1.33	1.00	0.88	0.73	0.61	0.03	ACI78
	2.50	/	1.33	1.00	0.83	0.67	0.50	0.17	A. M. Neville
H(%)	100	90	80	70	65	60	50	40	
$f_1(H)$	0	0.14	0.43	0.82	1.00	1.12	1.34	1.51	CEB/FIP78

　　按照公式(5.5-23)并用表5.5-3或表5.5-4的结果作湿度尺寸效应的徐变系数修正,必须通过试验测试混凝土的基本徐变和标准湿度(65%)基准等效厚度(150 mm)的徐变,给出两者的系数值 ϕ_0、$\phi_m(H_0,h_0)$。若只有混凝土的基本徐变系数 ϕ_0 时,还须借鉴他人成果推算 ϕ_m。推算公式为

$$\phi_m = \alpha \phi_0 \tag{5.5-24}$$

式中 α 值可参考表 5.5-5 所列取值。此时，修正公式(5.5-23)成为如下形式

$$\phi(H,h) = \phi_0 [1 + (\alpha - 1)\lambda(H,h)] \tag{5.5-25A}$$

或

$$\phi(H,h) = \phi_0 [1 + (\alpha - 1)f_1(H)f_2(h)] \tag{5.5-25B}$$

表 5.5-5　公式(5.5-24)之 α 取值表

资料来源	(1) CEB/FIP70	(2) ACI78	(3) A. M. Neville	(4) 笔者试验	(1)、(2)、(3) 平均
α 值	1.28	1.49	1.41	1.67	1.39

算例 1，$\phi_m(H_0,h_0) = 1.25$，$\phi_0 = 0.75$，$f_1 = 2.25[1 - e^{-0.0168(100-H)}]$，

$f_2 = 4.066 e^{-(8h/10^3 + 9h^2/10^6)}$，计算结果列于表 5.5-6。

算例 2，$\phi_0 = 0.75$，$\alpha = 1.28$，$f_1 = 2.25[1 - e^{-0.0168(100-H)}]$，

$f_2 = 3.975 e^{-9.2h/10^3}$，计算结果列于表 5.5-7。

表 5.5-6　算例 1 之 $\phi(H,h)$ 计算结果表

	h(mm)	75	100	150	200	300	x
	45	2.19	1.88	1.43	1.14	0.86	0.75
	55	2.02	1.75	1.35	1.09	0.85	0.75
	65	1.81	1.59	1.25	1.04	0.83	0.75
H(%)	75	1.57	1.39	1.14	0.97	0.81	0.75
	85	1.28	1.17	1.00	0.89	0.79	0.75
	100	0.75	0.75	0.75	0.75	0.75	0.75

表 5.5-7　算例 2 之 $\phi(H,h)$ 计算结果表

	h(mm)	75	100	150	200	300	x
	45	1.32	1.20	1.03	0.93	0.82	0.75
	55	1.25	1.15	1.00	0.91	0.81	0.75
	65	1.17	1.08	0.96	0.88	0.80	0.75
H(%)	75	1.07	1.01	0.91	0.85	0.79	0.75
	85	0.96	0.92	0.86	0.82	0.78	0.75
	100	0.75	0.75	0.75	0.75	0.75	0.75

五、干缩变形公式与修正

图 5.5-1 所示为 C50 高强混凝土试件四种模拟板厚 $h=75$ mm、150 mm、300 mm 和 $h=\infty$ 徐变测试中校核试件的变形,代表不同板厚构件的收缩(干缩)$S(t)$ 和自生变形 $S_0(t)$。自生变形曲线可用下式表示

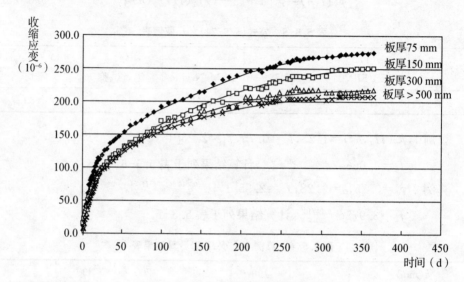

图 5.5-1　高强混凝土 C50 收缩曲线

$$S_0(t)=\frac{100t^{0.8}}{10.3+0.387t^{0.8}} \qquad (5.5-26)$$

式中　t—从观测时间(龄期 7 d)τ_1 算起的持续时间(下同)。

有效厚度 $h=75$ mm 的收缩曲线可用如下双曲公式表示

$$S(t)=\frac{100t^{0.8}}{10.6+0.264t^{0.8}} \qquad (5.5-27)$$

或

$$S(t)=\frac{100t^{0.6}}{4.31+0.232t^{0.6}} \qquad (5.5-28)$$

上述三式在 $t>20$ d 以后与试验曲线都有较好的拟合,其 360 d～二十年的外延结果如下

	360 d	五年	十年	二十年
式(5.5-26)$\times10^{-6}$	208	243(1.17)	249(1.20)	253(1.22)
式(5.5-27)$\times10^{-6}$	278	344(1.24)	358(1.29)	367(1.32)
式(5.5-28)$\times10^{-6}$	279	358(1.28)	380(1.36)	396(1.42)

据有关文献的统计[30][55]，若以 20 年的干缩为准，三个月的干缩占 64%，一年的干缩占 78%，也就是二十年的干缩与一年的干缩比为 1.28，三个月与一年的干缩比约 0.82。按此比例推算，0.6 次幂的双曲公式外延值偏高较多，采用 0.8 次幂的双曲公式比较合适。

依据一年期的观测结果，式(5.2-3)描述干缩值 S 与有效厚度关系如下

$$S = 208 + 125e^{-0.008\,4h} \tag{5.5-29}$$

以混凝土自生变形 $S_0(t)$ 为基准，取 S 与 $S_0(t)$ 一年值之比为干缩的尺寸系数 K_S

$$K_S = 1 + 0.601e^{-0.008\,4h} \tag{5.5-30}$$

式中 h—有效厚度(mm)。

考虑湿度对干缩的影响，按表 5.5-3，以 $H = 65\%$ 为基准的湿度系数 $f_1(H)$ 如下

$$f(H) = 2.25[1 - e^{-0.016\,8(100-H)}] \tag{5.5-31}$$

利用式(5.5-30)和式(5.5-31)可以得到以自生变形为基准，考虑湿度和构件尺寸双重影响的修正系数如下

$$K_{ShH} = 1 + 1.35[1 - e^{-0.016\,8(100-H)}]e^{-0.008\,4h} \tag{5.5-32}$$

混凝土的干缩变形采用下式计算

$$S(t) = K_{ShH}S_0(t) \tag{5.5-33}$$

算例：取 $H = 65\%$，$h = 75\ \text{mm}$、$150\ \text{mm}$、$300\ \text{mm}$、∞，修正系数 K_{ShH} 用式(5.5-32)，$S_0(t)$ 用式(5.5-26)，用式(5.5-33)计算 $S(t)$，结果列于表 5.5-8。可见，计算值与试验值基本一致。

表 5.5-8 干缩与自生变形计算值与试验值比较

$t(d)$	$S(t):h=75\ \text{mm}$		$S(t):h=150\ \text{mm}$		$S(t):h=300\ \text{mm}$		自生变形 $S_0(t)$	
	计算值	试验值	计算值	试验值	计算值	试验值	计算值	试验值
5	41	44	36	42	32	24	31	24
10	66	80	59	60	52	53	50	52
20	99	110	88	90	79	90	75	85
30	124	128	110	105	99	106	94	100
60	170	160	151	138	135	132	129	130
90	178	183	176	160	157	155	150	150
120	216	200	192	178	172	170	164	164

t(d)	$S(t)$:$h=75$ mm		$S(t)$:$h=150$ mm		$S(t)$:$h=300$ mm		自生变形 $S_0(t)$	
	计算值	试验值	计算值	试验值	计算值	试验值	计算值	试验值
180	240	230	213	208	191	193	182	185
240	256	254	227	230	203	208	194	198
300	267	268	236	243	212	216	202	205
360	274	274	243	251	218	218	208	208

六、湿度和尺寸的取值

作徐变系数的湿度尺寸效应调整,环境温度 H 和构件截面的等效厚度 h 取值方法如下。

(一)湿度

湿度分环境湿度和箱梁内腔湿度。

1)环境湿度 一般的做法是用当地年平均湿度作为环境湿度计算干徐变和干缩的修正系数。同时应参考当地气温、湿度的变化、日照温升及建筑物所在位置的风速进行调整。由于干燥引起徐变的增加有不可逆性,笔者以为宜用年平均值的偏低值,如取年平均值再偏低 5% 为用。

2)内腔湿度 箱梁内腔处于空气不流通状,湿度处于饱和或半饱和状态。考虑到夏天受日照温升较高,内腔湿度可用 90%。

(二)等效厚度

等效(理论)厚度计算公式为

$$h=2w/L$$

式中 w 为截面面积,L 为暴露边界长度。施工期间沥青路面填筑以前,应包括所有外、内边界,沥青路面填筑以后,应扣除路面边界。

第六章　徐变力学的基本方程
与基本问题

徐变力学的基本方程包括物理方程、平衡方程、几何方程和定解条件。按照古典理论(假定小变形、均匀、各向同性),除物理方程以外,平衡方程,几何方程与弹性力学中的相同。

为了研究混凝土徐变对结构应力、变形和刚度的影响,应首先建立混凝土应力与应变之间的关系规律,这种关系规律称物理方程。假定试验在恒温和湿度不变(试件密封)的条件下进行,这时徐变主要与加荷应力以及时间有关;由此得到的物理方程可以用于温度、湿度没有很大变动的徐变计算,这种计算是近似的,但是在一定条件下,这种近似是容许的。大体积混凝土的湿度实际上几乎没有变化,可以不考虑湿度的影响,而对于杆件和薄板结构,湿度影响是很大的。现在我们认为给定条件下的徐变曲线已经由试验给出,这样就排除了温度、湿度对应变计算的影响,相当于将环境条件作为参变量处理。

加荷历时是混凝土发生徐变的主要条件,正确的徐变物理方程应表示成应力、应变与时间之间的某种微分关系或积分关系。试验通常是给出变形(或者应力松弛)的观测结果,采用积分型关系式将更加方便和直接。

本章将根据单向变应力下混凝土的变形规律,推导一般应力状态下的物理方程,然后介绍用变形(位移)表示的物理方程、平衡条件、几何方程和边界条件,证明徐变力学两个极为重要的定理。根据这两个定理将徐变力学问题分为三类问题,并讨论其求解的途径。

第一节　徐变计算的理论与方法

在徐变理论中,为了把常荷载试验获得的变形规律推广到变应力中去,主要有有效模量法、老化理论(又称徐变速率法)、弹性徐变理论(也称迭加法)、弹性老化理论和继效流动理论等几种方法。

一、有效模量法

这是一个近似的方法,该方法将徐变归入弹性应变,将徐变问题化为相当的弹性问题来处理。当荷载不变时,假设应力与总应变成正比,有效模量定义如下

$$E_C(t,\tau_1)=\frac{E(\tau_1)}{1+E(\tau_1)C(t,\tau_1)} \tag{6.1-1}$$

对一个给定的应力 $\sigma(t)$，总应变 $\varepsilon(t)$ 将为

$$\varepsilon(t)=\frac{\sigma(t)}{E_C(t,\tau_1)} \tag{6.1-2}$$

当混凝土龄期较短，材料处于激烈水化过程中，瞬时弹性模量有较大变化时，总应变可用下面求和公式计算

$$\varepsilon(t)=\frac{\sigma(\tau_1)}{E_C(t,\tau_1)}+\sum_{i=1}^{n}\frac{\Delta\sigma(\tau_i)}{E_C(t,\tau_i)} \tag{6.1-3}$$

上述式中

$$E_C(t,\tau_i)=E(\tau_i)/(1+\phi(t,\tau_i)) \tag{6.1-4}$$

其中 $\phi(t,\tau_i)=E(\tau_i)C(t,\tau_i)$，$E(\tau_i)$ 是 τ_i 时刻加载的瞬时弹性模量，$C(t,\tau_i)$ 是相应龄期 τ_i 至观测时间 t 的徐变度，$\phi(t,\tau_i)$ 为对应龄期 τ_i 的徐变系数。

如果混凝土应力不变或应力随时间增加（没有卸荷或松弛），该方法能够获得较好的结果。计算非均质弹粘性多连体结构由荷载产生的内力和变形时，由于该方法将徐变问题简化为相当的弹性问题，推演和计算会变得较为简单。对于这种非均质弹粘性多连体的荷载变形问题，徐变引起的应力重分布在总应力中所占的比例不大，该方法可以获得接近实际的结果。又由于它假设变形完全可复，对于有最终值的解，会与继效理论或老混凝土的弹性徐变理论有相同结果。

有效模量法认为徐变是完全可复的，这就过高地估计了可复变形，它又假定徐变在卸荷时刻与瞬时弹性变形在同一瞬间恢复，这也与事实不符。所以，有效模量法对松弛以及荷载剧烈变动等问题是不大适用的。

二、老化理论

这个理论又可称徐变速率法或流动率法，它假设混凝土的徐变曲线具有（沿 ε 轴）"平行"的性质，即

$$C(t,\tau)=C(t)-C(\tau) \tag{6.1-5}$$

上式中 $C(t)$ 是某一龄期 τ_1 加荷的徐变度，$C(\tau)$ 是 τ_1 时刻加荷到 τ 时刻起计的徐变，$C(t,\tau)$ 是由徐变曲线"平行"假设作出的 τ 龄期的徐变度，如图 6.1-1 所示。单位应力下的总应变 $\delta(t,\tau)$ 为

$$\delta(t,\tau)=\frac{1}{E(\tau)}+C(t)-C(\tau) \tag{6.1-6}$$

根据徐变曲线平行假设，在变应力 $\sigma(t)$ 的作用下，总应变 $\varepsilon(t)$ 为

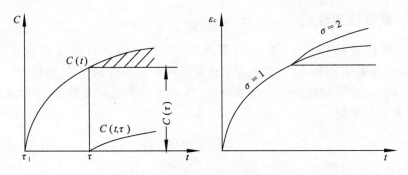

图 6.1-1　老化理论的徐变计算

$$\varepsilon(t) = \sigma(\tau_1)\left[\frac{1}{E(\tau_1)} + C(t)\right] + \int_{\tau_1}^{t}\left[\frac{1}{E(\tau)} + C(t) - C(\tau)\right]\mathrm{d}\sigma(\tau) \quad (6.1\text{-}7)$$

以上三式中的 $C(t)$ 是 τ_1 时刻加荷的徐变曲线,故 $C(\tau_1)=0$。

将式(6.1-7)作分部积分,得

$$\varepsilon(t) = \frac{\sigma(t)}{E(t)} + \int_{\tau_1}^{t}\left[C'(\tau) - \frac{\mathrm{d}}{\mathrm{d}\tau}\frac{1}{E(\tau)}\right]\sigma(\tau)\mathrm{d}\tau \quad (6.1\text{-}8)$$

这是老化理论的物理方程,又可简写为

$$\varepsilon(t) = \frac{\sigma(t)}{E(t)} + \int_{\tau_1}^{t}\sigma(\tau)\xi(\tau)\mathrm{d}\tau \quad (6.1\text{-}9)$$

积分核 $\xi(\tau)$ 为单位应力变形速率,也可称流动速率,其值如下

$$\xi(\tau) = C'(\tau) - \frac{\mathrm{d}}{\mathrm{d}\tau}\frac{1}{E(\tau)} \quad (6.1\text{-}10)$$

老化理论以显式表示混凝土应力、应变与时间之间的关系规律,用到"曲线平行"假设构造不同作用时间的变形公式;徐变速率法假设混凝土的应力与应变速率成正比,比例系数的倒数即为单位力的流动速率;在积分型或微分型的本构关系中,这两种徐变计算法的核形式或应变与应力的比值关系在形式上是一致的,我们在此把老化理论法与流动速率法(或徐变速率法)结合在一起讨论。

应用老化理论物理方程(6.1-8)或(6.1-9),对很多简单问题都可以获得解析解。当混凝土应力单调减少且变化不大时,例如对于构件预应力衰减计算,用该理论可以获得较好结果。它把可复徐变缩小为零,忽略了卸荷后徐变部分可以恢复;若应力变化剧烈,该理论的计算结果也与试验结果相差较大。它采用了徐变曲线平行假设,当由 τ_1 时刻的徐变度推算 $\tau(\tau>\tau_1)$ 时刻的徐变度时,预示着老混凝土的徐变为零,也是与试验结果不符的。

三、弹性徐变理论

这个理论又称叠加法，是由马斯洛夫（Г. И. Маслов）和阿鲁秋年（Н. Х. Арутюнян）首先提出的。它假设混凝土徐变是一种弹性推迟变形，龄期为 τ 的徐变度 $C(t,\tau)$ 由该时刻加荷的徐变曲线决定，并表为一个老化函数 $\varphi(\tau)$ 和继效函数 $f(t-\tau)$ 两者的乘积

$$C(t,\tau)=\varphi(\tau)f(t-\tau) \tag{6.1-11}$$

阿鲁秋年将 $C(t,\tau)$ 取为

$$C(t,\tau)=\left(C_0+\frac{A_1}{\tau}\right)\left[1-\mathrm{e}^{-\gamma(t-\tau)}\right] \tag{6.1-12}$$

其中 C_0、A_1、γ 均为试验常数。单位应力的总变形为

$$\delta(t,\tau)=\frac{1}{E(\tau)}+C(t,\tau) \tag{6.1-13}$$

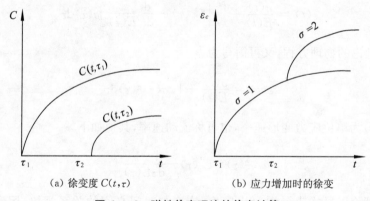

(a) 徐变度 $C(t,\tau)$ 　　　(b) 应力增加时的徐变

图 6.1-2　弹性徐变理论的徐变计算

以上三式中 t 是观测时间，τ 是加荷龄期，而 $t-\tau$ 则为持荷时间。按变形可以叠加的假设，得到由变应力 $\sigma(t)$ 产生的总应变 $\varepsilon(t)$

$$\varepsilon(t)=\sigma(\tau_1)\left[\frac{1}{E(\tau_1)}+C(t,\tau_1)\right]+\int_{\tau_1}^{t}\left[\frac{1}{E(\tau)}+C(t,\tau)\right]\mathrm{d}\sigma(\tau) \tag{6.1-14}$$

对上式作分部积分，并注意到 $C(t,t)=C(\tau_1,\tau_1)=0$，得到

$$\varepsilon(t)=\frac{\sigma(t)}{E(t)}-\int_{\tau_1}^{t}\sigma(\tau)\frac{\partial}{\partial\tau}\left[\frac{1}{E(\tau)}+C(t,\tau)\right]\mathrm{d}\tau \tag{6.1-15}$$

引用记号 $\xi(t,\tau)=-\dfrac{\partial}{\partial\tau}\left[\dfrac{1}{E(\tau)}+C(t,\tau)\right]$，将上式写成

$$\varepsilon(t) = \frac{\sigma(t)}{E(t)} + \int_{\tau_1}^{t} \sigma(\tau)\xi(t,\tau)\mathrm{d}\tau \qquad (6.1\text{-}16)$$

对于龄期很大的混凝土,弹性模量 $E(t)=E$,老化函数 $\varphi(\tau) \rightarrow C_0$,积分核 $\xi(t,\tau)$ 退化为 $\xi(t-\tau)$,方程(6.1-16)退化为

$$\varepsilon(t) = \frac{\sigma(t)}{E} + \int_{\tau_1}^{t} \sigma(\tau)\xi(t-\tau)\mathrm{d}\tau \qquad (6.1\text{-}17)$$

这就是著名的鲍尔茨曼(L. Boltzmann)继效方程。

当荷载为常量时,不论对于新混凝土或者老混凝土,该理论的预示值都与试验曲线一样,因为它没有引入老化理论那样的假设。当应力单调增加,这个方法的预示值与试验值基本相符,用来计算结构的荷载变位可以得到好的结果。对于龄期不大的混凝土,瞬时弹性变形和徐变度随作用龄期的增加而减少,它反映了新混凝土在应力减小时徐变部分不可复的性质。对于老混凝土来说,将荷载减小到零,应变预示值也最终回复到零,徐变推算值完全可复。应用徐变力学求解的工程问题中,混凝土应力往往是衰减的。弹性徐变理论将应力衰减(或全部卸荷)状态下徐变的恢复取作与加荷曲线相同,进而得到老混凝土徐变完全可复的结果,这与试验结果不符。弹性徐变理论考虑到材料在加荷过程中的老化现象,材料的性质是龄期的复杂函数,所以在数学处理上比较麻烦。式(6.1-11)和(6.1-12)将徐变度表为两个函数 $\varphi(\tau)$ 和 $f(t-\tau)$ 的乘积,是假设不同龄期的徐变度曲线相似,这与大多数试验的结果不符。即使对徐变度表达式作了如上简化处理,在解决实际问题时,往往要借助于数值计算。混凝土尚未充分老化时,对于最简单的松弛问题也难以获得封闭解。

四、弹性老化理论

弹性老化理论是弹性徐变理论和老化理论的联合应用。这个方法用下面函数表示徐变度

$$C(t,\tau) = \varphi(\tau)f(t-\tau) + C_N(t) - C_N(\tau) \qquad (6.1\text{-}18)$$

式右第一项相当于弹性徐变理论的徐变度表达式(6.1-11),第二项相当于老化理论的徐变度表达式(6.1-5)。亚辛(A. B. Яшин)、林南薰等人取 $\varphi(\tau)$ 为作用时间(龄期)τ 的减函数,表示可复徐变是随龄期的增加而逐渐减少并趋向于某一常数的。例如,徐变度有如下形式

$$C(t,\tau) = \left(C_0 + \frac{A_1}{\tau}\right)\left[1 - \mathrm{e}^{-\gamma_1(t-\tau)}\right] + A_2(\mathrm{e}^{-\gamma_2\tau} - \mathrm{e}^{-\gamma_2 t}) \qquad (6.1\text{-}19)$$

式中 C_0、A_1、A_2、γ_1、γ_2 均为常数,且 $\gamma_1 \gg \gamma_2$,赵祖武、恩格蓝(G. L. England)等人取 $\varphi(\tau)$ 为与龄期 τ 无关的常量,式(6.1-18)右边第一项表示可复徐变,并由弹性后

效曲线决定,徐变度有如下形式

$$C(t,\tau)=C_0\left[1-\mathrm{e}^{-\gamma_1(t-\tau)}\right]+A_2\left(\mathrm{e}^{-\gamma_2\tau}-\mathrm{e}^{-\gamma_2 t}\right) \qquad (6.1\text{-}20)$$

弹性老化理论是弹性徐变理论和老化理论的有机结合,可以更好地描述新混凝土在卸荷和部分卸荷时的徐变规律,与前面几种理论比较,采用该理论的物理方程求解应力松弛问题,其结果也似乎更为合理。在该理论的徐变度表达式中,对于不可复徐变,由于引用了徐变曲线平行假设,除一个最小龄期的徐变度相等于试验曲线以外(因为由试验曲线决定),其余较大龄期的徐变度都不等于试验曲线,并引出老混凝土(τ 很大时)的徐变完全可复的结果。在式(6.1-19)中,老混凝土的可复徐变由荷载历时不长的徐变曲线决定。由于弹性后效发展很快,老混凝土的不可复徐变发展较慢,根据荷载历时不长的试验结果[45]得到可复徐变在总徐变中所占比例很大的结论,不能为一般试验所认同。在式(6.1-20)中,可复徐变取作与弹性后效相等,故当 $\tau\to\infty$,由于略去了徐变中的不可复变形(或其中的很大部分),由上面公式推算所得老混凝土的徐变度将比试验结果明显偏小。在式(6.1-19)和(6.1-20)中,由于 γ_1 是比 γ_2 大很多的常数,可以证明,晚龄期混凝土徐变的发展要比早龄期徐变的发展快,这与试验的普遍结果不符。由上面的分析,可得到以下结论:弹性老化理论虽然可以较好地描述早龄期的混凝土在卸荷状态下徐变部分可复的性质,但它把不可复徐变的减少仅仅归结为材料的老化并采用徐变曲线平行假设,对于晚龄期混凝土徐变规律的描述显然是不能令人满意的,也不能反映荷载历时促使徐变减少的现象。

五、继效流动理论

由第一章的讨论得知,徐变度 $C(t,\tau_1)$ 中包括可复徐变和不可复徐变两部分。为了将可复徐变从徐变度曲线中分离出来,需待持荷时间足够长(约为可复徐变达到最大恢复量所需的时间)再行卸荷,徐变恢复曲线与通过此曲线始点所作水平线之间的差值,才是完整的可复徐变,即弹性后效曲线。一般地说,可复徐变是加荷龄期 τ_1、卸荷时间 τ 与观测时间 t 的函数 $C_y(t,\tau,\tau_1)$。因为它在总的徐变变形中所占比例不大,与加荷龄期 τ_1、卸荷时间 τ 之间关系不明显,主要取决于观测时间与卸荷时间之差 $t-\tau$,对小龄期加荷试件那种早期徐变恢复量偏大(如果确实这样的话)的效应,看来也是不重要的,作为一种近似,将可复徐变表示为时差 $t-\tau$ 的函数 $C_y(t-\tau)$ 是适宜的。

试验表明,在不大的应力下,可复徐变符合叠加原理,若在 τ_1 时刻有一初应力 $\sigma(\tau_1)$ 作用,τ_i 时刻的应力增量(或减量)为 $\Delta\sigma(\tau_i)$,则全部可复徐变形为

$$\sigma(\tau_1)C_y(t-\tau_1)+\sum_{i=1}^{m}\Delta\sigma(\tau_i)C_y(t-\tau_i)$$

若应力 $\sigma(t)$ 在 $\tau_1\sim t$ 时间连续变化,上面求和式可用积分号代替

$$\sigma(\tau_1)C_y(t-\tau_1)+\int_{\tau_1}^{t}C_y(t-\tau)\mathrm{d}\sigma(\tau) \tag{6.1-21}$$

用 $C_N(t,\tau_1)$ 表示不可复徐变,假设徐变度相等于可复徐变 $C_y(t-\tau_1)$ 和不可复徐变 $C_N(t,\tau_1)$ 两者之和,有

$$C(t,\tau_1)=C_y(t-\tau_1)+C_N(t,\tau_1)$$

则有

$$C_N(t,\tau_1)=C(t,\tau_1)-C_y(t-\tau_1) \tag{6.1-22}$$

龄期 τ_1 的不可复徐变 $C_N(t,\tau_1)$ 等于在时刻 τ_1 加荷的徐变度与弹性后效以同一时间为起点相减之差值,如图 6.1-3 所示。由于 $C(t,\tau_1)$ 和 $C_y(t-\tau_1)$ 由试验给出,所以 $C_N(t,\tau_1)$ 也是已知的。因为 $C_y(t-\tau_1)$ 只与时间差 $t-\tau_1$ 有关,不随 τ_1 变化,$C(t,\tau_1)$ 则随龄期 τ_1 的增长而变小,当 τ_1 很大以后则变成 $t-\tau_1$ 的函数 $C(t-\tau_1)$,所以 $C_N(t,\tau_1)$ 也随 τ_1 的增长而变小,当 τ_1 很大以后成为 $C_N(t-\tau_1)$。混凝土单位应力的总变形可写成

$$\delta(t,\tau_1)=\frac{1}{E(\tau_1)}+C_y(t-\tau_1)+C_N(t,\tau_1) \tag{6.1-23}$$

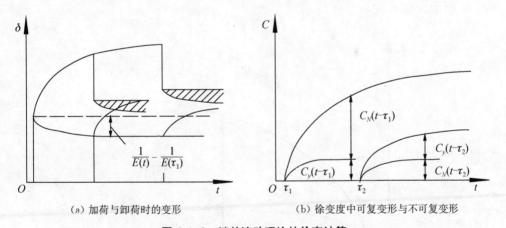

(a) 加荷与卸荷时的变形　　　　　　　(b) 徐变度中可复变形与不可复变形

图 6.1-3　继效流动理论的徐变计算

在计算变应力的不可复徐变变形时,不再采用弹性老化理论的徐变曲线平行假设,而应用与流变模型相仿的方法进行推导。

设不可复徐变是拟粘性流动,粘度系数是观察时间 t 和加荷龄期 τ_1 的某一函数 $\eta(t,\tau_1)$。设应变速率 ε_N' 与应力 σ 成正比,$\sigma=\eta\varepsilon_N'$。由应力 $\sigma(t)$ 产生的不可复徐变应变 ε_N 为

$$\varepsilon_N=\int_{\tau_1}^{t}\frac{\sigma(\tau)}{\eta(\tau,\tau_1)}\mathrm{d}\tau$$

由变应力 $\sigma(t)$ 产生的总变形用下式表示

$$\varepsilon(t) = \frac{\sigma(t)}{E(t)} + \sigma(\tau_1)C_y(t-\tau_1) + \int_{\tau_1}^{t} C_y(t-\tau)\mathrm{d}\sigma(\tau) + \int_{\tau_1}^{t} \frac{\sigma(\tau)}{\eta(\tau,\tau_1)}\mathrm{d}\tau$$

$$(6.1-24)$$

当 $\sigma(t)=1$ 时,上式应给出单位应力的总变形。由式(6.1-23)与式(6.1-24)得到

$$\frac{1}{E(\tau_1)} + C_y(t-\tau_1) + C_N(t,\tau_1) = \frac{1}{E(t)} + C_y(t-\tau_1) + \int_{\tau_1}^{t} \frac{\mathrm{d}\tau}{\eta(\tau,\tau_1)}$$

经移项,将上式写成

$$\int_{\tau_1}^{t} \frac{\mathrm{d}\tau}{\eta(\tau,\tau_1)} = C_N(t,\tau_1) + \frac{1}{E(\tau_1)} - \frac{1}{E(t)} \qquad (6.1-25)$$

再将上式对时间 t 求导,得到

$$\frac{1}{\eta(t,\tau_1)} = C_N'(t,\tau_1) - \frac{\mathrm{d}}{\mathrm{d}t}\frac{1}{E(t)} \qquad (6.1-26)$$

$\eta(t,\tau_1)$ 的倒数是单位应力下的流动速率,其值与 $E(t)$ 和 $C_N(t,\tau_1)$ 的变化有关,如图 6.1-4 所示。

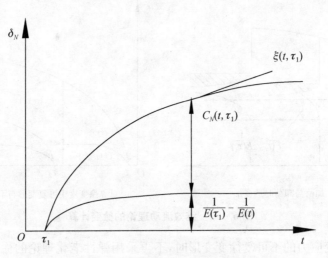

图 6.1-4　不可复变形 δ_N 与流动速率 $\xi(t,\tau_1)$

将式(6.1-26)代入式(6.1-24)中,得到

$$\varepsilon(t) = \frac{\sigma(t)}{E(t)} + \sigma(\tau_1)C_y(t-\tau_1) + \int_{\tau_1}^{t} C_y(t-\tau)\mathrm{d}\sigma(\tau)$$

$$+ \int_{\tau_1}^{t} \sigma(\tau)\left[C'_N(\tau) - \frac{\mathrm{d}}{\mathrm{d}\tau}\frac{1}{E(\tau)}\right]\mathrm{d}\tau \tag{6.1-27}$$

对上式右边第一个积分作分部积分

$$\int_{\tau_1}^{t} C_y(t-\tau)\mathrm{d}\sigma(\tau) = \sigma(t)C_y(t-t) - \sigma(\tau_1)C_y(t-\tau_1) - \int_{\tau_1}^{t}\sigma(\tau)\frac{\partial}{\partial\tau}C_y(t-\tau)\mathrm{d}\tau$$

$$= -\sigma(\tau_1)C_y(t-\tau_1) - \int_{\tau_1}^{t}\sigma(\tau)\frac{\partial}{\partial\tau}C_y(t-\tau)\mathrm{d}\tau$$

将所得结果代入方程(6.1-27)，可得

$$\varepsilon(t) = \frac{\sigma(t)}{E(t)} + \int_{\tau_1}^{t}\left[-\frac{\partial}{\partial\tau}C_y(t-\tau) - \frac{\mathrm{d}}{\mathrm{d}\tau}\frac{1}{E(\tau)} + C'_N(\tau,\tau_1)\right]\sigma(\tau)\mathrm{d}\tau$$

$$\tag{6.1-28}$$

将上式简写成如下形式

$$\left.\begin{aligned}
\varepsilon(t) &= \frac{\sigma(t)}{E(t)} + \int_{\tau_1}^{t}\sigma(\tau)\xi(t,\tau,\tau_1)\mathrm{d}\tau \\
\xi(t,\tau,\tau_1) &= \xi_y(t-\tau) + \xi_N(\tau,\tau_1) \\
\xi_y(t-\tau) &= -\frac{\partial}{\partial\tau}C_y(t-\tau) \\
\xi_N(\tau,\tau_1) &= C'_N(\tau,\tau_1) - \frac{\mathrm{d}}{\mathrm{d}\tau}\frac{1}{E(\tau)}
\end{aligned}\right\} \tag{6.1-29}$$

方程中的积分核 $\xi(t,\tau,\tau_1)$ 由两部分 $\xi_y(t-\tau)$、$\xi_N(\tau,\tau_1)$ 组成，$\xi_y(t-\tau)$ 称继效核，描述与龄期无关的可复应变速率，$\xi_N(\tau,\tau_1)$ 称流动核，是单位应力下的流动速率。在方程(6.1-29)中，t 是应变的观察时间，τ_1 是加荷龄期或施加应力 $\sigma(t)$ 的初始时间，τ 是相应于 $\sigma(\tau)$ 的作用时间，均以成型时刻为时间坐标的起点。若弹性模量 $E(t) = E = $ 常量，且 $\xi_N(\tau,\tau_1) = 0$，方程(6.1-29)将退化为继效方程；若 $\xi_y(t-\tau) = 0$，上方程成为流动方程。所以，方程(6.1-29)可称为继效流动方程。特别指出，方程(6.1-29)退化为继效方程，是荷载长期作用，混凝土粘滞变形充分发展成为塑性变形的结果，非材料特性老化所致。

用作图方法(见第四章第三节)，可以相当满意地用指数函数表示弹性后效曲线

$$C_y(t-t_0) = \sum_{i=1}^{m} C_i\left[1 - \mathrm{e}^{-\gamma_i(t-t_0)}\right] \tag{6.1-30}$$

式中 t_0 表示卸荷时间。一般，只要取 $m=2$，可使计算值在 $t-t_0 > 1$ 天后与试验值有相当好的符合。这相当于取狄利克雷级数的两项。将上式里的 t_0 用 τ 代替，再对 τ

求导,便得到继效核如下

$$\xi_y(t-\tau) = -\frac{\partial}{\partial \tau} C_y(t-\tau) = \sum_{i=1}^{m} C_i \gamma_i e^{-\gamma_i(t-\tau)} \tag{6.1-31}$$

试验在恒温和湿度不变(或试件密封)的条件下进行,不可复徐变的速率 $C'_N(t,\tau_1)$ 随时间单调减少,这个函数也合乎逻辑地允许按伏勒太尔—狄利克雷级数展开

$$C_N(t,\tau_1) = \sum_{j=1+m}^{p} C_j \left[1 - e^{-\gamma_j(t-\tau_1)} \right] \tag{6.1-32}$$

对于趋向老化的($\tau_1 = 28 \sim 90$ d 左右)或已经老化的混凝土,只需取二项和即可,相当于 $p = m+2$;对于加荷龄期 τ_1 较小的混凝土,亦只要取二至三项和式,即 $p = m+2 \sim m+3$,在 $t - \tau_1 > 1$ d 以后便能够同试验曲线有较好的拟合。将式(6.1-32)中的 t 换成 τ,求导,得到

$$\xi_N(t,\tau_1) + \frac{d}{d\tau} \frac{1}{E(\tau)} = \sum_{j=m+1}^{p} C_j \gamma_j e^{-\gamma_j(\tau-\tau_1)} \tag{6.1-33}$$

因加荷龄期不同,徐变度曲线和不可复变形曲线的形状和数值也不同,加荷龄期 τ_1 小,徐变发展快,上述两种曲线的弯度大些,相同持荷时间 $t - \tau_1$ 的徐变值和不可复变形值也大,加荷时混凝土龄期大则反之,所以系数 C_j、γ_j 又与龄期 τ_1 有关。混凝土分别在,τ_1、τ_2、$\cdots\cdots$、τ_k 等 k 个龄期加荷,用作图方法作函数 $C_N(t,\tau_k)$ 的狄利克雷级数展开式(6.1-32)时,就将获得 k 个 γ_j 值和 k 个 C_j 值,当 τ_k 和 τ_{k-1} 很大,即混凝土已充分老化,$\gamma_j(\tau_k) = \gamma_j(\tau_{k-1})$、$C_j(\tau_k) = C_j(\tau_{k-1})$。对某些硅酸盐水泥混凝土,$\gamma_j$ 值与加荷龄期 τ_k 的关系不明显。在徐变方程中,所有 C_i、C_j、γ_i、γ_j 都作为常量看待。例如,在方程(6.1-29)中,若应力 $\sigma(t)$ 作用的初始时间为 τ_1,积分核里的流动核部分的常数 $C_j(\tau_1)$、$\gamma_j(\tau_1)$ 由 τ_1 龄期的不可复变形曲线作出,如果作用的初始时间为 τ_k,就用 τ_k 龄期的不可复变形曲线 $C_N(t-\tau_k)$ 作出的常数 $\gamma_j(\tau_k)$、$C_j(\tau_k)$ 去代入。

同样,弹性模量也可表示为

$$E(t) = E \left(1 - \sum_{i=1}^{n} \beta_i e^{-\alpha_i t} \right) \tag{6.1-34}$$

在积分核内,把 t 换成 τ。

将式(6.1-31)和式(6.1-33)代入方程(6.1-29)中之积分核 $\xi(t,\tau,\tau_1)$,得到

$$\xi(t,\tau,\tau_1) = \sum_{i=1}^{m} C_i \gamma_i e^{-\gamma_i(t-\tau)} + \sum_{j=m+1}^{p} C_j \gamma_j e^{-\gamma_j(\tau-\tau_1)} - \frac{d}{d\tau} \frac{1}{E(\tau)} \tag{6.1-35}$$

当荷载应力为常量,或常荷载的作用经过一段时间后卸载,由方程(6.1-29)推

算所得结果与试验曲线相符。可以预见,当荷载应力部分减少,方程推算的结果介于如上两条曲线之间。对于应力松弛、或应力衰减问题,用该方程推演计算的结果将会更接近实际。

第二节　徐变力学的基本方程

在本章的下面几节,将积分核 $\xi(t,\tau,\tau_1)$ 简写为 ξ,用 σ、ε 表示 $\sigma(t)$、$\sigma(\tau)$、$\varepsilon(t)$,用 σ_x、σ_y、σ_z 表示直角坐标中的三个正向应力分量,τ_{xy}、τ_{yz}、τ_{zx} 表示三个剪应力分量,ε_x、ε_y、ε_z 表示三个正应变分量,γ_{xy}、γ_{yz}、γ_{zx} 表示三个剪应变分量,在积分号内它们是 τ 的函数,在积分号外是 t 的函数。

根据第一章第二节的讨论,混凝土柱在不变的轴向应力 σ_{x1} 的作用下,横向的应变为

$$\varepsilon_y = \varepsilon_z = -\mu\left[\frac{\sigma_{x1}}{E(\tau_1)} + \sigma_{x1}C(t,\tau_1)\right] \tag{6.2-1}$$

假定

$$\mu\sigma_{x1}C(t,\tau_1) = \mu\sigma_{x1}C_y(t-\tau_1) + \mu\sigma_{x1}C_N(t,\tau_1) \tag{6.2-2}$$

若应力随时间变化,则在 y、z 两个方向上的横向应变为

$$\varepsilon_y = \varepsilon_z = -\mu\frac{\sigma_x}{E} - \mu\int_{\tau_1}^{t}\sigma_x\xi\mathrm{d}\tau = -\mu\left(\frac{\sigma_x}{E} + \int_{\tau_1}^{t}\sigma_x\xi\mathrm{d}\tau\right) \tag{6.2-3}$$

上述各式中 μ 是泊松比,取为常量,E 是 $E(t)$ 的简写。

由小变形和均质、各向同性假设,在应变与应力成正比的条件下,六个应力分量同时作用的结果将等于它们单独作用之和。由此,可得到与古典弹性力学相似的方程组

$$\left.\begin{aligned}
\varepsilon_x &= \frac{\sigma_x - \mu(\sigma_y + \sigma_z)}{E} + \int_{\tau_1}^{t}[\sigma_x - \mu(\sigma_y + \sigma_z)]\xi\mathrm{d}\tau \\
\varepsilon_y &= \frac{\sigma_y - \mu(\sigma_z + \sigma_x)}{E} + \int_{\tau_1}^{t}[\sigma_y - \mu(\sigma_z + \sigma_x)]\xi\mathrm{d}\tau \\
\varepsilon_z &= \frac{\sigma_z - \mu(\sigma_x + \sigma_y)}{E} + \int_{\tau_1}^{t}[\sigma_z - \mu(\sigma_y + \sigma_x)]\xi\mathrm{d}\tau \\
\gamma_{xy} &= 2(1+\mu)\left[\frac{\tau_{xy}}{E} + \int_{\tau_1}^{t}\tau_{xy}\xi\mathrm{d}\tau\right] \\
\gamma_{yz} &= 2(1+\mu)\left[\frac{\tau_{yz}}{E} + \int_{\tau_1}^{t}\tau_{yz}\xi\mathrm{d}\tau\right] \\
\gamma_{zx} &= 2(1+\mu)\left[\frac{\tau_{zx}}{E} + \int_{\tau_1}^{t}\tau_{zx}\xi\mathrm{d}\tau\right]
\end{aligned}\right\} \tag{6.2-4}$$

这是线性徐变力学中的基本物理方程式。采用应力不变量 $s = \sigma_x + \sigma_y + \sigma_z$ 代入上面的方程组,得到

$$
\left.
\begin{aligned}
\varepsilon_x &= \frac{(1+\mu)\sigma_x - \mu s}{E} + \int_{\tau_1}^{t} \left[(1+\mu)\sigma_x - \mu s\right]\xi \mathrm{d}\tau \\
\varepsilon_y &= \frac{(1+\mu)\sigma_y - \mu s}{E} + \int_{\tau_1}^{t} \left[(1+\mu)\sigma_y - \mu s\right]\xi \mathrm{d}\tau \\
\varepsilon_z &= \frac{(1+\mu)\sigma_z - \mu s}{E} + \int_{\tau_1}^{t} \left[(1+\mu)\sigma_z - \mu s\right]\xi \mathrm{d}\tau \\
\gamma_{xy} &= \frac{\tau_{xy}}{G} + \int_{\tau_1}^{t} 2(1+\mu)\tau_{xy}\xi \mathrm{d}\tau \\
\gamma_{yz} &= \frac{\tau_{yz}}{G} + \int_{\tau_1}^{t} 2(1+\mu)\tau_{yz}\xi \mathrm{d}\tau \\
\gamma_{zx} &= \frac{\tau_{zx}}{G} + \int_{\tau_1}^{t} 2(1+\mu)\tau_{zx}\xi \mathrm{d}\tau
\end{aligned}
\right\}
\tag{6.2-5}
$$

式中 $G = \dfrac{E}{2(1+\mu)}$

若结构的应力与强迫变形(由温度改变,收缩、基础的非均匀沉降产生的变形)有关,用 ε_x^0、ε_y^0、ε_z^0、γ_{xy}^0、γ_{yz}^0、γ_{zx}^0 表示六个强迫变形分量,它们都可以是时间的变量,则混凝土的总应变 ε_x、γ_{xy} 等将为应力的变形与强迫变形之和

$$
\left.
\begin{aligned}
\varepsilon_x &= \varepsilon_x^0 + \frac{(1+\mu)\sigma_x - \mu s}{E} + \int_{\tau_1}^{t} \left[(1+\mu)\sigma_x - \mu s\right]\xi \mathrm{d}\tau \\
&\quad\cdots\cdots \\
\gamma_{xy} &= \gamma_{xy}^0 + \frac{\tau_{xy}}{G} + \int_{\tau_1}^{t} 2(1+\mu)\tau_{xy}\xi \mathrm{d}\tau \\
&\quad\cdots\cdots
\end{aligned}
\right\}
\tag{6.2-6}
$$

这样,只研究外荷载引起的应力与变形时则用物理方程式(6.2-5),而研究与强迫变形有关的应力与变形时则用方程(6.2-6)。

在任何时刻,物体的六个应力分量应满足下列平衡方程

$$
\left.
\begin{aligned}
\frac{\partial \sigma_x}{\partial x} + \frac{\partial \tau_{xy}}{\partial y} + \frac{\partial \tau_{zx}}{\partial z} + X &= 0 \\
\frac{\partial \tau_{xy}}{\partial x} + \frac{\partial \sigma_y}{\partial y} + \frac{\partial \tau_{yz}}{\partial z} + Y &= 0 \\
\frac{\partial \tau_{zx}}{\partial x} + \frac{\partial \tau_{yz}}{\partial y} + \frac{\partial \sigma_z}{\partial z} + Z &= 0
\end{aligned}
\right\}
\tag{6.2-7}
$$

式中 X、Y、Z 是体力分量,它们都可以是时间 t 和坐标 x、y、z 的函数。

根据小变形的假设,六个几何方程是

$$
\left.
\begin{array}{ll}
\varepsilon_x = \dfrac{\partial u}{\partial x} & \gamma_{xy} = \dfrac{\partial u}{\partial y} + \dfrac{\partial v}{\partial x} \\[3mm]
\varepsilon_y = \dfrac{\partial v}{\partial y} & \gamma_{yz} = \dfrac{\partial v}{\partial z} + \dfrac{\partial w}{\partial y} \\[3mm]
\varepsilon_x = \dfrac{\partial w}{\partial z} & \gamma_{zx} = \dfrac{\partial u}{\partial z} + \dfrac{\partial w}{\partial x}
\end{array}
\right\}
\tag{6.2-8}
$$

式中 u、v、w 是一点 $(x、y、z)$ 沿坐标 x、y、z 方向的位移分量。

在给定的体力、强迫变形及边界条件下,由方程组(6.2-5)或(6.2-6)连同三个平衡方程(6.2-7)及六个几何方程(6.2-8)的 15 个方程可以求解六个应力分量、六个应变分量和三个位移分量。

当物体的表面给出边界面力时,边界条件是

$$
\left.
\begin{array}{l}
\overline{X} = \sigma_x\,\overline{l} + \tau_{xy}\overline{m} + \tau_{xz}\overline{n} \\[2mm]
\overline{Y} = \tau_{xy}\,\overline{l} + \sigma_y\overline{m} + \tau_{yz}\overline{n} \\[2mm]
\overline{Z} = \tau_{xz}\,\overline{l} + \tau_{yz}\overline{m} + \sigma_z\overline{n}
\end{array}
\right\}
\tag{6.2-9}
$$

式中 $\overline{X}$、$\overline{Y}$、$\overline{Z}$ 是面力在三个坐标方向上的分量,可以同时是坐标 x、y、z 和时间 t 的函数;$\overline{l}$、$\overline{m}$、$\overline{n}$ 是面力的作用方向与 x、y、z 轴夹角的余弦,称方向余弦。

当物体在部分边界上给出位移时,位移边界条件是

$$
\left.
\begin{array}{l}
\overline{u} = u(x、y、z、t) \\[2mm]
\overline{v} = v(x、y、z、t) \\[2mm]
\overline{w} = w(x、y、z、t)
\end{array}
\right\}
\tag{6.2-10}
$$

第三节　按位移求解的基本方程

按位移求解问题,是取位移分量为基本未知量。在空间问题的 15 个基本方程中,消去应力分量和应变分量,可得出只含位移分量的方程式。边界条件也需要变换成用位移分量表示的方程式。推演如下。

将方程组(6.2-5)前三式相加,用 θ 表示体积应变,$\theta = \varepsilon_x + \varepsilon_y + \varepsilon_z$,

$$
\theta = \frac{(1-2\mu)s}{E} + \int_{\tau_1}^{t}(1-2\mu)s\xi\,\mathrm{d}\tau
\tag{6.3-1}
$$

两边同除以 $(1-2\mu)$,上式成为

$$
\frac{\theta}{1-2\mu} = \frac{s}{E} + \int_{\tau_1}^{t}s\xi\,\mathrm{d}\tau
\tag{6.3-2}
$$

把方程(6.3-2)代入方程组(6.2-5)前三式,消去 s,用位移表示应变,得到

$$
\left.
\begin{aligned}
\frac{\partial u}{\partial x} + \frac{\mu}{1-2\mu}\theta &= (1+\mu)\left[\frac{\sigma_x}{E} + \int_{\tau_1}^{t}\sigma_x\xi\mathrm{d}\tau\right] \\
\frac{\partial v}{\partial y} + \frac{\mu}{1-2\mu}\theta &= (1+\mu)\left[\frac{\sigma_y}{E} + \int_{\tau_1}^{t}\sigma_y\xi\mathrm{d}\tau\right] \\
\frac{\partial w}{\partial z} + \frac{\mu}{1-2\mu}\theta &= (1+\mu)\left[\frac{\sigma_z}{E} + \int_{\tau_1}^{t}\sigma_z\xi\mathrm{d}\tau\right] \\
\frac{\partial u}{\partial y} + \frac{\partial v}{\partial x} &= 2(1+\mu)\left[\frac{\tau_{xy}}{E} + \int_{\tau_1}^{t}\tau_{xy}\xi\mathrm{d}\tau\right] \\
\frac{\partial w}{\partial y} + \frac{\partial v}{\partial z} &= 2(1+\mu)\left[\frac{\tau_{yz}}{E} + \int_{\tau_1}^{t}\tau_{yz}\xi\mathrm{d}\tau\right] \\
\frac{\partial u}{\partial z} + \frac{\partial w}{\partial x} &= 2(1+\mu)\left[\frac{\tau_{zx}}{E} + \int_{\tau_1}^{t}\tau_{zx}\xi\mathrm{d}\tau\right]
\end{aligned}
\right\}
\tag{6.3-3}
$$

式中 $\theta = \dfrac{\partial u}{\partial x} + \dfrac{\partial v}{\partial y} + \dfrac{\partial w}{\partial z}$

将上式改写为

$$
\left.
\begin{aligned}
\sigma_x + E\int_{\tau_1}^{t}\sigma_x\xi\mathrm{d}\tau &= 2G\frac{\partial u}{\partial x} + \lambda\theta \\
\sigma_y + E\int_{\tau_1}^{t}\sigma_y\xi\mathrm{d}\tau &= 2G\frac{\partial v}{\partial y} + \lambda\theta \\
\sigma_z + E\int_{\tau_1}^{t}\sigma_z\xi\mathrm{d}\tau &= 2G\frac{\partial w}{\partial z} + \lambda\theta \\
\tau_{xy} + E\int_{\tau_1}^{t}\tau_{xy}\xi\mathrm{d}\tau &= 2G\left(\frac{\partial u}{\partial y} + \frac{\partial v}{\partial x}\right) \\
\tau_{yz} + E\int_{\tau_1}^{t}\tau_{yz}\xi\mathrm{d}\tau &= 2G\left(\frac{\partial v}{\partial z} + \frac{\partial w}{\partial y}\right) \\
\tau_{zx} + E\int_{\tau_1}^{t}\tau_{zx}\xi\mathrm{d}\tau &= 2G\left(\frac{\partial w}{\partial x} + \frac{\partial u}{\partial z}\right)
\end{aligned}
\right\}
\tag{6.3-4}
$$

式中 $\lambda = \dfrac{\mu E}{(1-2\mu)(1+\mu)}$。

方程组(6.3-4)第一式对 x 取偏导数,第四式对 y 取偏导数,第六式对 z 取偏导数,相加,得

$$
\frac{\partial \sigma_x}{\partial x} + \frac{\partial \tau_{xy}}{\partial y} + \frac{\partial \tau_{xz}}{\partial z} + E\int_{\tau_1}^{t}\left[\frac{\partial \sigma_x}{\partial x} + \frac{\partial \tau_{xy}}{\partial y} + \frac{\partial \tau_{xz}}{\partial z}\right]\xi\mathrm{d}\tau
$$

$$
= 2G\frac{\partial^2 u}{\partial x^2} + \lambda\frac{\partial \theta}{\partial x} + G\left[\frac{\partial^2 u}{\partial y^2} + \frac{\partial^2 v}{\partial x\partial y}\right] + G\left[\frac{\partial^2 u}{\partial z^2} + \frac{\partial^2 w}{\partial x\partial z}\right]
\tag{6.3-5}
$$

用记号 $\nabla^2 = \dfrac{\partial^2}{\partial x^2} + \dfrac{\partial^2}{\partial y^2} + \dfrac{\partial^2}{\partial z^2}$，并注意到 $\dfrac{\partial \sigma_x}{\partial x} + \dfrac{\partial \tau_{xy}}{\partial y} + \dfrac{\partial \tau_{xz}}{\partial z} = -X$，得到

$$(\lambda + G)\frac{\partial \theta}{\partial x} + G\nabla^2 u + X + E\int_{\tau_1}^{t} X\xi \mathrm{d}\tau = 0$$

这便是用位移表示的 x 方向的平衡方程。依照同样方法进行变换，可以得到 y 方向和 z 方向的平衡方程。总列于下

$$\left. \begin{array}{l} (\lambda + G)\dfrac{\partial \theta}{\partial x} + G\nabla^2 u + X + E\displaystyle\int_{\tau_1}^{t} X\xi \mathrm{d}\tau = 0 \\[4mm] (\lambda + G)\dfrac{\partial \theta}{\partial y} + G\nabla^2 v + X + E\displaystyle\int_{\tau_1}^{t} Y\xi \mathrm{d}\tau = 0 \\[4mm] (\lambda + G)\dfrac{\partial \theta}{\partial z} + G\nabla^2 w + X + E\displaystyle\int_{\tau_1}^{t} Z\xi \mathrm{d}\tau = 0 \end{array} \right\} \qquad (6.3\text{-}6)$$

这是线性徐变力学里用位移表示平衡条件的拉密方程推广式。

方程组(6.3-4)第一式乘以 $\bar{l}$，第四式乘以 $\bar{m}$，第六式乘以 $\bar{n}$，相加，得

$$\bar{l}\sigma_x + \bar{m}\tau_{xy} + \bar{n}\tau_{xz} + E\int_{\tau_1}^{t} (\bar{l}\sigma_x + \bar{m}\tau_{xy} + \bar{n}\tau_{xz})\xi \mathrm{d}\tau$$

$$= \bar{l}\left(2G\frac{\partial u}{\partial x} + \lambda\theta\right) + \bar{m}G\left(\frac{\partial u}{\partial y} + \frac{\partial v}{\partial x}\right) + \bar{n}G\left(\frac{\partial u}{\partial z} + \frac{\partial w}{\partial x}\right)$$

利用边界条件(6.2-9)消去应力分量，得到

$$\overline{X} + E\int_{\tau_1}^{t} \overline{X}\xi \mathrm{d}\tau = \bar{l}\left(2G\frac{\partial u}{\partial x} + \lambda\theta\right) + \bar{m}G\left(\frac{\partial u}{\partial y} + \frac{\partial v}{\partial x}\right) + \bar{n}G\left(\frac{\partial u}{\partial z} + \frac{\partial w}{\partial x}\right)$$

这样的方程式一共有三个，总列如下。

$$\left. \begin{array}{l} \bar{l}\left(2G\dfrac{\partial u}{\partial x} + \lambda\theta\right) + \bar{m}G\left(\dfrac{\partial u}{\partial y} + \dfrac{\partial v}{\partial x}\right) + \bar{n}G\left(\dfrac{\partial u}{\partial z} + \dfrac{\partial w}{\partial x}\right) = \overline{X} + E\displaystyle\int_{\tau_1}^{t} \overline{X}\xi \mathrm{d}\tau \\[4mm] \bar{m}\left(2G\dfrac{\partial v}{\partial y} + \lambda\theta\right) + \bar{n}G\left(\dfrac{\partial v}{\partial z} + \dfrac{\partial w}{\partial y}\right) + \bar{l}G\left(\dfrac{\partial u}{\partial y} + \dfrac{\partial v}{\partial x}\right) = \overline{Y} + E\displaystyle\int_{\tau_1}^{t} \overline{Y}\xi \mathrm{d}\tau \\[4mm] \bar{n}\left(2G\dfrac{\partial w}{\partial z} + \lambda\theta\right) + \bar{l}G\left(\dfrac{\partial w}{\partial x} + \dfrac{\partial u}{\partial z}\right) + \bar{m}G\left(\dfrac{\partial w}{\partial y} + \dfrac{\partial v}{\partial z}\right) = \overline{Z} + E\displaystyle\int_{\tau_1}^{t} \overline{Z}\xi \mathrm{d}\tau \end{array} \right\}$$

$$(6.3\text{-}7)$$

这是用位移表示的面力边界条件。

按位移求解问题，共有三个位移分量 u、v、w，这三个位移分量需要满足三个拉密方程推广式(6.3-6)，而且在边界上还需要满足给定的面力边界条件(6.3-7)和位移边界条件。

第四节　线性徐变力学的基本定理

用带有记号 e 的 σ_x^e、τ_{xy}^e、ε_x^e、γ_{xy}^e、u^e 表示物体的弹性应力、应变和位移，σ_x、τ_{xy}、ε_x、γ_{xy}、u 等表示徐变体的应力、应变和位移。这一节将根据徐变体所处边界条件和所受的外来作用，推导线性徐变力学中的两个基本定理。根据这两个基本定理，可以给出某些重要情况下徐变体的应力、应变和位移（σ_x、τ_{xy}、ε_x、γ_{xy}、u 等）与弹性应力、应变和位移之间的简单关系。

一、荷载变形的定理

设有线性徐变体受已知体力 X、Y、Z 作用，在表面 ω 部分给定面力 p，其坐标分量是 $\overline{X}$、$\overline{Y}$、$\overline{Z}$，在约束边界 ω_r 部分给定位移 $\overline{u}$、$\overline{v}$、$\overline{w}$。体力、面力和边界位移都可以是时间的函数。

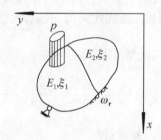

图 6.4-1

假定在相同条件下的弹性瞬时位移已经求出，它们是

$$\left.\begin{array}{l} u^e = u^e(x,y,z,t) \\ v^e = v^e(x,y,z,t) \\ w^e = w^e(x,y,z,t) \end{array}\right\} \tag{6.4-1}$$

这些位移应满足弹性力学的拉密方程

$$\left.\begin{array}{l} (\lambda+G)\dfrac{\partial\theta^e}{\partial x} + G\nabla^2 u^e + X = 0 \\[2mm] (\lambda+G)\dfrac{\partial\theta^e}{\partial y} + G\nabla^2 v^e + Y = 0 \\[2mm] (\lambda+G)\dfrac{\partial\theta^e}{\partial z} + G\nabla^2 w^e + Z = 0 \end{array}\right\} \tag{6.4-2}$$

同时满足面力边界条件

$$\bar{l}\left(2G\frac{\partial u^e}{\partial x}+\lambda\theta^e\right)+\bar{m}G\left(\frac{\partial u^e}{\partial y}+\frac{\partial v^e}{\partial x}\right)+\bar{n}G\left(\frac{\partial u^e}{\partial z}+\frac{\partial w^e}{\partial x}\right)=\overline{X}$$

$$\bar{m}\left(2G\frac{\partial v^e}{\partial y}+\lambda\theta^e\right)+\bar{n}G\left(\frac{\partial v^e}{\partial z}+\frac{\partial w^e}{\partial y}\right)+\bar{l}G\left(\frac{\partial u^e}{\partial y}+\frac{\partial v^e}{\partial x}\right)=\overline{Y} \qquad (6.4\text{-}3)$$

$$\bar{n}\left(2G\frac{\partial w^e}{\partial z}+\lambda\theta^e\right)+\bar{l}G\left(\frac{\partial w^e}{\partial x}+\frac{\partial u^e}{\partial z}\right)+\bar{m}G\left(\frac{\partial w^e}{\partial y}+\frac{\partial v^e}{\partial z}\right)=\overline{Z}$$

满足位移边界条件

$$\begin{aligned}\bar{u}^e &= \bar{u}\\ \bar{v}^e &= \bar{v}\\ \bar{w}^e &= \bar{w}\end{aligned} \qquad (6.4\text{-}4)$$

再假定弹性位移和弹性徐变位移具有下述关系

$$\begin{aligned}u &= u^e f(t)\\ v &= v^e f(t)\\ w &= w^e f(t)\end{aligned} \qquad (6.4\text{-}5)$$

求存在这些关系的条件。

先将方程(6.4-5)中的 u、v、w 代入拉密方程(6.3-6),得到

$$\left[(\lambda+G)\frac{\partial\theta^e}{\partial x}+G\nabla^2 u^e\right]f(t)+X+E\int_{\tau_1}^{t}X\xi\mathrm{d}\tau=0$$

$$\left[(\lambda+G)\frac{\partial\theta^e}{\partial y}+G\nabla^2 v^e\right]f(t)+Y+E\int_{\tau_1}^{t}Y\xi\mathrm{d}\tau=0 \qquad (6.4\text{-}6)$$

$$\left[(\lambda+G)\frac{\partial\theta^e}{\partial z}+G\nabla^2 w^e\right]f(t)+Z+E\int_{\tau_1}^{t}Z\xi\mathrm{d}\tau=0$$

然后再将 u、v、w 的关系式(6.4-5)代入方程(6.3-7)得面力边界条件

$$\left[\bar{l}\left(2G\frac{\partial u^e}{\partial x}+\lambda\theta^e\right)+\bar{m}G\left(\frac{\partial u^e}{\partial y}+\frac{\partial v^e}{\partial x}\right)+\bar{n}G\left(\frac{\partial u^e}{\partial z}+\frac{\partial w^e}{\partial x}\right)\right]f(t)=\overline{X}+E\int_{\tau_1}^{t}\overline{X}\xi\mathrm{d}\tau$$

$$\left[\bar{m}\left(2G\frac{\partial v^e}{\partial y}+\lambda\theta^e\right)+\bar{n}G\left(\frac{\partial v^e}{\partial z}+\frac{\partial w^e}{\partial y}\right)+\bar{l}G\left(\frac{\partial u^e}{\partial y}+\frac{\partial v^e}{\partial x}\right)\right]f(t)=\overline{Y}+E\int_{\tau_1}^{t}\overline{Y}\xi\mathrm{d}\tau$$

$$\left[\bar{n}\left(2G\frac{\partial w^e}{\partial z}+\lambda\theta^e\right)+\bar{l}G\left(\frac{\partial w^e}{\partial x}+\frac{\partial u^e}{\partial z}\right)+\bar{m}G\left(\frac{\partial w^e}{\partial y}+\frac{\partial v^e}{\partial z}\right)\right]f(t)=\overline{Z}+E\int_{\tau_1}^{t}\overline{Z}\xi\mathrm{d}\tau$$

$$(6.4\text{-}7)$$

在给定位移的边界上

$$\left.\begin{array}{l} \overline{u} = \overline{u}^{e}f(t) \\ \overline{v} = \overline{v}^{e}(t) \\ \overline{w} = \overline{w}^{e}f(t) \end{array}\right\} \qquad (6.4\text{-}8)$$

在两种物体的接触界面上,它们位移相等

$$\left.\begin{array}{l} u_{1}^{e}f_{1}(t) = u_{2}^{e}f_{2}(t) \\ v_{1}^{e}f_{1}(t) = v_{2}^{e}f_{2}(t) \\ w_{1}^{e}f_{1}(t) = w_{2}^{e}f_{2}(t) \end{array}\right\} \qquad (6.4\text{-}9)$$

根据上面各式,作如下讨论。

1) 由于 u^{e}、v^{e}、w^{e} 和 u、v、w 都要同时满足给定的边界条件(6.4-4)和(6.4-8)

$$\left.\begin{array}{l} \overline{u} = \overline{u}^{e} = \overline{u}^{e}f(t) \\ \overline{v} = \overline{v}^{e} = \overline{v}^{e}(t) \\ \overline{w} = \overline{w}^{e} = \overline{w}^{e}f(t) \end{array}\right\} \qquad (6.4\text{-}10)$$

因 $f(t) \neq 0$,上面等式成立的唯一条件是

$$\overline{u} = \overline{v} = \overline{w} = \overline{u}^{e} = \overline{v}^{e} = \overline{w}^{e}$$

这个条件规定,在给定的已知位移边界上,约束必须是刚固的。

2) 比较弹性瞬时位移的拉密方程(6.4-2)和弹性徐变位移的拉密方程(6.4-6),再比较面力边界条件(6.4-3)和(6.4-7),由于弹性位移的解 u^{e}、v^{e}、w^{e} 是唯一的,所以得到下列等式

$$f(t) = 1 + E\int_{\tau_{1}}^{t}\frac{X(\tau)}{X(t)}\xi\mathrm{d}\tau = 1 + E\int_{\tau_{1}}^{t}\frac{Y(\tau)}{Y(t)}\xi\mathrm{d}\tau = \cdots\cdots$$

$$\psi(t,\tau) = \frac{X(\tau)}{X(t)} = \cdots\cdots = \frac{\overline{X}(\tau)}{\overline{X}(t)} = \cdots\cdots = \frac{\overline{Z}(\tau)}{\overline{Z}(t)}$$

若体力为常量,就要求 $\psi(t,\tau) = 1$。

这个条件是比例加荷条件。

3) 在两种弹性徐变介质的接触面上,其弹性瞬时位移和弹性徐变位移都必须相等,即

$$u_{1}^{e} = u_{2}^{e} \qquad\qquad v_{1}^{e} = v_{2}^{e} \qquad\qquad w_{1}^{e} = w_{2}^{e}$$

$$u_{1}^{e}f_{1}(t) = u_{2}^{e}f_{2}(t) \qquad v_{1}^{e}f_{1}(t) = v_{2}^{e}f_{2}(t) \qquad w_{1}^{e}f_{1}(t) = w_{2}^{e}f_{2}(t)$$

这就要求 $f_{1}(t) = f_{2}(t)$

即

$$E_{1}\int_{\tau_{1}}^{t}\psi(t,\tau)\xi_{1}\mathrm{d}\tau = E_{2}\int_{\tau_{1}}^{t}\psi(t,\tau)\xi_{2}\mathrm{d}\tau$$

或
$$E_1(t)\xi_1(t,\tau,\tau_1) = E_2(t)\xi_2(t,\tau,\tau_1) \tag{6.4-11}$$

若荷载比例系数 $\psi(t,\tau)=1$，条件(6.4-11)为下面条件所代替

$$E_1(t)C_1(t,\tau_1) + \frac{E_1(t)}{E_1(\tau_1)} = E_2(t)C_2(t,\tau_1) + \frac{E_2(t)}{E_2(\tau_1)} \tag{6.4-12}$$

关系式(6.4-11)和(6.4-12)称比例变形条件。由(6.4-11)和式(6.4-12)，可得到比例变形条件有下面三种形式

$$\frac{E_1(t)}{E_2(t)} = \frac{\xi_2(t,\tau,\tau_1)}{\xi_1(t,\tau,\tau_1)}$$

$$\frac{E_1(t)}{E_2(t)} = \frac{C_2(t,\tau_1) + 1/E_2(\tau_1)}{C_1(t,\tau_1) + 1/E_1(\tau_1)}$$

$$\phi_1(t,\tau_1) = \phi_2(t,\tau_1)$$

上述条件成立，则有

$$\left.\begin{array}{l} \varepsilon_x = \varepsilon_x^e f(t) \\ \cdots\cdots \\ \gamma_{xy} = \gamma_{xy}^e f(t) \\ \cdots\cdots \end{array}\right\} \tag{6.4-13}$$

又由于
$$\psi = \psi(t,\tau) = \frac{\sigma_x(\tau)}{\sigma_x(t)} = \cdots\cdots = \frac{z(\tau)}{z(t)} = \cdots\cdots$$

将方程组(6.4-13)代入拉密方程(6.3-4)，有如下等式

$$\left.\begin{array}{l} \sigma_x\left(1 + E\int_{\tau_1}^{t}\psi\xi\,\mathrm{d}\tau\right) = \left(2G\dfrac{\partial u^e}{\partial x} + \lambda\theta^e\right)f(t) \\ \cdots\cdots \\ \tau_{xy}\left(1 + E\int_{\tau_1}^{t}\psi\xi\,\mathrm{d}\tau\right) = G\left(\dfrac{\partial u^e}{\partial y} + \dfrac{\partial v^e}{\partial x}\right)f(t) \\ \cdots\cdots \end{array}\right\} \tag{6.4-14}$$

因为 $f(t) = 1 + E\int_{\tau_1}^{t}\psi\xi\,\mathrm{d}\tau$，方程组(6.4-14)成为

$$\left.\begin{array}{l} \sigma_x = 2G\dfrac{\partial u^e}{\partial x} + \lambda\theta^e \\ \cdots\cdots \\ \tau_{xy} = G\left(\dfrac{\partial u^e}{\partial y} + \dfrac{\partial v^e}{\partial x}\right) \\ \cdots\cdots \end{array}\right\} \tag{6.4-15}$$

又由于弹性体应力也是满足这个方程的，即

$$\sigma_x^e = 2G\,\frac{\partial u^e}{\partial x} + \lambda\theta^e$$

$$\cdots\cdots$$

$$\tau_{xy}^e = G\Big(\frac{\partial u^e}{\partial y} + \frac{\partial v^e}{\partial x}\Big)$$

$$\cdots\cdots$$

$$\left.\right\} \qquad (6.4\text{-}16)$$

故有
$$\sigma_x = \sigma_x^e \quad \sigma_y = \sigma_y^e \quad \sigma_z = \sigma_z^e$$
$$\tau_{xy} = \tau_{xy}^e \quad . \tau_{zy} = \tau_{zy}^e \quad \tau_{xz} = \tau_{xz}^e$$

由上面的推导,可得第一个定理。

定理一 静定结构或受刚固约束的超静定结构,它由均质的线性徐变体或符合比例变形条件的非均质线性徐变体组成,当泊松比为常量时,在比例荷载的作用下,其应力状态与相同条件下的瞬时弹性应力相等,其位移(或应变)与瞬时弹性位移(或应变)之间有下述简单关系

$$\varepsilon = \varepsilon^e f(t)$$
$$\gamma = \gamma^e f(t)$$
$$u = u^e f(t)$$
$$f(t) = 1 + E(t)\int_{\tau_1}^t \psi(t,\tau)\xi(t,\tau,\tau_1)\,\mathrm{d}\tau$$
$$\psi(t,\tau) = \frac{\overline{X}(\tau)}{\overline{X}(t)} = \frac{\overline{Y}(\tau)}{\overline{Y}(t)} = \frac{\overline{Z}(\tau)}{\overline{Z}(t)}$$

$$\left.\right\} \qquad (6:4\text{-}17)$$

式中 ε^e、γ^e、u^e 是弹性体(单连体或多连体)在 t 时刻的荷载应变和位移,比例系数 $\psi(t,\tau)$ 是 τ 时刻的荷载与 t 时刻的荷载之比。$\psi(t,\tau)=1$ 时,容易得到 $f(t)=(1+\phi)E(t)/E(\tau_1)$。

二、强迫应力的定理

下面研究线性徐变体和弹性体位移相等的条件。

若 $u=u^e$、$v=v^e$、$w=w^e$,三个位移分量 $u、v、w$ 必须同时满足弹性体的拉密方程(6.4-2)和边界条件(6.4-3)以及线性徐变体的拉密方程(6.3-6)和边界条件(6.3-7)。

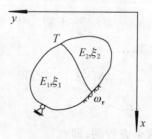

图 6.4-2

经比较,得到下列等式

$$\left.\begin{array}{l} X = X + E\displaystyle\int_{\tau_1}^{t} X\xi\mathrm{d}\tau \\[2mm] \overline{X} = \overline{X} + E\displaystyle\int_{\tau_1}^{t} \overline{X}\xi\mathrm{d}\tau \end{array}\right\} \qquad (6.4\text{-}18)$$

因为 $t > \tau_1$ 时 $\displaystyle\int_{\tau_1}^{t}\xi\mathrm{d}\tau \neq 0$,故上列等式成立的唯一条件是

$$X = Y = Z = \overline{X} = \overline{Y} = \overline{Z} = 0$$

这个条件就是荷载等于零。

在约束边界上,位移 $\overline{u}$、$\overline{v}$、$\overline{w}$ 是给定的,这些位移应该等于物体在边界上的位移。

$$\overline{u} = \overline{u}^e \text{、} \overline{v} = \overline{v}^e \text{、} \overline{w} = \overline{w}^e$$

它们与材料的变形参数 E、ξ 无关,这种约束需是刚固的。

因弹性位移与徐变位移相同,故有

$$\varepsilon_x = \varepsilon_x^e \qquad\qquad \varepsilon_y = \varepsilon_y^e \qquad\qquad \varepsilon_z = \varepsilon_z^e$$

$$\gamma_{xy} = \gamma_{xy}^e \qquad\qquad \gamma_{yz} = \gamma_{yz}^e \qquad\qquad \gamma_{zx} = \gamma_{zx}^e$$

在上述等式中,将所有应变分量都用应力分量表示,得到下述方程

$$\left.\begin{array}{l} \dfrac{(1+\mu)\sigma_x - \mu s}{E} + \displaystyle\int_{\tau_1}^{t}\left[(1+\mu)\sigma_x - \mu s\right]\xi\mathrm{d}\tau = \dfrac{(1+\mu)\sigma_x^e - \mu s^e}{E} \\[2mm] \cdots\cdots \\[2mm] \dfrac{2(1+\mu)\tau_{xy}}{E} + \displaystyle\int_{\tau_1}^{t} 2(1+\mu)\tau_{xy}\xi\mathrm{d}\tau = \dfrac{2(1+\mu)\tau_{xy}^e}{E} \\[2mm] \cdots\cdots \\[2mm] \dfrac{s}{E} + \displaystyle\int_{\tau_1}^{t}\xi\mathrm{d}\tau = \dfrac{s^e}{E} \end{array}\right\} \qquad (6.4\text{-}19)$$

再把方程组(6.4-19)中最后一式乘以 μ,分别与前三式相加,消去其中含有 s 与 s^e 的项,然后统统除以 $(1+\mu)$,可得到徐变应力与弹性应力的下述关系

$$\left.\begin{array}{l} \sigma^e = \sigma + E\displaystyle\int_{\tau_1}^{t}\sigma\xi\mathrm{d}\tau \\[2mm] \tau^e = \tau + E\displaystyle\int_{\tau_1}^{t}\tau\xi\mathrm{d}\tau \end{array}\right\} \qquad (6.4\text{-}20)$$

其中 σ、σ^e、τ、τ^e 表示 σ_x、σ_x^e、τ_{xy}、τ_{xy}^e 等。

如果这个系统由两种非均质线性徐变体组成,对于第一种介质,由于 $u_1 = u_1^e$、v_1

$=v_1^e$、$w_1=w_1^e$，故徐变应力与弹性应力有下面关系

$$\left.\begin{array}{c} \dfrac{\sigma_{x1}^e/E_1}{\dfrac{\sigma_{x1}}{E_1}+\displaystyle\int_{\tau_1}^t \sigma_{x1}\xi_1\,\mathrm{d}\tau}=1 \\ \cdots\cdots \end{array}\right\} \tag{6.4-21}$$

同样，在第二种介质上的应力也有下面的关系

$$\left.\begin{array}{c} \dfrac{\sigma_{x2}^e/E_2}{\dfrac{\sigma_{x2}}{E_2}+\displaystyle\int_{\tau_1}^t \sigma_{x2}\xi_2\,\mathrm{d}\tau}=1 \\ \cdots\cdots \end{array}\right\} \tag{6.4-22}$$

根据式(6.4-21)与式(6.4-22)，得到如下等式

$$k_1(t)+E_1\int_{\tau_1}^t k_1(t,\tau)\xi_1\,\mathrm{d}\tau = k_2(t)+E_2\int_{\tau_1}^t k_2(t,\tau)\xi_2\,\mathrm{d}\tau \tag{6.4-23}$$

式中　$k_1(t)=\dfrac{\sigma_1(t)}{\sigma_1^e(t)}$　$k_1(t,\tau)=\dfrac{\sigma_1(\tau)}{\sigma_1^e(t)}$　$k_2(t)=\dfrac{\sigma_2(t)}{\sigma_2^e(t)}$　$k_2(t,\tau)=\dfrac{\sigma_2(\tau)}{\sigma_2^e(t)}$。

当　　　　　　$$E_1(t)\xi_1(t,\tau,\tau_1)=E_2(t)\xi_2(t,\tau,\tau_1) \tag{6.4-24}$$

则有　　　　　　$$\left.\begin{array}{c} k_1(t)=k_2(t) \\ k_1(t,\tau)=k_2(t,\tau) \end{array}\right\} \tag{6.4-25}$$

这表示，若两种物体符合比例变形条件(6.4-24)，则任何时刻两种物体中的应力和弹性应力之比是相等的。

假如 σ_1^e、σ_2^e 是常量，$k(t)$ 便是松弛系数。对于符合比例变形条件的非均质线性徐变体，它们的松弛系数相等。

于是，可以得到下面的第二个定理。

定理二　静定结构或受刚固约束的超静定结构，它由均质的线性徐变体或符合比例变形条件的非均质线性徐变体组成，当泊松比为常量时，由边界位移或物体变形变化而引起的位移(或应变)与相同条件下的瞬时弹性位移相等，其应力与瞬时弹性应力之间存在下面关系

$$\sigma^e(t)=\sigma(t)+E(t)\int_{\tau_1}^t \sigma(\tau)\xi(t,\tau,\tau_1)\,\mathrm{d}\tau \tag{6.4-26}$$
$$\cdots\cdots$$

在证明以上两个定理时，我们假设弹性泊松比与徐变泊松比相等且为常数。如果徐变泊松比不是常数或材料不符合比例变形条件时，上面两个定理不成立。

对于单连通的平面应力问题，因应力状态与泊松比无关，故对于泊松比不为常

数的均质线性徐变体,上面两个定理仍然成立。实际上,由于混凝土的泊松比本身很小,其变化也是不大的,对于泊松比不为常量的非均质体,只要符合比例变形条件,也可近似地认为两个定理是成立的。

第五节　线性徐变力学中的三类问题及其求解途径与方法

以线性徐变力学的两个定理为基础,按结构所处的边界约束条件和外来作用的性质,可将徐变体应力应变分析中的问题归纳为下述三类。

第一类问题　静定结构或受刚固约束的超静定结构,它由均质体或符合比例变形条件的非均质体组成,求在外力作用下的应力与变形。

第二类问题　静定结构或受刚固约束的超静定结构,它由均质体或符合比例变形条件的非均质体组成,研究由支承变位或物体变形变化(如温度改变和收缩)引起的应力与变形。

第三类问题　由不符合比例变形条件的非均质体组成的结构,研究由荷载与强迫变形同时作用或单独作用下的应力与变形。

在求解上述问题时,都假定弹性模量和积分核是已经知道的。

求解第一类问题,可按第一定理进行推演计算。先不计物体的徐变,这时应力(或内力)的分布与各种材料的弹性模量比有关,如属于均质体结构,应力分布与弹性模量无关。根据弹模比先求出应力再用 $E(t)$ 求弹性变形,然后将弹性变形乘上系数 $f(t)$,得到徐变体的变形(或位移)。若荷载不按比例施加,可先分别计算各个荷载单独作用下的变形,然后进行迭加。

在第二类问题中,结构的应力是由温度改变、混凝土收缩、支承变位等引起。在求解由这类作用所引起的应力与变形时,先用弹性力学的方法求出结构的弹性应力 $\sigma^e(t)$,根据第二定理,徐变应力由下式确定

$$\sigma^e(t) = \sigma(t) + E(t)\int_{\tau_1}^{t} \sigma(\tau)\xi(t,\tau,\tau_1)\mathrm{d}\tau \tag{6.5-1}$$

如果弹性应力可以表示为坐标的函数与时间函数的乘积

$$\sigma^e(t) = \sigma^e(x,y,z,\tau_1)f_1(t) \tag{6.5-2}$$

可将应力表为

$$\sigma(x,y,z,t) = \sigma^e(x,y,z,\tau_1)K(t,\tau_1) \tag{6.5-3}$$

$K(t,\tau_1)$ 可称影响系数或衰减系数,$K(t,\tau_1) = \sigma(t)/\sigma(\tau_1)$。若强迫变形为常量,$K(t,\tau_1)$ 即为松弛系数,其值可由下面的松弛方程决定

$$\varepsilon_0 = \frac{\sigma(t)}{E(t)} + \int_{\tau_1}^{t} \sigma(\tau)\xi(t,\tau,\tau_1)\,d\tau \tag{6.5-4}$$

当 $\varepsilon_0 E(\tau_1) = 1$，则 $\sigma(t) = K(t)$。

在大坝和其他结构的应变观测中，得到的变形是由荷载、温度改变、混凝土收缩、基础变形等多种因素所引起的。对于任一观测点来说，由测量所得到的总应变中减去非应力应变（或非荷载应变）即为应力的变形，此变形里包含弹性变形和徐变变形。因为应变是给定的，故按第二定理计算应力。在观测时段里各小时段的应变差值为 $\Delta\varepsilon(\tau_i)$，且相应时段的松弛系数也已经求出，则应力可用下式计算

$$\sigma(t) = \sum E(\tau_i)\Delta\varepsilon(\tau_i)K(t,\tau_i) \tag{6.5-5}$$

当结构所受的约束条件和材料的变形特性都符合定理所规定，又同时承受温度、荷载等作用时，可以把荷载的作用和温度的作用分开计算，再将结果迭加。

在实际工程中，当结构受到的约束是弹性的，或者结构由不符合比例变形条件的多种材料所组成时，我们统统将它划为第三类问题。对于第三类问题，一般都要直接应用徐变力学的基本方程进行求解。除了某些比较简单的结构以外，其求解都很麻烦。在本书的第八章和第九章，将主要讨论一些简单的第三类问题的求解方法和混凝土徐变对应力和变形的影响。

桥梁与公路路面混凝土承受大气温度变化和日照高温（夏日）的作用，混凝土坝离表面1 m以上的内部应变基本呈现以年为周期的交替变化，而表面应变则主要受日气温度变化的影响。故而混凝土结构与构件的应力松弛包括如下两类问题：第一类是常应变下的松弛方程求解，也就是通常意义上的松弛系数计算；第二类是应变作周期性或非周期性往复变化时混凝土应力的折减计算及参数取值。可以称为第二类松弛问题计算。

第一类松弛问题计算，混凝土应力处于单调减少状态。对于这种应力单调衰减问题的求解计算，可以选用本章第一节介绍的物理方程式代入进行推演。由于采用的本构方程（也就是徐变理论）不同，计算参数、演算繁简和数值结果都会有所差异甚至大有不同，这一点将在下一章进行评点。

第二类松弛问题的计算可以归结为弹性应力计算和继效方程式的求解及计算参数的取值。弹性徐变理论和继效流动理论最后都退化为鲍尔茨曼继效方程。计算参数的取值其实就是对材料变形特性老化和应力作用历史的理解与选择。前者对应于取用弹性徐变理论的计算参数，用充分老化的混凝土徐变度 $C(t-\tau)$ 进行计算；后者对应于取用继效流动理论的可复变形 $C_y(t-\tau)$ 为计算参数。取用何者合理，可以做这样一个比喻。设有一个柱体试件在不变荷载长期作用以后卸荷，卸荷以后徐变恢复的试验曲线是 $-C_y(t-\tau_1)$，两个月后再行加载至原来的荷载值；按照继效流动理论推算是迭加一条可复变形曲线 $C_y(t-\tau_2)$，总徐变应变不会大于原有应

变曲线示值,最终稳定值仍然是 $C(t-\tau_0)$;按照弹性徐变理论推算,是迭加一条老混凝土的徐变度曲线,总徐变应变为 $C(t-\tau_0)-C_y(t-\tau_1)+C(t-\tau_2)$,这种推算方法得到的徐变应变将大为增加且稳定时间延长。

多连体结构的应力和位移由荷载引起,由于混凝土徐变的发展,其应力和位移将发生调整变化。对于这种荷载问题,因徐变而改变的应力在总应力中所占比例一般不大。荷载不变时,应力和变形单调变化(或部分减少而另一部分增大)。为推演和计算简单,采用有效模量法本构方程可以避免积分方程(或方程组)的求解,计算结果会有较高的精度。

当多连体结构的应力和位移仅与温度改变、材料收缩或支承变形变化等有关,且混凝土的松弛系数又已经给出或通过松弛方程的求解得到时,也可以将它变为相当的荷载问题求解从而避开直接求解的数学困难和繁琐。这种求解方法在本书第八章有详细讨论,称松弛代数法。

在推算桥梁或杆件系统的长期变形时,一般是依据构件的含钢率将混凝土的徐变特征乘以一个含钢率修正系数,以此作为构件的徐变特征。实际上,构件的徐变特征不但与截面的钢筋含量有关,而且与钢筋的布置和构件的受力(变形)状态关系密切。推算钢筋混凝土构件的徐变特征属于多连体结构的荷载变形问题,采用老化理论和有效模量法方程式都可以获得接近实际的结果。关于钢筋混凝土结构和构件的计算将在第九章讨论。第八章讨论的混凝土杆件结构其实就是含筋混凝土杆件结构。

第七章　混凝土的应力松弛

混凝土应变不变,应力随时间单调减少,t 时间的应力 $\sigma(t)$ 与初始弹性应力 $\sigma(\tau_1)$ 相比,其比值称松弛系数 $K(t,\tau_1)$。应变作周期性或非周期性变化,应力改变的幅值与对应时段弹性应力变化的幅值相比,其比值称应力折减系数 $H(t)$。松弛系数与材料变形特性(含本构方程及参数取值)有关,折减系数与变形特性及变形状态有关。本章主要讨论松弛系数的求解和计算方法,有解析解法、数值解法、近似解法和级数解法。应力折减系数介绍解析解法。

第一节　几种松弛方程及其解法

对于线性徐变力学中的第二类问题,当弹性应力已经解出,徐变应力(或内力)的计算便归结为求解下述徐变方程。

$$\sigma^e(t) = \sigma(t) + E(t)\int_{\tau_1}^{t} \sigma(\tau)\xi(t,\tau,\tau_1)\mathrm{d}\tau \tag{7.1-1}$$

方程(7.1-1)两边除以 $E(t)$,注意到 $\varepsilon(t) = \sigma^e(t)/E(t)$,上式可写成如下形式

$$\varepsilon(t) = \frac{\sigma(t)}{E(t)} + \int_{\tau_1}^{t} \sigma(\tau)\xi(t,\tau,\tau_1)\mathrm{d}\tau \tag{7.1-2}$$

命 $\varepsilon(t) = \varepsilon_0 = $ 常量,上式成为松弛方程

$$\varepsilon_0 = \frac{\sigma(t)}{E(t)} + \int_{\tau_1}^{t} \sigma(\tau)\xi(t,\tau,\tau_1)\mathrm{d}\tau \tag{7.1-3}$$

由于

$$\left.\begin{array}{l} \xi(t,\tau,\tau_1) > 0 \\ \displaystyle\int_{\tau_1}^{t} \xi(t,\tau,\tau_1)\mathrm{d}\tau > \frac{1}{E(\tau_1)} - \frac{1}{E(t)} \end{array}\right\} \tag{7.1-4}$$

故有

$$\sigma(t) \leqslant E(\tau_1)\varepsilon_0 = \sigma(\tau_1)$$

松弛系数定义如下

$$K(t,\tau_1) = \frac{\sigma(t)}{\sigma(\tau_1)} \tag{7.1-5}$$

根据松弛系数 $K(t,\tau_1)$ 的定义

$$t=\tau_1, \quad K(t,\tau_1)\big|_{t=\tau_1}=1$$

$$t>\tau_1, \quad K(t,\tau_1)<1$$

若应变保持为常量,应力可以表示为

$$\sigma(t)=E(\tau_1)\varepsilon_0 K(t,\tau_1) \tag{7.1-6}$$

根据应力随时间增加时,徐变近似符合迭加原理,当应变随时间增加,应力也可以近似用下式计算

$$\sigma(t)=\sum E(\tau_i)\Delta\varepsilon(\tau_i)K(t,\tau_i) \tag{7.1-7}$$

这样,对于第二类问题的求解,可归结为松弛系数的计算。

松弛方程(7.1-3)的积分核 $\xi(t,\tau,\tau_1)$ 与变荷载下的徐变计算法(徐变计算理论)和给出的拟合公式有关。下面分别讨论几种常用(见)徐变理论松弛方程的求解。

一、老化理论法

（一）基本方程解

按上一章第一节的介绍,老化理论的积分核形式如下

$$\xi(\tau)=C'(\tau,\tau_1)-\frac{\mathrm{d}}{\mathrm{d}\tau}\frac{1}{E(\tau)}$$

式中 $C'(\tau,\tau_1)$ 为混凝土龄期 τ_1 加载至 τ 时刻的徐变速率。将上式代入松弛方程式(7.1-3),得到

$$\varepsilon_0=\frac{\sigma(t)}{E(t)}+\int_{\tau_1}^{t}\sigma(t)\Big[C'(\tau,\tau_1)-\frac{\mathrm{d}}{\mathrm{d}\tau}\frac{1}{E(\tau)}\Big]\mathrm{d}\tau \tag{7.1-8}$$

将积分方程两边取微分,化为微分方程求解,微分方程式如下

$$\frac{\sigma'(t)}{E(t)}+\sigma(t)\frac{\mathrm{d}}{\mathrm{d}t}\frac{1}{E(t)}+\sigma(t)C'(t,\tau_1)-\sigma(t)\frac{\mathrm{d}}{\mathrm{d}t}\frac{1}{E(t)}=0$$

上式乘以 $E(t)$,得到变系数一阶微分方程

$$\sigma'(t)+E(t)C'(t,\tau_1)\sigma(t)=0 \tag{7.1-9}$$

命方程(7.1-8)中 $t=\tau_1$,得到微分方程(7.1-9)的初始值如下

$$\sigma(\tau_1)=E(\tau_1)\varepsilon_0 \tag{7.1-10}$$

满足方程(7.1-9)和初始条件(7.1-10)的解如下

$$\left.\begin{aligned}\sigma(t)&=E(\tau_1)\varepsilon_0 e^{-\eta(t,\tau_1)}\\\eta(t,\tau_1)&=\int_{\tau_1}^{t}E(\tau)C'(\tau,\tau_1)\mathrm{d}\tau\end{aligned}\right\} \tag{7.1-11}$$

松弛系数 $K(t,\tau_1) = \sigma(t)/\sigma(\tau_1)$，故有

$$K(t,\tau_1) = \mathrm{e}^{-\eta(t,\tau_1)} \qquad (7.1\text{-}12)$$

至此，我们认为松弛系数已经解出。

（二）数值积分算式

当弹性模量 $E(t)$ 和徐变度 $C(t,\tau_1)$ 仅给出图或表格形式的数量值，或给出的公式不便于作微积分运算时，可通过数值积分计算 $\eta(t,\tau_1)$。设将时间 $\tau_1 \sim t$ 分成若干不等时段 $\tau_1 \sim t_1$、$t_1 \sim t_2$、$\cdots$、$t_{n-1} \sim t_n$，$\eta(t,\tau_1)$ 成为分时段积分和

$$\eta(t_n,\tau_1) = \sum_{i=1}^{n} \int_{t_{i-1}}^{t_i} E(\tau) C'(\tau,\tau_1) \mathrm{d}\tau$$
$$= \sum_{i=1}^{n} \int_{t_{i-1}}^{t_i} E(\tau) \mathrm{d}C(\tau,\tau_1) \qquad (7.1\text{-}13)$$

因 $E(\tau)$ 和 $C(\tau,\tau_1)$ 是单调函数，利用积分中值定理，可将积分式化为和式计算如下

$$\eta(t_n,\tau_1) = \sum_{i=1}^{n} E(x_i) \big[C(t_i,\tau_1) - C(t_{i-1},\tau_1) \big] \qquad (7.1\text{-}14)$$

式中可取 $x_i = (t_i + t_{i-1})/2$。

（三）积分函数解析式

当混凝土弹性模量 $E(t)$ 和 $C(t,\tau_1)$ 公式已经给出，且用下面的指数公式表示

$$E(t) = E_0 \Big(1 - \sum_{k=1}^{m} \beta_k \mathrm{e}^{-\alpha_k t} \Big) \quad m = 1 \text{ 或 } 2 \qquad (7.1\text{-}15)$$

$$C(t,\tau_1) = \sum_{j=1}^{p} C_j \big[1 - \mathrm{e}^{-\gamma_j(t-\tau_1)} \big] \quad p = 1,2,3 \qquad (7.1\text{-}16)$$

在积分核中，将时间 t 换成 τ，$C(\tau,\tau_1)$ 的微分式如下

$$C'(\tau,\tau_1) = \sum_{j=1}^{p} C_j \gamma_j \mathrm{e}^{-\gamma_j(\tau-\tau_1)} \qquad (7.1\text{-}17)$$

将 $E(\tau)$ 与 $C'(\tau,\tau_1)$ 的上述表达式代入式(7.1-11)

$$\eta(t,\tau_1) = \int_{\tau_1}^{t} E_0 \Big(1 - \sum_{k=1}^{m} \beta_k \mathrm{e}^{-\alpha_k \tau} \Big) \sum_{j=1}^{p} C_j \gamma_j \mathrm{e}^{-\gamma_j(\tau-\tau_1)} \mathrm{d}\tau$$

$$= \int_{\tau_1}^{t} E_0 \sum_{j=1}^{p} C_j \gamma_j \mathrm{e}^{-\gamma_j(\tau-\tau_1)} \mathrm{d}\tau - \int_{\tau_1}^{t} E_0 \sum_{k=1}^{m} \beta_k \mathrm{e}^{-\alpha_k \tau} \sum_{j=1}^{p} C_j \gamma_j \mathrm{e}^{-\gamma_j(\tau-\tau_1)} \mathrm{d}\tau$$

$$\qquad (7.1\text{-}18)$$

注意到

$$\int_{\tau_1}^{t} E_0 \sum_{j=1}^{p} C_j \gamma_j e^{-\gamma_j(\tau-\tau_1)} d\tau = E_0 \sum_{j=1}^{p} \left[1 - e^{-\gamma_j(\tau-\tau_1)}\right] C_j = E_0 C(t,\tau_1) \quad (7.1\text{-}19)$$

命
$$\phi(t,\tau_1) = E_0 C(t,\tau_1)$$

可得积分函数解析式如下

$$\eta(t,\tau_1) = \phi(t,\tau_1) - \int_{\tau_1}^{t} \sum_{k=1}^{m} \sum_{j=1}^{p} E_0 \beta_k C_j \gamma_j e^{-\alpha_k \tau} e^{-\gamma_j(\tau-\tau_1)} d\tau$$

$$(7.1\text{-}20)$$

$$= \phi(t,\tau_1) - \sum_{k=1}^{m} \sum_{j=1}^{p} \frac{E_0 \beta_k C_j \gamma_j}{\alpha_k + \gamma_j} e^{-\alpha_k \tau_1} \left[1 - e^{-(\alpha_k + \gamma_j)(t-\tau_1)}\right]$$

当龄期 τ_1 很大时, $e^{-\alpha_k \tau_1} \to 0$,这时

$$\eta(t,\tau_1) = \phi(t-\tau_1) \quad (7.1\text{-}21)$$

将时间坐标原点移至 τ_1, $\eta(t,\tau_1) \to \eta(t)$, $\phi(t-\tau_1) \to \phi(t)$。

（四）算例

设 $E(t) = 3.2(1 - 0.4e^{-0.028t}) \times 10^4$ MPa,

$\tau_1 = 7$ d 的徐变度曲线 $C(t,\tau_1) = \{2.4[1 - e^{-0.3(t-\tau_1)}] + 2.8[1 - e^{-0.02(t-\tau_1)}]\} \times 10^{-5}$/MPa

$\tau_1 = 90$ d 的徐变度曲线 $C(t,\tau_1) = \{0.6[1 - e^{-0.3(t-\tau_1)}] + 2.2[1 - e^{-0.02(t-\tau_1)}]\} \times 10^{-5}$/MPa。

采用数值积分法计算函数 $\eta(t,\tau_1)$ 时, $\tau_1 = 7$, $t_i = 10$、15、20、25、30、35、40、50、60、90、180(d),按公式(7.1-14)计算 $\eta(t,\tau_1)$。

按积分函数解析式(7.1-20)计算 $\eta(t,\tau_1)$ 如下

$$\eta(t,\tau_1) = 0.768[1 - e^{-0.3(t-\tau_1)}] + 0.896[1 - e^{-0.02(t-\tau_1)}]$$
$$- 0.123[1 - e^{-0.048(t-\tau_1)}] - 0.231[1 - e^{-0.328(t-\tau_1)}] \quad (7.1\text{-}22)$$

混凝土充分老化以后,徐变系数如下

$$\phi(t,\tau_1) = 0.192[1 - e^{-0.3(t-\tau_1)}] + 0.704[1 - e^{-0.02(t-\tau_1)}] \quad (7.1\text{-}23)$$

计算结果列于表 7.1-1。

表 7.1-1　按老化理论松弛系数算例

计算龄期	t_i(d)	10	20	40	60	90	180
$\tau_1 = 7$ d	数值积分	0.71	0.51	0.42	0.37	0.32	0.28
	解析式	0.71	0.51	0.42	0.36	0.32	0.28
$\tau_1 > 90$ d	$t_i - \tau_1$	10	20	40	60	90	180
	解析式	0.73	0.65	0.56	0.50	0.46	0.42

在混凝土弹性模量为常量 E_0 时，$\eta(t,\tau_1)=\phi(t,\tau_1)$，可以利用徐变系数的图表值或公式直接计算松弛系数。对于龄期 $\tau_1=7\,d$ 的数据，由于弹性模量随时间变化，当仅给出图、表数据或所作公式不便于微积分运算时，就要用数值积分法计算 $\eta(t,\tau_1)$ 函数。比较表 7.1-1 第一栏 $\tau_1=7\,d$ 的两种结果可以看出，用数值积分法计算 $\eta(t,\tau_1)$ 时，计算精度较高，而且计算便捷。

二、弹性徐变理论法

（一）基本方程

弹性徐变理论积分核与单位应力的变形有关系式如下

$$\xi(t,\tau)=-\frac{\partial}{\partial\tau}\Big[C(t,\tau)+\frac{1}{E(\tau)}\Big] \tag{7.1-24}$$

将积分核表达式(7.1-24)代入方程(7.1-3)，松弛方程成为

$$\varepsilon_0=\frac{\sigma(t)}{E(t)}-\int_{\tau_1}^{t}\sigma(\tau)\frac{\partial}{\partial\tau}\Big[C(t,\tau)+\frac{1}{E(\tau)}\Big]\mathrm{d}\tau \tag{7.1-25}$$

早期提出该计算理论的苏联学者 H. X. 阿鲁秋年[9]采用下面的公式表示徐变度

$$C(t,\tau)=\Big(C_0+\frac{A}{\tau}\Big)\big[1-\mathrm{e}^{-\gamma(t-\tau)}\big] \tag{7.1-26}$$

根据当时的标准硅酸盐水泥和矾土硅酸盐水泥混凝土试验资料，取常数 $A=48.2\times10^{-5}\,d/MPa$，$C_0=9.0\times10^{-5}/MPa$，$\gamma=0.026/d$。对于水工混凝土，有资料建议取下面更简单的表达式[38]

$$\left.\begin{aligned}C(t,\tau)&=C_0\Big(1+\frac{2.0}{\tau}\Big)\big[1-\mathrm{e}^{-0.03(t-\tau)}\big]\\C_0&=\frac{1}{E_0},E(\tau)=E_0(1-\mathrm{e}^{-0.14\tau})\end{aligned}\right\} \tag{7.1-27}$$

采用上面最简单的公式(7.1-26)，弹性模量取为常量，松弛方程(7.1-25)的求解最后要借助非完整的 Γ 函数查表计算[9]。对于一般混凝土试验结果，徐变度公式的具体形式往往要复杂得多。在考虑混凝土弹性模量随龄期变化的情况下，宜用数值计算求解方程(7.1-25)。

当混凝土充分老化以后，弹性模量 $E(\tau)\to E_0$，$A/\tau\to0$，此时的松弛方程成为下面的继效方程

$$\varepsilon_0=\frac{\sigma(t)}{E_0}+\int_{\tau_1}^{t}\sigma(\tau)C_0\gamma\mathrm{e}^{-\gamma(t-\tau)}\mathrm{d}\tau \tag{7.1-28}$$

将时间坐标原点移至 τ_1，再乘以 E_0，上式成为

$$\sigma(t) + \gamma E_0 C_0 \int_0^t \sigma(\tau) \mathrm{e}^{-\gamma(t-\tau)} \mathrm{d}\tau = E_0 \varepsilon_0 \qquad (7.1-29)$$

这便是形式最简单的继效方程式。下面讨论该方程的解析解和方程(7.1-25)的数值解法。

（二）继效方程(7.1-29)的解

对方程(7.1-29)求导,得到

$$\sigma'(t) + \gamma E_0 C_0 \sigma(t) - \gamma^2 E_0 C_0 \int_0^t \sigma(\tau) \mathrm{e}^{-\gamma(t-\tau)} \mathrm{d}\tau = 0 \qquad (7.1-30)$$

方程(7.1-29)两边乘以 γ,再与方程(7.1-30)相加,以消去带有积分号的项,结果为

$$\sigma'(t) + \gamma(1 + E_0 C_0)\sigma(t) = \gamma E_0 \varepsilon_0 \qquad (7.1-31)$$

命方程(7.1-29)中 $t=0$,得到

$$\sigma(t)\big|_{t=0} = E \varepsilon_0 \qquad (7.1-32)$$

这是常系数线性微分方程(7.1-31)的初始条件。取方程的全解式

$$\sigma(t) = A\mathrm{e}^{-rt} + B \qquad (7.1-33)$$

式中 A、r、B 为待定常数。$\sigma'(t) = -Ar\mathrm{e}^{-rt}$,将 $\sigma(t)$ 及 $\sigma'(t)$ 代入式(7.1-31),有

$$-Ar\mathrm{e}^{-rt} + A\gamma(1 + E_0 C_0)\mathrm{e}^{-rt} + B\gamma(1 + E_0 C_0) = \gamma E_0 \varepsilon_0 \qquad (7.1-34)$$

比较同类项系数,因 $A \neq 0$,得

$$r = \gamma(1 + E_0 C_0) = \gamma(1 + \phi)$$
$$B = \frac{E \varepsilon_0}{1 + \phi} \qquad (7.1-35)$$

式中,$\phi = E_0 C_0$,此处 ϕ 为徐变系数最终值。方程解为

$$\sigma(t) = A\mathrm{e}^{-\gamma t} + \frac{E_0 \varepsilon_0}{1 + \phi} \qquad (7.1-36)$$

再将方程式(7.1-36)代入(7.1-32)的左边,命 $t=0$,解得 $A = \dfrac{E_0 \varepsilon_0 \phi}{1 + \phi}$,$\sigma(t)$ 为

$$\sigma(t) = \frac{E_0 \varepsilon_0}{1 + \phi}[1 + \phi \mathrm{e}^{-\gamma(1+\phi)t}] \qquad (7.1-37)$$

因 $\sigma(t)\big|_{t=0} = E\varepsilon_0$,松弛系数为

$$K(t) = \frac{1}{1 + \phi}(1 + \phi \mathrm{e}^{-rt}) \qquad (7.1-38)$$

式中 $r=\gamma(1+\phi)$。

（三）松弛方程数值解式

松弛方程(7.1-25)作分部积分,注意到 $C(t,t)=0$,得到

$$\varepsilon_0 = \sigma(\tau_1)\left[\frac{1}{E(\tau_1)}+C(t,\tau_1)\right]+\int_{\tau_1}^{t}\delta(t,\tau)\mathrm{d}\sigma(\tau) \qquad (7.1-39)$$

式中的单位应力总应变

$$\delta(t,\tau)=\frac{1}{E(\tau)}+C(t,\tau) \qquad (7.1-40)$$

将时间段 $\tau_1 \sim t_n$ 划分成 n 个不等时段(前密后疏),时间节点分别为 τ_1、t_1、t_2、t_3、$\cdots$、t_{n-1}、t_n,注意到 $\varepsilon_0 = \sigma(\tau_1)/E(\tau_1)$,可将方程(7.1-39)写成如下形式

$$\sum_{i=1}^{n}\int_{t_{i-1}}^{t_i}\delta(t_n,\tau)\mathrm{d}\sigma(\tau)=-\sigma(\tau_1)C(t_n,\tau_1)$$

变形函数 $\delta(t,\tau)$ 和应力 $\sigma(\tau)$ 在所有 $\tau \geqslant \tau_1$ 的时间段上单调变化,利用积分中值定理,可将上面的时段积分式变为和式计算如下

$$\left.\begin{aligned}
\delta(t_1,x_1)\Delta\sigma_1 &= -\sigma(\tau_1)C(t_1,\tau_1)\\
\delta(t_2,x_2)\Delta\sigma_2 &= -\sigma(\tau_1)C(t_2,\tau_1)-\delta(t_2,x_1)\Delta\sigma_1\\
\delta(t_3,x_3)\Delta\sigma_3 &= -\sigma(\tau_1)C(t_3,\tau_1)-\sum_{i=1}^{2}\delta(t_3,x_i)\Delta\sigma_i\\
\delta(t_4,x_4)\Delta\sigma_4 &= -\sigma(\tau_1)C(t_4,\tau_1)-\sum_{i=1}^{3}\delta(t_4,x_i)\Delta\sigma_i\\
&\ \ \vdots\\
\delta(t_n,x_1)\Delta\sigma_n &= -\sigma(\tau_1)C(t_n,\tau_1)-\sum_{i=1}^{n-1}\delta(t_n,x_i)\Delta\sigma_i
\end{aligned}\right\} \qquad (7.1-41)$$

式中 x_i 为中点龄期,其值可取 $x_i=(t_i+t_{i-1})/2$,其中 $x_1=(t_1+\tau_1)/2$。$\Delta\sigma_i=\sigma(t_i)-\sigma(t_{i-1})$。由上式(7.1-41)计算得到各时段的应力增量以后,t_n 时刻的应力可用下式计算

$$\left.\begin{aligned}
\sigma(t_1) &= \sigma(\tau_1)+\Delta\sigma_1\\
\sigma(t_2) &= \sigma(t_1)+\Delta\sigma_2\\
\sigma(t_3) &= \sigma(t_2)+\Delta\sigma_3\\
&\cdots\cdots\\
&\cdots\cdots\\
\sigma(t_n) &= \sigma(t_{n-1})+\Delta\sigma_n
\end{aligned}\right\} \qquad (7.1-42)$$

可见，随着时间节点 t_i 由 $t_1 \sim t_n$ 逐渐增加，需要的单位变形曲线 $\delta(t_i, x_k)$ 也增加。计算某一龄期 τ_1 的松弛系数所需的数据比其他方法增加很多。当试验已经给出徐变度和弹性模量公式，可以作任意时间和龄期的取值计算，预先编好计算程序，该方法松弛系数的计算会变得相当简单。

由于各时段的应力增量 $\Delta\sigma_i$ 均为负值，故 $\sigma(t_n)$ 是减少的。命 $\sigma(\tau_1)=1$，各时间节点的应力即为松弛系数。

$$K(t_n, \tau_1) = \sigma(t_n) \tag{7.1-43}$$

三、有效模量法

有效模量法用下式表示 τ_1 时刻加载的总变形

$$\varepsilon(t) = \frac{\sigma(t)}{E_C(t, \tau_1)} \tag{7.1-44}$$

有效模量 $E_C(t, \tau_1)$ 可用弹性模量 $E(\tau_1)$ 和徐变系数 $\phi(t, \tau_1)$ 表示，上式成为

$$\varepsilon(t) = \frac{\sigma(t)}{E(\tau_1)}[1 + \phi(t, \tau_1)] \tag{7.1-45}$$

应变为常量 $\varepsilon(t) = \varepsilon_0$，初始应力 $\sigma(\tau_1) = E(\tau_1)\varepsilon_0$，松弛系数为 $\sigma(t)/\sigma(\tau_1)$，故有

$$K(t, \tau_1) = \frac{1}{1 + \phi(t, \tau_1)} \tag{7.1-46}$$

式中 $\phi(t, \tau_1) = E(\tau_1)C(t, \tau_1)$。

比较式(7.1-38)和式(7.1-46)可以看出，混凝土充分老化以后，弹性徐变理论松弛系数最终值与有效模量法推算的松弛系数最终值一致，同为 $1/(1+\phi_\infty)$。

设有弹性模量及徐变度数据：$E_0 = 3.4 \times 10^4 \text{ MPa}$，$C_0 = 2.3 \times 10^{-5}/\text{MPa}$，$\gamma = 0.026 \times 1/\text{d}$，按式(7.1-46)和按式(7.1-38)计算结果列于表 7.1-2。徐变系数 $\phi(t) = 0.782(1 - e^{-0.026t})$，$r = \gamma(1 + E_0 C_0) = 0.046\ 3 \times 1/\text{d}$，$\phi_0 = 0.782$。从此表计算结果看出，当混凝土充分老化，考虑徐变完全可复时，积分型方程解(7.1-38)与有效模量法解的计算结果基本相近，最终值相同。

表 7.1-2　解式(7.1-38)与解式(7.1-46)比较

计算方法	持续时间 t(d)					
	10	20	60	90	360	∞
继效方程解式(7.1-38)	0.84	0.74	0.59	0.57	0.56	0.56
有效模量法解式(7.1-46)	0.85	0.76	0.62	0.59	0.56	0.56

四、继效流动理论法

(一) 基本方程与近似解式

继效流动理论将徐变度曲线分成可复变形 C_y 和不可复变形 C_N,徐变度曲线 $C(t,\tau_1)$ 及可复变形曲线 $C_y(t-\tau_1)$ 直接由试验给出,不可复变形曲线 $C_N(t,\tau_1)$ 由上面两者相减得到 $C_N(t,\tau_1)=C(t,\tau_1)-C_y(t-\tau_1)$。整理试验数据首先应该给出图、表值,有可能时还应同时给出弹性模量、可复变形及不可复变形的计算公式,以便计算松弛系数时作取值和插值应用。近似解法计算简单便捷,可以查图表计算,可以应用推算公式计算,可以考虑混凝土弹性模量变化的影响。

用变形曲线表示的核形式如下

$$\xi(t,\tau,\tau_1) = \frac{\mathrm{d}}{\mathrm{d}\tau}C_N(\tau,\tau_1) - \frac{\partial}{\partial\tau}\Big[C_y(t-\tau) + \frac{1}{E(\tau)}\Big] \tag{7.1-47}$$

松弛方程如下

$$\varepsilon_0 = \frac{\sigma(t)}{E(t)} + \int_{\tau_1}^{t}\sigma(\tau)\Big[C'_N(\tau,\tau_1) - \frac{\partial}{\partial\tau}C_y(t-\tau) - \frac{\mathrm{d}}{\mathrm{d}\tau}\frac{1}{E(\tau)}\Big]\mathrm{d}\tau \tag{7.1-48}$$

试验普遍证实,可复变形发展较快,卸载后 $1\sim2$ 个月可以达到最终稳定值,且在 $1\sim3$ d 能够完成总可复变形的较大部分;与徐变变形最终值相比[30],比值在 $8\%\sim15\%$ 范围内;与晚龄期弹性模量的乘积 $EC_y=\phi_{y\infty}$,密封试件 ϕ_∞ 大约为 $0.15\sim0.25$,非密封试件可达到 $\phi_{y\infty}=0.40$。对于后一种情况,徐变变形相应地会有很大增加,所以与总徐变相比仍然是一个不大的量。鉴于以上结果,作为一种近似,将可复变形归并入瞬时弹性变形之中,用一个迟后模量代替方程中的弹性模量。迟后模量

$$\overline{E}(t) = \frac{E(t)}{1 + C_y E(t)} \tag{7.1-49}$$

式中 C_y 表示可复变形最终值。下面的方程将成为方程(7.1-48)的近似方程

$$\varepsilon_0 = \frac{\sigma(t)}{E(t)} + \int_{\tau_1}^{t}\sigma(t)\Big[C'_N(\tau,\tau_1) - \frac{\mathrm{d}}{\mathrm{d}\tau}\frac{1}{\overline{E}(\tau)}\Big]\mathrm{d}\tau \tag{7.1-50}$$

求解松弛方程(7.1-48)的近似解,首先求近似方程(7.1-50)的解,然后对照原方程(7.1-48)要求的条件进行修正处理,作为松弛方程的近似解。

将方程(7.1-50)与方程(7.1-8)对照,$C(\tau,\tau_1)$ 与 $C_N(\tau,\tau_1)$ 对应,$E(t)$、$E(\tau)$ 与 $\overline{E}(t)$、$\overline{E}(\tau)$ 对应,也就是变量形式一样,是取值不同。这两个方程求解的方法、步骤和结果形式应该一样,故有

$$\sigma(t) = \overline{E}(\tau_1)\varepsilon_0 \mathrm{e}^{-\eta(t,\tau_1)} \tag{7.1-51}$$

$$\eta(t,\tau_1) = \int_{\tau_1}^t \overline{E}(\tau)C_N'(\tau,\tau_1)\mathrm{d}\tau \tag{7.1-52}$$

这个解的初始值为 $\sigma(\tau_1)=\overline{E}(\tau_1)\varepsilon_0$，原方程(7.1-48)的初始值为 $\sigma(\tau_1)=E(\tau_1)\varepsilon_0$，前者与后者的比值为

$$\frac{\overline{E}(\tau_1)}{E(\tau_1)} = \frac{1}{1+C_yE(\tau_1)} \tag{7.1-53}$$

参照有效模量法松弛系数的结果(7.1-46)，只要将可复变形最终值 C_y 换成 $C_y(t-\tau_1)$ 即可。结果如下

$$\left.\begin{array}{l} K(t,\tau_1) = \dfrac{1}{1+E(\tau_1)C_y(t-\tau_1)}\mathrm{e}^{-\eta(t,\tau_1)} \\[3mm] \eta(t,\tau_1) = \displaystyle\int_{\tau_1}^t \overline{E}(\tau)C_N'(\tau,\tau_1)\mathrm{d}\tau \end{array}\right\} \tag{7.1-54}$$

（二）数值积分算式

假设混凝土弹性模量 $E(t)$ 和徐变度中的可复徐变 $C_y(t-\tau_1)$、不可复徐变 $C_N(t,\tau_1)$ 已经给出图表值，或给出了推算公式而不便于作微积分运算时，可以通过数值积分计算 $\eta(t,\tau_1)$。设将时间段 $\tau_1 \sim t_n$ 分成若干不等时段 $\tau_1 \sim t_1$、$t_1 \sim t_2$、$\cdots t_{n-1} \sim t_n$，将 $\eta(t_n,\tau_1)$ 分为小时段的积分和

$$\eta(t_n,\tau_1) = \sum_{i=1}^n \int_{t_{i-1}}^{t_i} \overline{E}(\tau)C_N'(\tau,\tau_1)\mathrm{d}\tau \tag{7.1-55}$$

因混凝土弹性模量 $\overline{E}(t)$、$C_N(t,\tau_1)$ 及 $C_N'(t,\tau_1)$ 在 $t=\tau_1 \sim t=\infty$ 的所有时段上不存在奇异值且单调变化，可利用积分中值定理将式(7.1-55)变成和式计算

$$\eta(t_n,\tau_1) = \sum_{i=1}^n \overline{E}(x_i)[C_N(t_i,\tau_1)-C_N(t_{i-1},\tau_1)] \tag{7.1-56}$$

计算时可取 $x_i=(t_i+t_{i-1})/2$，计算步骤如下：

① 划分时间段，分段时间节点分别为 τ_1、t_1、$t_2 \cdots t_{n-1}$、t_n。

② 由图表曲线或分度值查取 $C_N(t_i,\tau_1)$ 和 $C_y(t_i-\tau_1)$。

③ 查取各时间段中点的弹性模量值 $E(x_i)$，计算迟后模量 $\overline{E}(x_i)=E(x_i)/[1+C_yE(x_i)]$。

④ 利用式(7.1-56)计算 $\eta(t_i,\tau_1)$。

⑤ 用(7.1-54)计算松弛系数。

（三）积分函数 $\eta(t,\tau_1)$ 解析式

设混凝土的弹性模量 $E(t)$ 和徐变度中的可复变形 $C_y(t-\tau_1)$、不可复变形 $C_N(t,\tau_1)$ 公式已经给出，且采用指数型公式表示如下。

$$E(t) = E_0(1 - \sum_{k=1}^{m} \beta_k e^{-\alpha_k t}) \quad m = 1 \text{ 或 } 2 \tag{7.1-57}$$

$$C_N(t,\tau_1) = \sum_{j=3}^{p} C_j[1 - e^{-\gamma_j(t-\tau_1)}] \quad p = 3 \text{ 或 } 4 \text{ 或 } 5 \tag{7.1-58}$$

$$C_y(t,\tau_1) = \sum_{i=1}^{2} C_i[1 - e^{-\gamma_i(t-\tau_1)}] \tag{7.1-59}$$

式(7.1-59)中,可复变形最终值为 $C_y = \sum_{i=1}^{2} C_i$。

为了能直接应用已有公式,迟后模量可用下式计算

$$\left.\begin{aligned} \overline{E}(t) &= \overline{E}_0(1 - \sum_{i=1}^{m} \beta_k e^{-\alpha_k t}) \quad m = 1 \text{ 或 } 2 \\ \overline{E}_0 &= E_0/(1 + C_y E_0) \end{aligned}\right\} \tag{7.1-60}$$

作为一种近似,可取弹性模量 $E(t)$ 原式中常数 β_k、α_k 不变。

式(7.1-58)求导,将 t 换成 τ,然后代入式(7.1-54)之第二式

$$\eta(t,\tau_1) = \int_{\tau_1}^{t} \overline{E}_0(1 - \sum_{i=1}^{m} \beta_k e^{-\alpha_k \tau}) \sum C_j \gamma_j e^{-\gamma_j(\tau-\tau_1)} d\tau$$

$$= \overline{\phi}_N(t,\tau_1) - \sum_{k=1}^{m} \sum_{j=3}^{p} \frac{\overline{E}_0 \beta_k C_j \gamma_j}{\alpha_k + \gamma_j} e^{-\alpha_k \tau_1}[1 - e^{-(\alpha_k + \gamma_j)(t-\tau_1)}] \quad p = 4 \text{ 或 } 5 \tag{7.1-61}$$

当 $m=1$ 时,弹性模量取为 $E(t) = E_0(1 - \beta e^{-\alpha t})$,则上式成为

$$\eta(t,\tau_1) = \overline{\phi}_N(t,\tau_1) - \sum_{j=3}^{p} \frac{\overline{E}_0 \beta C_j \gamma_j e^{-\alpha \tau_1}}{\alpha + \gamma_j}[1 - e^{-(\alpha + \gamma_j)(t-\tau_1)}] \quad p = 4 \text{ 或 } 5 \tag{7.1-62}$$

松弛系数用下式计算

$$K(t,\tau_1) = \frac{1}{1 + \phi_y(t-\tau_1)} e^{-\eta(t,\tau_1)} \tag{7.1-63}$$

上述式中

$$\left.\begin{aligned} \overline{\phi}_N(t,\tau_1) &= \overline{E}_0 C_N(t,\tau_1) \\ \phi_y(t-\tau_1) &= E(\tau_1) C_y(t-\tau_1) \end{aligned}\right\} \tag{7.1-64}$$

(四) 算例

设有如下数据:$E(t) = 3.0(1 - 0.167e^{-0.028t}) \times 10^4 \text{MPa}$,$C_y(t-\tau_1) = 0.6[1 -$

$e^{-0.3(t-\tau_1)}]\times 10^{-5}/\,MPa, C_N(t,\tau_1)=2.4[1-e^{-0.02(t-\tau_1)}]\times 10^{-5}/\,MPa, \tau_1=7\,d$。试按老化理论法、有效模量法和继效流动法计算松弛系数。由如上公式可得三种方法的有关参数如下。

① 按老化理论公式(7.1-20)计算 $\eta(t,\tau_1)$，$m=1$，$p=2$，$E_0=3.0\times 10^4\,MPa$，$\alpha=0.028\times 1/d$，$\beta=0.167$，$C_1=0.6\times 10^{-5}/MPa$，$C_2=2.4\times 10^{-5}/MPa$，$\gamma_1=0.3\times 1/d$，$\gamma_2=0.02\times 1/d$

② 按有效模量法公式(7.1-46)，$\phi(t,\tau_1)=E(\tau_1)C(t,\tau_1)$，徐变度 $C(t,\tau_1)$ 式与老化理论计算式相同。

③ 按继效流动理论法近似式(7.1-62)和(7.1-63)，(7.1-64)，$C_y(t-\tau_1)$ 和 $C_N(t,\tau_1)$ 均取用一项指数式。计算结果列于表7.1-3。

表 7.1-3　松弛系数计算结果

方法公式	$\tau_1=7\,d$　t_i					
	10	20	40	60	90	360
老化理论(7.1-12)、(7.1-20)	0.88	0.74	0.62	0.55	0.50	0.43
有效模量(7.1-46)	0.87	0.77	0.69	0.64	0.60	0.56
继效流动(7.1-63)	0.88	0.75	0.65	0.59	0.53	0.48

用有效模量法与老化理论(徐变速率)法的徐变方程式计算混凝土松弛系数值差别最大。此例按松弛值计算相差13%，以平均值为基数，相差26.3%。

继效流动法描述了徐变部分可复，可复变形与徐变相比，比值不大，故而松弛结果介于以上两者之间，又更接近于徐变率法的结果，这是合理的。

计算一个龄期的松弛系数时，三种方法都只需要一组龄期加荷的徐变度曲线（包含卸载徐变恢复）和弹性模量依时发展曲线，计算简单便捷。

第二节　松弛方程级数解法(1)

上一节讨论继效流动理论法松弛方程的求解计算，给出了一个近似解式和计算方法。从列举的计算资料看到，由于松弛系数是随时间单调衰减的，在卸载状态下它没有老化理论法和有效模量法那样（不可复和完全可复）的假设，计算结果合理，给出的计算公式简单快捷、所用数据资料少（与弹性徐变理论法相比较）。这种近似解法会有多大的误差或者偏差，是实际应用时需要弄清的。为了弄清其计算精度，有两种途径可供选择。第一种是用数值计算进行求解，通过加密时间间距来提高计算精度。当时间间距加密到一定程度以后，可能累计误差会增加，目前还难以在理论上证明计算的误差范围和结果的收敛性。用级数法求解是将积分型松弛方程转化为等效的微分方程及定解条件(初始值问题),当所取级数满足微分方程和定解条件,且能证明是收敛级数时,该级数即为原方程的唯一解,也就是原松弛方程的精确解。对于一个给定的核形式而言,如果确实存在一个对应的级数解时,该法可以给出一个具体算式,找出其变化规律。

一、积分核指数公式

下面我们讨论晚龄期混凝土松弛方程的级数解,假设弹性模量已达到或趋于最终稳定值,取 $E(t)$ 为常量,用 E 表示。

一般而言,用两项指数和公式表示可复变形 $C_y(t-\tau)$ 会有相当满意的拟合效果,设为

$$C_y(t-\tau_1) = \sum_{i=1}^{2} C_i[1-e^{-\gamma_i(t-\tau_1)}] \tag{7.2-1}$$

式中常数的大致范围多为 $\gamma_1 = 2\sim 3\times 1/d, \gamma_2 = 0.1\sim 0.2\times 1/d, (C_1+C_2)\times E = 0.15\sim 0.25$。

不可复变形 $C_N(t,\tau_1)$ 亦采用两项指数和式表示

$$C_N(t,\tau_1) = \sum_{j=3}^{4} C_j[1-e^{-\gamma_j(t-\tau_1)}] \tag{7.2-2}$$

将式(7.2-1)之 τ_1 换成 τ,式(7.2-2)之 t 换成 τ,再代入核表达式,然后求导,具体如下

$$\xi(t,\tau,\tau_1) = -\frac{\partial}{\partial\tau}\sum_{i=1}^{2}C_i[1-e^{-\gamma_i(t-\tau)}] + \frac{d}{d\tau}\sum_{j=3}^{4}C_j[1-e^{-\gamma_j(\tau-\tau_1)}] \tag{7.2-3}$$

$$= \sum_{i=1}^{2}C_i\gamma_i e^{-\gamma_i(t-\tau)} + \sum_{j=3}^{4}C_j\gamma_j e^{-\gamma_j(\tau-\tau_1)}$$

将式(7.2-3)代入松弛方程(7.1-3),并注意 $E(t) = E$,有

$$\varepsilon_0 = \frac{\sigma(t)}{E} + \int_{\tau_1}^{t}\sigma(\tau)\Big[\sum_{i=1}^{2}C_i\gamma_i e^{-\gamma_i(t-\tau)} + \sum_{j=3}^{4}C_j\gamma_j e^{-\gamma_j(\tau-\tau_1)}\Big]d\tau$$

上式两边乘以 E,令 $\tau_1 = 0$,得到

$$\sigma(t) + \int_{0}^{t}\sigma(\tau)\Big[\sum_{i=1}^{2}\lambda_i e^{-\gamma_i(t-\tau)} + \sum_{j=3}^{4}\lambda_j e^{-\gamma_j\tau}\Big]d\tau = E\varepsilon_0 \tag{7.2-4}$$

上式(7.2-4)中,$\lambda_i = EC_i\gamma_i, i=1,2,3,4$。

二、松弛方程(7.2-4)的等效微分式

对于积分方程(7.2-4),可以转化为等效的微分方程,然后求解。步骤如下。

将方程(7.2-4)对 t 求导,得到

$$\sigma'(t) + (\lambda_1 + \lambda_2 + \lambda_3 e^{-\gamma_3 t} + \lambda_4 e^{-\gamma_4 t})\sigma(t) - \int_0^t \sigma(\tau)\sum_{i=1}^2 \lambda_i \gamma_i e^{-\gamma_i(t-\tau)}\,\mathrm{d}\tau = 0$$

$$(7.2\text{-}5)$$

用方程(7.2-4)乘以 γ_1 再与上式相加,得

$$\sigma'(t) + \left(\gamma_1 + \sum_{i=1}^2 \lambda_i + \sum_{j=3}^4 \lambda_j e^{-\gamma_j t}\right)\sigma(t)$$

$$+ \int_0^t \sigma(\tau)\left[\lambda_2(\gamma_1 - \gamma_2)e^{-\gamma_2(t-\tau)} + \gamma_1\lambda_3 e^{-\gamma_3\tau} + \gamma_1\lambda_4 e^{-\gamma_4\tau}\right]\mathrm{d}\tau = \gamma_1 E\varepsilon_0 \qquad (7.2\text{-}6)$$

再对上式求导,得到

$$\sigma''(t) + \left(\gamma_1 + \sum_{i=1}^2 \lambda_i + \sum_{j=3}^4 \lambda_j e^{-\gamma_j t}\right)\sigma'(t)$$

$$+ \left[\lambda_2(\gamma_1 - \gamma_2) + \lambda_3(\gamma_1 - \gamma_3)e^{-\gamma_3 t} + \lambda_4(\gamma_1 - \gamma_4)e^{-\gamma_4 t}\right]\sigma(t) \qquad (7.2\text{-}7)$$

$$- \lambda_2\gamma_2(\gamma_1 - \gamma_2)\int_0^t \sigma(\tau)e^{-\gamma_2(t-\tau)}\,\mathrm{d}\tau = 0$$

再用式(7.2-6)乘以 γ_2,与方程(7.2-7)相加,得

$$\sigma''(t) + \left(r_1 + r_2 + \sum_{j=3}^4 \lambda_j e^{-\gamma_j t}\right)\sigma'(t) + \left[r_1 r_2 + \sum_{j=3}^4 \lambda_j(\gamma_1 + \gamma_2 - \gamma_j)e^{-\gamma_j t}\right]\sigma(t)$$

$$+ \gamma_1\gamma_2\int_0^t \sigma(\tau)\sum_{j=3}^4 \lambda_j e^{-\gamma_j\tau}\,\mathrm{d}\tau = \gamma_1\gamma_2 E\varepsilon_0 \qquad (7.2\text{-}8)$$

式中　　$r_1 + r_2 = \gamma_1 + \lambda_1 + \gamma_2 + \lambda_2$;

$\qquad\quad r_1 r_2 = \gamma_1\gamma_2 + \lambda_1\gamma_2 + \lambda_2\gamma_1$。

其中 r_1、r_2 是如下二次方程的两个不等实根,

$$r^2 - (\gamma_1 + \gamma_2 + \lambda_1 + \lambda_2)r + (\gamma_1\gamma_2 + \lambda_1\gamma_2 + \lambda_2\gamma_1) = 0$$

最后,对方程(7.2-8)两边求导,得到下面变系数微分方程

$$\sigma'''(t) + \left(r_1 + r_2 + \sum_{j=3}^4 \lambda_j e^{-\gamma_j t}\right)\sigma''(t) + \left[r_1 r_2 + \sum_{j=3}^4 \lambda_j(\gamma_1 + \gamma_2 - 2\gamma_j)e^{-\gamma_j t}\right]\sigma'(t)$$

$$\sum_{j=3}^4 \lambda_j(\gamma_1\gamma_2 + \gamma_j^2 - \gamma_1\gamma_j - \gamma_2\gamma_j)e^{-\gamma_j t}\sigma(t) = 0 \qquad (7.2\text{-}9)$$

在方程(7.2-4)、方程(7.2-5)和方程(7.2-7)中,命 $t=0$,可得到求解上面微分方程的初始条件

$$\sigma(t)\Big|_{t=0} = E\varepsilon_0$$

$$\sigma'(t)\Big|_{t=0} = -E\varepsilon_0\left(\sum_{i=1}^{2}\lambda_i + \sum_{j=3}^{4}\lambda_j\right)$$

$$\sigma''(t)\Big|_{t=0} = E\varepsilon_0\left(\sum_{i=1}^{2}\lambda_i + \sum_{j=3}^{4}\lambda_j\right)^2 + E\varepsilon_0\left(\sum_{i=1}^{2}\lambda_i\gamma_i + \sum_{j=3}^{4}\lambda_j\gamma_j\right)$$

$$(7.2\text{-}10)$$

如式(7.2-4)的积分方程为第二类伏勒太尔方程,它有唯一解,而微分方程(7.2-9)连同初始条件(7.2-10)是它的等效方程,也有唯一解。采用无穷级数求解微分方程(7.2-9)时,若所取级数满足这个方程和它的初始条件,又是收敛的级数,则该级数也是原方程(7.2-4)的唯一解。

三、级数式与系数的递推公式

变系数微分方程(7.2-9)有三个独立解,可以用三个线性独立的级数之和表示,取为

$$\sigma(t) = E\varepsilon_0\left[\sum A_{m,n}e^{-(m\gamma_3+n\gamma_4)t} + \sum B_{m,n}e^{-(r_1+m\gamma_3+n\gamma_4)t}\right.$$

$$\left. + \sum T_{m,n}e^{-(r_2+m\gamma_3+n\gamma_4)t}\right]$$

$$(7.2\text{-}11)$$

$$m=0,1,2\cdots,n=0,1,2\cdots$$

式中 $A_{m,n}$、$B_{m,n}$、$T_{m,n}$ 是常数。要使式(7.2-11)满足方程(7.2-9),每一级数中的常数之间需存在一定的关系。为了求这些系数之间的关系,我们先将第一个级数及其微分写出

$$\sigma_1(t) = E\varepsilon_0\sum A_{m,n}e^{-(m\gamma_3+n\gamma_4)t}$$

$$\sigma'_1(t) = -E\varepsilon_0\sum A_{m,n}(m\gamma_3+n\gamma_4)e^{-(m\gamma_3+n\gamma_4)t}$$

$$\sigma''_1(t) = E\varepsilon_0\sum A_{m,n}(m\gamma_3+n\gamma_4)^2e^{-(m\gamma_3+n\gamma_4)t}$$

$$\sigma'''_1(t) = -E\varepsilon_0\sum A_{m,n}(m\gamma_3+n\gamma_4)^3e^{-(m\gamma_3+n\gamma_4)t}$$

再将上面结果代入微分方程(7.2-9)中,得到

$$-E\varepsilon_0\sum A_{m,n}(m\gamma_3+n\gamma_4)^3e^{-(m\gamma_3+n\gamma_4)t}$$

$$+\left(r_1+r_2+\sum_{j=3}^{4}\lambda_je^{-\gamma_jt}\right)E\varepsilon_0\sum A_{m,n}(m\gamma_3+n\gamma_4)^2e^{-(m\gamma_3+n\gamma_4)t}$$

$$-\left[r_1r_2+\sum_{j=3}^{4}\lambda_j(\gamma_1+\gamma_2-2\gamma_j)e^{-\gamma_jt}\right]E\varepsilon_0\sum A_{m,n}$$

$$\times (m\gamma_3 + n\gamma_4) \mathrm{e}^{-(m\gamma_3 + n\gamma_4)t} + \sum_{j=3}^{4} \lambda_j (\gamma_1\gamma_2 + \gamma_j^2 - \gamma_1\gamma_j - \gamma_2\gamma_j)$$

$$\times \mathrm{e}^{-\gamma_j t} E\varepsilon_0 \sum A_{m,n} \mathrm{e}^{-(m\gamma_3 + n\gamma_4)t} = 0$$

在这个方程中,由于 $E\varepsilon_0 \neq 0$, t 是任意的,其成立的唯一条件是各同类项的系数之和为零,故得下述方程

$$-(m\gamma_3 + n\gamma_4)^3 A_{m,n} + (r_1 + r_2)(m\gamma_3 + n\gamma_4)^2 A_{m,n}$$
$$-r_1 r_2 (m\gamma_3 + n\gamma_4) A_{m,n} + \lambda_3 [(m-1)\gamma_3 + n\gamma_4]^2 A_{m-1,n}$$
$$+\lambda_4 [m\gamma_3 + (n-1)\gamma_4]^2 A_{m,n-1} - \lambda_3 (\gamma_1 + \gamma_2 - 2\gamma_3)$$
$$\times [(m-1)\gamma_3 + n\gamma_4] A_{m-1,n} - \lambda_4 (\gamma_1 + \gamma_2 - 2\gamma_4)$$
$$\times [m\gamma_3 + (n-1)\gamma_4] A_{m,n-1} + \lambda_3 (\gamma_1\gamma_2 + \gamma_3^2 - \gamma_1\gamma_3 - \gamma_2\gamma_3)$$
$$\times A_{m-1,n} + \lambda_4 (\gamma_1\gamma_2 + \gamma_4^2 - \gamma_1\gamma_4 - \gamma_2\gamma_4) A_{m,n-1} = 0$$

$$m = 1, 2, 3\cdots$$
$$n = 1, 2, 3\cdots$$

由这一系列等式,得到

$$A_{m,n} = \frac{\{(\lambda_3 A_{m-1,n} + \lambda_4 A_{m,n-1}) [(m\gamma_3 + n\gamma_4)^2 + \gamma_1\gamma_2 - (m\gamma_3 + n\gamma_4)(\gamma_1 + \gamma_2)]\}}{\{(m\gamma_3 + n\gamma_4)[(m\gamma_3 + n\gamma_4)^2 + r_1 r_2 - (m\gamma_3 + n\gamma_4)(r_1 + r_2)]\}}$$

$$m, n = 1, 2, 3\cdots$$

这是 $A_{m,n}$ 用 $A_{m-1,n}$、$A_{m,n-1}$ 表示的递推公式。采用相同的方法,将第二个级数和第三个级数代入微分方程(7.2-9),将得到 $B_{m,n}$ 用 $B_{m-1,n}$ 和 $B_{m,n-1}$ 表示的递推公式,以及 $T_{m,n}$ 用 $T_{m-1,n}$、$T_{m,n-1}$ 表示的递推公式。现将所得结果总列于下

$$A_{m,n} = \frac{(\lambda_3 A_{m-1,n} + \lambda_4 A_{m,n-1})[(m\gamma_3 + n\gamma_4)^2 + \gamma_1\gamma_2 - (\gamma_1 + \gamma_2)(m\gamma_3 + n\gamma_4)]}{(m\gamma_3 + n\gamma_4)[(m\gamma_3 + n\gamma_4)^2 + r_1 r_2 - (r_1 + r_2)(m\gamma_3 + n\gamma_4)]}$$

$$B_{m,n} = \frac{(\lambda_3 B_{m-1,n} + \lambda_4 B_{m,n-1})[(r_1 + m\gamma_3 + n\gamma_4)^2 + \gamma_1\gamma_2 - (\gamma_1 + \gamma_2)(r_1 + m\gamma_3 + n\gamma_4)]}{(r_1 + m\gamma_3 + n\gamma_4)[(r_1 + m\gamma_3 + n\gamma_4)^2 + r_1 r_2 - (r_1 + r_2)(r_1 + m\gamma_3 + n\gamma_4)]}$$

$$T_{m,n} = \frac{(\lambda_3 T_{m-1,n} + \lambda_4 T_{m,n-1})[(r_2 + m\gamma_3 + n\gamma_4)^2 + \gamma_1\gamma_2 - (\gamma_1 + \gamma_2)(r_2 + m\gamma_3 + n\gamma_4)]}{(r_2 + m\gamma_3 + n\gamma_4)[(r_2 + m\gamma_3 + n\gamma_4)^2 + r_1 r_2 - (r_1 + r_2)(r_2 + m\gamma_3 + n\gamma_4)]}$$

$$A_{m,0} = \frac{\lambda_3 A_{m-1,0} [m\gamma_3 (m\gamma_3 - \gamma_1 - \gamma_2) + \gamma_1\gamma_2]}{m\gamma_3 [m\gamma_3 (m\gamma_3 - r_1 - r_2) + r_1 r_2]}$$

$$A_{0,n} = \frac{\lambda_4 A_{0,n-1} [n\gamma_4 (n\gamma_4 - \gamma_1 - \gamma_2) + \gamma_1\gamma_2]}{n\gamma_4 [n\gamma_4 (n\gamma_4 - r_1 - r_2) + r_1 r_2]}$$

$$B_{m,0} = \frac{\lambda_3 B_{m-1,0} \left[(r_1 + m\gamma_3)(m\gamma_3 + r_1 - \gamma_1 - \gamma_2) + \gamma_1\gamma_2 \right]}{(r_1 + m\gamma_3)\left[(r_1 + m\gamma_3)(m\gamma_3 - r_2) + r_1 r_2 \right]}$$

$$B_{0,n} = \frac{\lambda_4 B_{0,n-1} \left[(r_1 + n\gamma_4)(n\gamma_4 + r_1 - \gamma_1 - \gamma_2) + \gamma_1\gamma_2 \right]}{(r_1 + n\gamma_4)\left[(r_1 + n\gamma_4)(n\gamma_4 - r_2) + r_1 r_2 \right]}$$

$$T_{m,0} = \frac{\lambda_3 T_{m-1,0} \left[(r_2 + m\gamma_3)(m\gamma_3 + r_2 - \gamma_2 - \gamma_1) + \gamma_1\gamma_2 \right]}{(r_2 + m\gamma_3)\left[(r_2 + m\gamma_3)(m\gamma_3 - r_1) + r_1 r_2 \right]}$$

$$T_{0,n} = \frac{\lambda_4 T_{0,n-1} \left[(r_2 + n\gamma_4)(n\gamma_4 + r_2 - \gamma_2 - \gamma_1) + \gamma_1\gamma_2 \right]}{(r_2 + n\gamma_4)\left[(r_2 + n\gamma_4)(n\gamma_4 - r_1) + r_1 r_2 \right]} \quad \right\} \quad (7.1\text{-}12)$$

$$m, n = 1, 2, 3 \cdots$$

根据递推公式(7.2-12),任意一项的系数 $A_{m,n}$ 都可用 $A_{0,0}$ 表示,而 $B_{m,n}$ 则可用 $B_{0,0}$ 表示, $T_{m,n}$ 用 $T_{0,0}$ 表示,进而得到只含有三个待定系数 $A_{0,0}$、$B_{0,0}$、$T_{0,0}$ 的级数

$$\sigma(t) = E\varepsilon_0 \left[A_{0,0} \sum u_{m,n} \mathrm{e}^{-(m\gamma_3 + n\gamma_4)t} + B_{0,0} \sum v_{m,n} \mathrm{e}^{-(r_1 + m\gamma_3 + n\gamma_4)t} \right.$$

$$\left. + T_{0,0} \sum w_{m,n} \mathrm{e}^{-(r_2 + m\gamma_3 + n\gamma_4)t} \right] \quad (7.2\text{-}13)$$

$$m, n = 0, 1, 2, 3 \cdots$$

式中　　$u_{m,n} = \dfrac{A_{m,n}}{A_{0,0}};$

$\qquad\quad v_{m,n} = \dfrac{B_{m,n}}{B_{0,0}};$

$\qquad\quad w_{m,n} = \dfrac{T_{m,n}}{T_{0,0}}。$

比较上面所取级数前后项的系数得知,该级数是收敛的,故这个解是方程(7.2-4)的唯一解。

最后,为了确定三个系数 $A_{0,0}$、$B_{0,0}$、$T_{0,0}$,将式(7.2-13)及其导数代入初始条件(7.2-10),并命 $t=0$,得到下述方程组

$$\left(\sum u_{m,n}\right) A_{0,0} + \left(\sum v_{m,n}\right) B_{0,0} + \left(\sum w_{m,n}\right) T_{0,0} = 1$$

$$\left[\sum u_{m,n}(m\gamma_3 + n\gamma_4)\right] A_{0,0} + \left[\sum v_{m,n}(r_1 + m\gamma_3 + n\gamma_4)\right] B_{0,0}$$

$$+ \left[\sum w_{m,n}(r_2 + m\gamma_3 + n\gamma_4)\right] T_{0,0} = \sum_{i=1}^{4} \lambda_i$$

$$\left[\sum u_{m,n}(m\gamma_3 + n\gamma_4)^2\right] A_{0,0} + \left[\sum v_{m,n}(r_1 + m\gamma_3 + n\gamma_4)^2\right] B_{0,0}$$

$$+ \left[\sum w_{m,n}(r_2 + m\gamma_3 + n\gamma_4)\right] T_{0,0} = \left(\sum_{k=1}^{4} \lambda_k\right)^2 + \sum_{k=1}^{4} \lambda_k \gamma_k$$

$$m, n = 0, 1, 2, 3 \cdots$$

$\hspace{10cm} (7.2\text{-}14)$

由这个方程组解出三个系数，则级数才最后确定。

四、算例

取混凝土的徐变数据为：$E=3.6\times10^4$ MPa，$C_1=0.15\times10^{-5}$/MPa，$\gamma_1=2.8\times$ 1/d，$C_2=0.35\times10^{-5}$/MPa，$\gamma_2=0.14\times1$/d，$C_3=0.20\times10^{-5}$/MPa，$\gamma_3=1.0\times1$/d，$C_4=1.00\times10^{-5}$/MPa，$\gamma_4=0.016\times1$/d。

求松弛系数 $K(t)=\sigma(t)/E\varepsilon_0$。

由上面数据，得到

$$\lambda_1=0.151\,2(1/d) \qquad \lambda_2=0.017\,64$$
$$\lambda_3=0.072 \qquad \lambda_4=0.005\,76$$

再算得 $\gamma_1+\lambda_1+\gamma_2+\lambda_2=r_1+r_2=3.108\,84$，$\gamma_1\gamma_2+\gamma_1\lambda_2+\gamma_2\lambda_1=r_1r_2=0.462\,56$，得到特征方程

$$r^2-3.108\,4r+0.462\,56=0$$

解上面的特征方程，得到他的两个根

$$r_1=2.952\,2 \quad r_2=0.156\,7$$

再用递推公式计算各系数 $A_{m,n}$、$B_{m,n}$、$T_{m,n}$，最后用方程组(7.2-14)求解三个系数 $A_{0,0}$、$B_{0,0}$、$T_{0,0}$，得到松弛系数 $K(t)$

$$
\begin{aligned}
K(t)=&0.581\,72+0.175\,02e^{-0.016t}+0.025\,87e^{-0.032t}\\
&+0.002\,49e^{-0.048t}+0.000\,17e^{-0.064t}\\
&+0.039\,36e^{-t}+0.011\,85e^{-1.016t}\\
&+0.001\,75e^{-1.032t}+0.000\,17e^{-1.048t}\\
&+0.001\,20e^{-2t}+0.000\,36e^{-2.016t}\\
&+0.000\,09e^{-3t}+0.000\,02e^{-3.016t}\\
&+0.052\,66e^{-2.952t}+0.001\,08e^{-2.968t}\\
&+0.000\,01e^{-2.984t}+0.001\,12e^{-3.952t}\\
&+0.000\,02e^{-3.968t}+0.000\,02e^{-4.952t}\\
&+0.092\,78e^{-0.157t}+0.005\,98e^{-0.173t}\\
&+0.000\,26e^{-0.189t}+0.000\,01e^{-0.205t}\\
&+0.005\,38e^{-1.157t}+0.000\,37e^{-1.173t}\\
&+0.000\,02e^{-1.189t}+0.000\,15e^{-2.157t}\\
&+0.000\,01e^{-2.173t}
\end{aligned}
$$

在松弛系数 $K(t)$ 中,取 $t=\infty$,得到该混凝土的松弛最终值 $K(t)|_{t=\infty}=0.58$。级数解与近似解计算结果见表 7.2-1。

表 7.2-1　松弛系数 $K(t)$ 解法比较表

解法	持续时间(d)							
	1	5	10	30	60	100	200	360
级数解	0.89	0.81	0.77	0.70	0.65	0.62	0.59	0.58
近似解	0.90	0.82	0.78	0.71	0.66	0.62	0.59	0.59

第三节　松弛方程级数解法(2)

一、早龄期混凝土松弛方程与级数式

按继效流动理论法积分方程核的形式,上一节讨论了混凝土弹性模量 $E(t)$ 取为常量时的级数解法。本节讨论混凝土弹性模量不为常量时松弛方程的求解。

由上一节的介绍可知,采用四项指数公式拟合徐变度曲线,以使在加载的早期和晚期都有较好的拟合,级数解的系数推算式已显示较为冗长。在本节介绍混凝土弹性模量随龄期变化时,为使级数形式和系数推算简单些,取用下面极简单的核形式和弹性模量公式,如下式所示

$$\left.\begin{aligned}
\frac{1}{E(t)} &= \frac{1}{E}(1+\zeta^0 e^{-\gamma_3 t}) \\
\xi_y(t-\tau) &= C_1\gamma_1 e^{-\gamma_1(t-\tau)} \\
\xi_N(\tau) &= C_2\gamma_2 e^{-\gamma_2\tau} + \frac{1}{E}\zeta^0\gamma_3 e^{-\gamma_3\tau}
\end{aligned}\right\} \quad (7.3\text{-}1)$$

将上述式(7.3-1)之二、三两式合并成为 $\xi(t,\tau,\tau_1)$,然后与第一式一并代入松弛方程,得到

$$E\varepsilon_0 = (1+\zeta^0 e^{-\gamma_3 t})\sigma(t) + \int_{\tau_1}^t [\lambda_1 e^{-\gamma_1(t-\tau)} + \lambda_2 e^{-\gamma_2(\tau-\tau_1)} + \zeta^0\gamma_3 e^{-\gamma_3\tau}]\sigma(\tau)d\tau$$

$$(7.3\text{-}2)$$

再将方程(7.3-2)的时间坐标 t 的原点移至 τ_1,命

$$\zeta = \zeta^0 e^{-\gamma_3\tau_1} \quad (7.3\text{-}3)$$

松弛方程(7.3-2)成为

$$E\varepsilon_0 = (1 + \zeta e^{-\gamma_3 t})\sigma(t) + \int_0^t \left[\lambda_1 e^{-\gamma_1(t-\tau)} + \lambda_2 e^{-\gamma_2 \tau} + \zeta\gamma_3 e^{-\gamma_3 \tau}\right]\sigma(\tau)d\tau \qquad (7.3\text{-}4)$$

上面两式中，$\lambda_1 = EC_1\gamma_1$、$\lambda_2 = EC_2\gamma_2$、$\zeta = \zeta^0 e^{-\gamma_3 \tau_1}$。这个方程可以比较容易地化成微分方程，步骤如下。

将方程(7.3-4)求导，得

$$(1 + \zeta e^{-\gamma_3 t})\sigma'(t) + (\lambda_1 + \lambda_2 e^{-\gamma_2 t})\sigma(t) - \int_0^t \lambda_1\gamma_1 e^{-\gamma_1(t-\tau)}\sigma(\tau)d\tau = 0 \quad (7.3\text{-}5)$$

然后，用方程(7.3-4)乘以 γ_1 再与上式相加，得到

$$(1 + \zeta e^{-\gamma_3 t})\sigma'(t) + (r_1 + \lambda_2 e^{-\gamma_2 t} + \gamma_1\zeta e^{-\gamma_3 t})\sigma(t)$$
$$+ \int_0^t (\lambda_2\gamma_1 e^{-\gamma_2 \tau} + \zeta\gamma_3\gamma_1 e^{-\gamma_3 \tau})\sigma(\tau)d\tau = \gamma_1 E\varepsilon_0 \qquad (7.3\text{-}6)$$

式中 $r_1 = \gamma_1 + \lambda_1$。最后，再对上式求导，经合并整理，得到变系数微分方程如下

$$(1 + \zeta e^{-\gamma_3 t})\sigma''(t) + \left[r_1 + \lambda_2 e^{-\gamma_2 t} + \zeta(\gamma_1 - \gamma_3)e^{-\gamma_3 t}\right]\sigma'(t)$$
$$+ \lambda_2(\gamma_1 - \gamma_2)e^{-\gamma_2 t}\sigma(t) = 0 \qquad (7.3\text{-}7)$$

这个方程的初始条件是

$$\left.\begin{array}{l} \sigma(t)\Big|_{t=0} = \dfrac{E\varepsilon_0}{1+\zeta} \\[3mm] \sigma'(t)\Big|_{t=0} = -\dfrac{(\lambda_1 + \lambda_2)E\varepsilon_0}{(1+\zeta)^2} \end{array}\right\} \qquad (7.3\text{-}8)$$

微分方程(7.3-7)的解，可以用两个线性独立的级数表示

$$\sigma(t) = E\varepsilon_0\left[\sum A_{m,n}e^{-(m\gamma_2 + n\gamma_3)t} + \sum B_{m,n}e^{-(r_1 + m\gamma_2 + n\gamma_3)t}\right] \qquad (7.3\text{-}9)$$

为了能够将 $A_{m,n}$ 用 $A_{0,0}$ 表示，$B_{m,n}$ 用 $B_{0,0}$ 表示，需要确定这两个级数中各项系数之间的关系。我们将第二个级数及其导数分别列述如下

$$\sigma_2(t) = E\varepsilon_0\sum B_{m,n}e^{-(r_1 + m\gamma_2 + n\gamma_3)}$$
$$\sigma'_2(t) = -E\varepsilon_0\sum B_{m,n}(r_1 + m\gamma_2 + n\gamma_3)e^{-(r_1 + m\gamma_2 + n\gamma_3)t}$$
$$\sigma''_2(t) = E\varepsilon_0\sum B_{m,n}(r_1 + m\gamma_2 + n\gamma_3)^2 e^{-(r_1 + m\gamma_2 + n\gamma_3)t}$$

将上述结果代入方程(7.3-7)中，并除以 $E\varepsilon_0$，得到

$$\sum B_{m,n}(1 + \zeta e^{-\gamma_3 t})(r_1 + m\gamma_2 + n\gamma_3)^2 e^{-(r_1 + m\gamma_2 + n\gamma_3)t}$$
$$- \sum B_{m,n}\left[r_1 + \lambda_2 e^{-\gamma_2 t} + \zeta(\gamma_1 - \gamma_3)e^{-\gamma_3 t}\right](r_1 + m\gamma_2 + n\gamma_3)$$
$$\times e^{-(r_1 + m\gamma_2 + n\gamma_3)t} + \sum B_{m,n}\lambda_2(\gamma_1 - \gamma_3)e^{-\gamma_2 t}e^{-(r_1 + m\gamma_2 + n\gamma_3)t} = 0$$
$$m,n = 0,1,2,3\cdots$$

由于 t 的任意性,上面的方程成立,各同类项的系数应等于零,故得

$$\left[(r_1 + m\gamma_2 + n\gamma_3)^2 - r_1(r_1 + m\gamma_2 + n\gamma_3)\right]B_{m,n}$$
$$+ \zeta\left[r_1 + m\gamma_2 + (n-1)\gamma_3\right]^2 B_{m,n-1} - \zeta(\gamma_1 - \gamma_3)$$
$$\times\left[r_1 + m\gamma_2 + (n-1)\gamma_3\right]B_{m,n-1} - \lambda_2\left[r_1 + (m-1)\gamma_2 + n\gamma_3\right]B_{m-1,n}$$
$$+ \lambda_2(\gamma_1 - \gamma_3)B_{m-1,n} = 0$$

$$m, n = 1, 2, 3\cdots$$

由上面的方程,可以得到系数 $B_{m,n}$ 用 $B_{m-1,n}$、$B_{m,n-1}$ 表示的递推公式;同样,用式(7.3-9)中的第一个级数代入微分方程(7.3-7),将得到 $A_{m,n}$ 用 $A_{m-1,n}$、$A_{m,n-1}$ 表示的递推公式,现将结果总列于下

$$A_{m,n} = f_1\left[\frac{\lambda_2 A_{m-1,n}}{m\gamma_2 + n\gamma_3} - \zeta\frac{m\gamma_2 + (n-1)\gamma_3}{m\gamma_2 + n\gamma_3}A_{m,n-1}\right]$$

$$B_{m,n} = f_2\left[\frac{\lambda_2 B_{m-1,n}}{r_1 + m\gamma_2 + n\gamma_3} - \zeta\frac{r_1 + m\gamma_2 + (n-1)\gamma_3}{r_1 + m\gamma_2 + n\gamma_3}A_{m,n-1}\right]$$

$$A_{m,0} = \frac{\lambda_2 A_{m-1,0}}{m\gamma_2}\frac{m\gamma_2 - \gamma_1}{m\gamma_2 - r_1}$$

$$A_{0,n} = 0$$

$$B_{m,0} = \frac{\lambda_2 B_{m-1,0}}{r_1 + m\gamma_2}\frac{m\gamma_2 + \lambda_1}{m\gamma_2} \qquad (7.3\text{-}10)$$

$$B_{0,n} = -\zeta\frac{r_1 + (n-1)\gamma_3}{r_1 + n\gamma_3}\frac{n\gamma_3 + \lambda_1}{n\gamma_3}B_{0,n-1}$$

$$f_1 = \frac{m\gamma_2 + n\gamma_3 - \gamma_1}{m\gamma_2 + n\gamma_3 - r_1}$$

$$f_2 = \frac{m\gamma_2 + n\gamma_3 + \lambda_1}{m\gamma_2 + n\gamma_3}$$

$$m, n = 1, 2, 3\cdots$$

应用上面的递推公式,将级数(7.3-9)中各项的系数都用它的第一个系数表示,最后,用初始条件式(7.3-8)来求解这两个未知的系数 $A_{0,0}$、$B_{0,0}$。其方程如下

$$\sum A_{m,n} + \sum B_{m,n} = \frac{1}{1+\zeta}$$

$$\sum A_{m,n}(m\gamma_2 + n\gamma_3) + \sum B_{m,n}(r_1 + m\gamma_2 + n\gamma_3) = \frac{\lambda_1 + \lambda_2}{(1+\zeta)^2} \qquad (7.3\text{-}11)$$

$$m, n = 0, 1, 2, 3\cdots$$

当混凝土已充分老化，$E(t) \to E$，级数(7.3-9)退化为

$$\sigma(t) = E\varepsilon_0 \left[\sum A_m e^{-m\gamma_2 t} + \sum B_m e^{-(r_1 + m\gamma_2)t} \right]$$

$$m, n = 0, 1, 2, 3 \cdots$$

(7.3-12)

式中 $A_m = \dfrac{\lambda_2}{m\gamma_2} \dfrac{m\gamma_2 - \gamma_1}{m\gamma_2 - r_1} A_{m-1}$；

$B_m = \dfrac{\lambda_2}{m\gamma_2} \dfrac{m\gamma_2 + \lambda_1}{m\gamma_2 + r_1} B_{m-1}$。

在求解 A_0、B_0 时，则仍用与方程(7.3-11)相似的方程，只要命该方程中之 $\gamma_3 = 0$、$\zeta = 0$ 即可。

二、算例

(一) 级数解式

混凝土的变形参数公式如下

$$\frac{1}{E(t)} = \frac{1}{E}(1 + \zeta^0 e^{-\gamma_3 t})$$

$$\xi_y(t - \tau) = C_1 \gamma_1 e^{-\gamma_1(t-\tau)}$$

$$\xi_N(\tau) = C_2 \gamma_2 e^{-\gamma_2 \tau} + \frac{1}{E} \zeta \gamma_3 e^{-\gamma_3 \tau}$$

上述式中各常数值为：$E = 3 \times 10^4$ MPa，$\zeta = 0.2$，$\gamma_3 = 0.03 \times 1/\text{d}$，$C_1 = 0.6 \times 10^{-5}/\text{MPa}$，$\gamma_1 = 0.3 \times 1/\text{d}$，$C_2 = 2.4 \times 10^{-5}/\text{MPa}$，$\gamma_2 = 0.02 \times 1/\text{d}$。

由以上数据，得到

$$\lambda_1 = 0.054 \times 1/\text{d} \quad \lambda_2 = 0.0144 \times 1/\text{d} \quad r_1 = 0.354 \times 1/\text{d}$$

将各常数代入混凝土的变形参数公式得下述公式

$$E(t) = \frac{0.3}{1 + 0.2 e^{-0.03t}} \times 10^5 \text{ MPa}$$

$$\xi_y(t - \tau) = 0.6 \times 0.3 e^{-0.3(t-\tau)} \times 10^{-5}/\text{MPa}$$

$$\xi_N(\tau) = [2.4 \times 0.02 e^{-0.02\tau} - 0.02] \times 10^{-5}/\text{MPa}$$

以上各式中时间的坐标均取 τ_1 为原点，即 $\zeta = \zeta^0 e^{-\gamma_3 \tau_1}$。

按照式(7.3-9)，得到应力 $\sigma(t)$ 为

$$\sigma(t) = E\varepsilon_0(0.409\ 4 + 0.248\ 1e^{-0.02t} + 0.073\ 7e^{-0.04t}$$
$$+ 0.014\ 4e^{-0.06t} + 0.003\ 7e^{-0.08t} + 0.001\ 6e^{-0.10t}$$
$$+ 0.000\ 6e^{-0.12t} + 0.000\ 1e^{-0.14t} - 0.016\ 3e^{-0.05t}$$
$$- 0.009\ 5e^{-0.07t} - 0.002\ 8e^{-0.09t} - 0.000\ 7e^{-0.11t} \qquad (7.3\text{-}13)$$
$$- 0.000\ 2e^{-0.13t} - 0.000\ 1e^{-0.15t} + 0.097\ 4e^{-0.354t}$$
$$+ 0.013\ 9e^{-0.374t} + 0.001\ 2e^{-0.394t} + 0.000\ 1e^{-0.414t}$$
$$- 0.000\ 3e^{-0.384t} - 0.000\ 1e^{-0.404t})$$

若取 $\zeta = 0$，则 $\sigma(t)$ 为

$$\sigma(t) = E\varepsilon_0(0.459\ 1 + 0.278\ 2e^{-0.02t} + 0.082\ 6e^{-0.04t}$$
$$+ 0.015\ 2e^{-0.06t} + 0.002\ 2e^{-0.08t} + 0.000\ 2e^{-0.10t} \qquad (7.3\text{-}14)$$
$$+ 0.141\ 6e^{-0.354t} + 0.020\ 2e^{-0.374t} + 0.001\ 7e^{-0.394t}$$
$$+ 0.000\ 1e^{-0.414t})$$

将式(7.3-13)与(7.3-14)比较可以看出，即使积分核取最简单的形式，考虑混凝土弹性模量随时间变化以后，应力的级数解要冗长得多，各系数 $A_{m,n}$、$B_{m,n}$ 的计算工作大大增加。

（二）近似解式

① 当弹性模量为变量时，将上面的弹性模量算式变换成如下指数型公式

$$E(t) = 3(1 - 0.166\ 7e^{-0.028\ 1t}) \times 10^4 \text{MPa}$$

该式的起始时间为 $t = 0$，即 $\beta e^{-\alpha\tau_1} = 0.166\ 7$，迟后模量 $\overline{E}(t)$ 公式如下。

$$\overline{E}(t) = 2.542(1 - 0.149e^{-0.028\ 8t}) \times 10^4 \text{MPa}$$

$E(t)\big|_{t=0} = 2.5 \times 10^4 \text{MPa}$，可复变形系数 $\phi_y(t)$ 如下

$$\phi_y(t) = 0.15(1 - e^{-0.3t})$$

应力近似解式为

$$\left.\begin{aligned}\sigma(t) &= E\varepsilon_0 \frac{2.5}{3[1 + \phi_y(t)]} e^{-\eta(t)} \\ \eta(t) &= 0.610\ 2(1 - e^{-0.02t}) - 0.062\ 1(1 - e^{-0.048\ 8t})\end{aligned}\right\} \qquad (7.3\text{-}15)$$

② 当弹性模量为常量时

$$E(t) = E$$
$$\phi_y(t) = 0.18(1 - e^{-0.3t})$$

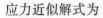

应力近似解式为

$$\left.\begin{array}{l} \sigma(t) = E\varepsilon_0 \dfrac{1}{1+\phi_y(t)} e^{-\eta(t)} \\[2mm] \eta(t) = 0.610\,2(1 - e^{-0.02t}) \end{array}\right\} \tag{7.3-16}$$

计算结果列于表 7.3-1。该表 7.3-1 和表 7.2-1 的计算结果显示,近似式的误差在 0.03 以内,为工程计算所允许。

表 7.3-1　松弛系数计算结果表

弹性模量	计算方法	持续时间(d)						
		5	10	30	60	100	200	360
$E(t)$	级数解	0.70	0.66	0.57	0.49	0.44	0.41	0.41
	近似解	0.71	0.66	0.57	0.49	0.44	0.41	0.41
E	级数解	0.82	0.75	0.64	0.55	0.50	0.46	0.46
	近似解	0.83	0.76	0.64	0.55	0.50	0.47	0.46

第四节　长期变形变化下的应力折减计算

一、基本方程

应变随时间变化,应力与应变的一般关系可表述为

$$\varepsilon(t) = \frac{\sigma(t)}{E(t)} + \int_{\tau_1}^{t} \sigma(t)\xi(t,\tau,\tau_1)\mathrm{d}\tau \tag{7.4-1}$$

建筑物经过长时间各种工作荷载及环境因素作用,按照弹性徐变理论的假定,因材料变形特征(弹性模量、徐变度)老化而与龄期无关;又因它假设卸载变形的恢复与加载曲线一致,故而积分核 $\xi(t,\tau,\tau_1)$ 退化为继效核,$\xi(t,\tau,\tau_1) \rightarrow \xi(t-\tau)$,且

$$\xi(t-\tau) = -\frac{\partial}{\partial\tau}C(t-\tau) \tag{7.4-2}$$

按照继效流动理论推算,这时的材料变形也与材料龄期无关,因它取卸载后变形恢复与可复变形一致,徐变变形的大部分已经转化为塑性变形;再反复加、卸载时,只是可复变形正向和反向发展,积分核 $\xi(t,\tau,\tau_1)$ 退化为继效核 $\xi(t,\tau,\tau_1) \rightarrow \xi_y(t-\tau)$,且

$$\xi_y(t-\tau) = -\frac{\partial}{\partial\tau}C_y(t-\tau) \tag{7.4-3}$$

当式(7.4-2)与式(7.4-3)两个变形函数 $C(t-\tau)$ 和 $C_y(t-\tau)$ 同样取用指数公式时,两种核的方程求解在数学处理上应该是一致的,只是取值依据和方法不同,最后推算的结果会大有差异。为了与现有试验结果相一致,后面按式(7.4-3)进行推演和取值,继效方程式成为

$$\varepsilon(t) = \frac{\sigma(t)}{E} + \int_0^t \sigma(t)\xi_y(t-\tau)\mathrm{d}\tau \tag{7.4-4}$$

式中时间坐标原点移至任意的初作用(或计算)时间 τ_1。按前面章节的介绍,可复变形 $C_y(t-\tau)$ 的核形式取用为

$$\xi_y(t-\tau) = \sum_{i=1}^2 C_i\gamma_i \mathrm{e}^{-\gamma_i(t-\tau)} \tag{7.4-5}$$

将上式代入方程(7.4-4),再乘以 E,用 $\sigma^e(t)$ 表示弹性应力,$\sigma^e(t)=E\varepsilon(t)$,方程(7.4-4)成为

$$\sigma^e(t) = \sigma(t) + \int_0^t \sum_{i=1}^2 \lambda_i \mathrm{e}^{-\gamma_i(t-\tau)}\sigma(\tau)\mathrm{d}\tau \tag{7.4-6}$$

式中 $\lambda_1 = EC_1\gamma_1$、$\lambda_2 = EC_2\gamma_2$。

下面假设弹性应力 $\sigma^e(t)$ 按正弦函数作周期性变化

$$\sigma^e(t) = \sigma_0\sin\omega t \tag{7.4-7}$$

式中 σ_0、ω 均为常量,σ_0 为应力变幅一半,ω 为频率,t 表示时间(d)。

应力按(7.4-7)变化时,继效方程(7.4-6)为

$$\sigma(t) + \int_0^t \sigma(\tau)\sum_{i=1}^2 \lambda_i \mathrm{e}^{-\gamma_i(t-\tau)}\mathrm{d}\tau = \sigma_0\sin\omega t \tag{7.4-8}$$

二、继效方程(7.4-8)的解

现将方程(7.4-8)化为等效的微分方程,对时间 t 作微分,并注意到复合函数的微分

当 $$f(t) = \int_0^t \varphi_1(\tau)\varphi_2(t,\tau)\mathrm{d}\tau$$

有 $$f'(t) = \varphi_1(\tau)\varphi_2(t,t) + \int_0^t \varphi_1(\tau)\frac{\partial}{\partial t}\varphi_2(t,\tau)\mathrm{d}\tau$$

方程(7.4-8)的一次微分如下

$$\sigma'(t) + (\lambda_1+\lambda_2)\sigma(t) - \int_0^t \sigma(\tau)\sum_{i=1}^2 \gamma_i\lambda_i \mathrm{e}^{-\gamma_i(t-\tau)}\mathrm{d}\tau = \sigma_0\omega\cos\omega t \tag{7.4-9}$$

将方程(7.4-8)乘以 γ_1，与方程(7.4-9)相加，消去与 λ_1 有关的积分项，

$$\sigma'(t)+(\gamma_1+\lambda_1+\lambda_2)\sigma(t)+(\gamma_1-\gamma_2)\lambda_2\int_0^t\sigma(\tau)e^{-\gamma_2(t-\tau)}d\tau \tag{7.4-10}$$

$$=\sigma_0\gamma_1\sin\omega t+\sigma_0\omega\cos\omega t$$

再对上面方程作一次微分，得到

$$\sigma''(t)+(\gamma_1+\lambda_1+\lambda_2)\sigma'(t)+(\gamma_1-\gamma_2)\lambda_2\sigma(t)$$

$$-(\gamma_1-\gamma_2)\lambda_2\gamma_2\int_0^t\sigma(\tau)e^{-\gamma_2(t-\tau)}d\tau \tag{7.4-11}$$

$$=\sigma_0\gamma_1\omega\cos\omega t-\sigma_0\omega^2\sin\omega t$$

将方程(7.4-10)乘以 γ_2，然后与方程(7.4-11)相加，消去积分项可得

$$\sigma''(t)+(\gamma_1+\lambda_1+\gamma_2+\lambda_2)\sigma'(t)+(\gamma_1\gamma_2+\gamma_1\lambda_2+\gamma_2\lambda_1)\sigma(t)$$

$$=\sigma_0(\gamma_1\gamma_2-\omega^2)\sin\omega t+\sigma_0(\gamma_1+\gamma_2)\omega\cos\omega t \tag{7.4-12}$$

方程(7.4-8)和方程(7.4-9)中命 $t=0$，得到微分方程(7.4-12)的初始条件

$$\left.\begin{array}{r}\sigma(t)\Big|_{t=0}=0\\[2mm]\sigma'(t)\Big|_{t=0}=\sigma_0\omega\end{array}\right\} \tag{7.4-13}$$

方程(7.4-12)与定解条件(7.4-13)一起成为原积分方程(7.4-8)的等效方程。这是一个常系数非齐次二阶常微分方程，它的解可以用两个线性独立的齐次解和一个非齐次特解的和表示。设齐次通解式如下

$$\sigma(t)=Ae^{-rt} \tag{7.4-14}$$

式中 A 和 r 为待定常数。将 $\sigma(t)$ 及其微分式代入方程(7.4-12)的左边，得到齐次方程的特征根方程

$$r^2-(\gamma_1+\lambda_1+\gamma_2+\lambda_2)r+(\gamma_1\gamma_2+\gamma_1\lambda_2+\gamma_2\lambda_1)=0 \tag{7.4-15}$$

这个二次方程式的判别式

$$b^2-4ac=(\gamma_1+\lambda_1+\gamma_2+\lambda_2)^2-4(\gamma_1\gamma_2+\gamma_1\lambda_2+\gamma_2\lambda_1)$$

$$=4\lambda_1\lambda_2+(\gamma_1-\gamma_2+\lambda_1-\lambda_2)^2$$

由于 γ_1、γ_2、λ_1、λ_2 均为正的实数，故判别式大于零

$$b^2-4ac>0$$

故可判定二次方程有两个不相等的实数根，用 r_1、r_2 表示

$$\left.\begin{array}{l} r_1 + r_2 = (\gamma_1 + \lambda_1 + \gamma_2 + \lambda_2) \\ r_1 r_2 = (\gamma_1\gamma_2 + \gamma_1\lambda_2 + \gamma_2\lambda_1) \end{array}\right\} \qquad (7.4\text{-}16)$$

由(7.4-15)解出两个根 r_1、r_2 以后,齐次解如下

$$\sigma(t) = Q_1 e^{-r_1 t} + Q_2 e^{-r_2 t} \qquad (7.4\text{-}17)$$

式中 Q_1、Q_2 为待定常数,确定全解式后由初始条件(7.4-13)决定。

根据微分方程(7.4-12)右边的非齐次项函数,取特解式

$$\sigma_{特} = a\sin\omega t + b\cos\omega t \qquad (7.4\text{-}18)$$

其一次、二次微分式为

$$\left.\begin{array}{l} \sigma'_{特} = a\omega\cos\omega t - b\omega\sin\omega t \\ \sigma''_{特} = -a\omega^2\sin\omega t - b\omega^2\cos\omega t \end{array}\right\} \qquad (7.4\text{-}19)$$

将以上三式代入方程(7.4-12),由于 t 的任意性,两边同类项系数必须相等,从而得到求解系数 a 和 b 的二元线性方程组。解方程组得到 a、b 为

$$\left.\begin{array}{l} a = \dfrac{(\gamma_1\gamma_2 - \omega^2)(r_1 r_2 - \omega^2) + (\gamma_1 + \gamma_2)(r_1 + r_2)\omega^2}{(r_1 r_2 - \omega^2)^2 + (r_1 + r_2)^2\omega^2} \\[3mm] b = \dfrac{(\gamma_1 + \gamma_2)(r_1 r_2 - \omega^2)\omega - (\gamma_1\gamma_2 - \omega^2)(r_1 + r_2)\omega}{(r_1 r_2 - \omega^2)^2 + (r_1 + r_2)^2\omega^2} \end{array}\right\} \qquad (7.4\text{-}20)$$

利用三角函数两角和关系式,将特解式(7.4-18)写成如下形式

$$\sigma_{特} = \sqrt{a^2 + b^2}\sin(\omega t + \theta) = H\sin(\omega t + \theta) \qquad (7.4\text{-}21)$$

式中 $H = \sqrt{a^2 + b^2}$,因 $H < 1$,可称折减系数。θ 与 a、b 之间关系如下

$$\left.\begin{array}{l} \sin\theta = \dfrac{b}{\sqrt{a^2 + b^2}} \\[3mm] \cos\theta = \dfrac{a}{\sqrt{a^2 + b^2}} \end{array}\right\} \qquad (7.4\text{-}22)$$

应力全解式

$$\sigma(t) = Q_1 e^{-r_1 t} + Q_2 e^{-r_2 t} + \sigma_0 H\sin(\omega t + \theta) \qquad (7.4\text{-}23)$$

利用初始条件(7.4-13)得到求解 Q_1、Q_2 的方程组

$$\left.\begin{array}{l} Q_1 + Q_2 = -b \\ r_1 Q_1 + r_2 Q_2 = \omega(a-1) \end{array}\right\} \qquad (7.4\text{-}24)$$

解得

$$Q_1 = \frac{r_2 b + (a-1)\omega}{r_1 - r_2}$$

$$Q_2 = \frac{\omega(1-a) - r_1 b}{r_1 - r_2}$$

$$(7.4\text{-}25)$$

又由于 $r_1 \neq r_2$，Q_1、Q_2 为有限实数，$t \rightarrow \infty$ 时 $e^{-r_1 t} \rightarrow 0$，$e^{-r_2 t} \rightarrow 0$，应力的稳定变化为

$$\sigma(t) = \sigma_0 H \sin(\omega t + \theta) \tag{7.4-26}$$

式中相角差 θ 用式(7.4-22)计算，a、b 用式(7.4-20)计算，$H = (a^2 + b^2)^{1/2}$，其中

$$r_1 + r_2 = (\gamma_1 + \lambda_1 + \gamma_2 + \lambda_2)$$

$$r_1 r_2 = (\gamma_1 \gamma_2 + \gamma_1 \lambda_2 + \gamma_2 \lambda_1)$$

$$\lambda_1 = \gamma_1 E C_1$$

$$\lambda_2 = \gamma_2 E C_2$$

$$(7.4\text{-}27)$$

变形系数 γ_1、γ_2、C_1、C_2、E 由试验给出。

三、混凝土的应力松弛值

为了作为比较，下面研究当弹性应力 $\sigma^e(t)$ 为常量时，由于可复变形 $C_y(t-\tau)$ 发展引起的应力松弛。取

$$\sigma^e(t) = \sigma_0$$

方程(7.4-8)成为松弛方程

$$\sigma(t) + \int_0^t \sigma(\tau) \sum_{i=1}^{2} \lambda_i e^{-\gamma_i(t-\tau)} d\tau = \sigma_0 \tag{7.4-28}$$

按与前面相仿的推演，可以得到方程(7.4-28)等效的微分形式

$$\sigma''(t) + (\gamma_1 + \lambda_1 + \gamma_2 + \lambda_2)\sigma'(t)$$

$$+ (\gamma_1 \gamma_2 + \gamma_1 \lambda_2 + \gamma_2 \lambda_1)\sigma(t) = \gamma_1 \gamma_2 \sigma_0 \tag{7.4-29}$$

方程(7.4-29)的两个初始条件

$$\sigma(t)\Big|_{t=0} = \sigma_0$$

$$\sigma'(t)\Big|_{t=0} = -(\lambda_1 + \lambda_2)\sigma_0$$

$$(7.4\text{-}30)$$

求解二次方程式(7.4-15)，得到二个不等实数根 r_1、r_2，齐次通解式

$$\sigma(t) = Q_1 e^{-r_1 t} + Q_2 e^{-r_2 t} \tag{7.4-31}$$

取非齐次特解为常量，比较方程（7.4-29）左右两边的系数容易看出，特解式如下

$$\sigma_{特} = \frac{\gamma_1 \gamma_2}{r_1 r_2} \sigma_0 \tag{7.4-32}$$

式中 $r_1 r_2 = \gamma_1 \gamma_2 + \gamma_1 \lambda_2 + \gamma_2 \lambda_1$。全解式为

$$\sigma(t) = Q_1 e^{-r_1 t} + Q_2 e^{-r_2 t} + \frac{\gamma_1 \gamma_2}{r_1 r_2} \sigma_0 \tag{7.4-33}$$

再用上式（7.4-33）及其微分式代入初始条件（7.4-30），命 $t=0$，可得方程组

$$Q_1 + Q_2 + \frac{\gamma_1 \gamma_2}{r_1 r_2} \sigma_0 = \sigma_0 \tag{7.4-34}$$

$$r_1 Q_1 + r_2 Q_2 = (\lambda_1 + \lambda_2) \sigma_0$$

解此方程组（7.4-34），Q_1、Q_2 用下式计算

$$Q_1 = \frac{r_1(\lambda_1 + \lambda_2) - (\gamma_1 \lambda_2 + \gamma_2 \lambda_1)}{r_1(r_1 - r_2)} \sigma_0 \tag{7.4-35}$$

$$Q_2 = \frac{r_2(\lambda_1 + \lambda_2) - (\gamma_1 \lambda_2 + \gamma_2 \lambda_1)}{r_2(r_2 - r_1)} \sigma_0$$

因

$$r_1 r_2 = (\gamma_1 \gamma_2 + \gamma_1 \lambda_2 + \gamma_2 \lambda_1)$$
$$= \gamma_1 \gamma_2 (1 + EC_1 + EC_2)$$
$$= \gamma_1 \gamma_2 (1 + \phi_y)$$

所以

$$\frac{\gamma_1 \gamma_2}{r_1 r_2} = \frac{1}{1 + \phi_y} \tag{7.4-36}$$

取 $K_1 = Q_1/\sigma_0$、$K_2 = Q_2/\sigma_0$，解式（7.4-33）可写成如下形式

$$\sigma(t) = \sigma_0 \left(\frac{1}{1 + \phi_y} + K_1 e^{-r_1 t} + K_2 e^{-r_2 t} \right) \tag{7.4-37}$$

应力松弛系数 $K(t)$ 为 $\sigma(t)/\sigma_0$，故有

$$K(t) = \frac{1}{1 + \phi_y} + K_1 e^{-r_1 t} + K_2 e^{-r_2 t} \tag{7.4-38}$$

其松弛系数最终稳定值为 $\dfrac{1}{1 + \phi_y}$。

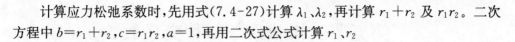

计算应力松弛系数时,先用式(7.4-27)计算 λ_1、λ_2,再计算 r_1+r_2 及 $r_1 r_2$。二次方程中 $b=r_1+r_2$,$c=r_1 r_2$,$a=1$,再用二次式公式计算 r_1、r_2：

$$\begin{matrix} r_1 \\ r_2 \end{matrix} = \frac{b}{2} \pm \sqrt{\frac{b^2}{4} - c}$$

由 $E(C_1+C_2)$ 计算 ϕ_y 最终值,由式(7.4-35)计算 Q_1、Q_2,最后计算松弛系数 $K(t)$。

四、算例

按表 7.4-1 所示混凝土变形参数计算应力松弛系数 $K(t)$,当弹性应力按正弦规律变化时,取 $\omega=\pi/180$、$\omega=\pi/15$ 和 $\omega=\pi/7.5$,计算相应的应力折减值 H。

表 7.4-1　混凝土弹性模量和可复变形常数表

参　数	例一	例二
$E(10^4 \text{ MPa})$	3.2	4.0
$C_1(10^{-5} \text{ MPa})$	0.3	0.2
$\gamma_1(1/\text{d})$	2.5	3.0
$C_2(10^{-5} \text{ MPa})$	0.5	0.25
$\gamma_2(1/\text{d})$	0.2	0.3

例一,$\phi_y=0.256$

$K(t)=0.80+0.09\mathrm{e}^{-2.74t}+0.11\mathrm{e}^{-0.23t}$

$\sigma(t)/\sigma_0=0.80\sin(\pi/180+0.7°)$

$\sigma(t)/\sigma_0=0.85\sin(\pi/15+5.9°)$

$\sigma(t)/\sigma_0=0.89\sin(\pi/7.5+4.9°)$

例二,$\phi_y=0.180$

$K(t)=0.85+0.07\mathrm{e}^{-3.24t}+0.08\mathrm{e}^{-0.33t}$

$\sigma(t)/\sigma_0=0.85\sin(\pi/180+0.3°)$

$\sigma(t)/\sigma_0=0.87\sin(\pi/15+2.6°)$

$\sigma(t)/\sigma_0=0.90\sin(\pi/7.5+2.2°)$

由两个算例的计算结果看出,当应变或弹性应力以年为周期变化,应力折减值 H 与应力松弛稳定值相当。应变的变化呈现年或以月为周期作缓变型变化时,可以采用混凝土的迟后模量 $\overline{E}$ 推算应力值;亦可以先由应变推算弹性应力,再乘以一个相当的折减系数 H,作为考虑混凝土徐变后的应力。

第五节　松弛系数与徐变系数

一、松弛系数与徐变系数关系式

(一) 试验统计公式

第一章最后一节提到,鲍罗克斯和内维尔依据试验的结果,得到如下关系式

$$\ln \frac{1}{K} = 0.09 + 0.686\phi \tag{7.5-1}$$

式中　K—混凝土的松弛系数 $K(t)$,t 为持续时间(d);

　　　ϕ—徐变系数 $\phi(t)$。

该式用了 210 组松弛系数 K 与徐变系数 ϕ 资料按统计分析方法得到,线性方程的相关系数 0.97。图 7.5-1(a)为该方程所示直线与散点分布,直线的斜率为 0.686,截距为 0.09。上式成立说明 $K \sim \phi$ 之间为非线性关系,式(7.5-1)为线性化后的回归式结果。

中国水利水电科学研究院惠荣炎[30]等依据刘家峡、丹江口等五个水电工程大坝混凝土 133 组试验结果,用统计方法得到下面公式

$$\ln \frac{1}{K} = 0.066 + 0.638\phi \tag{7.5-2}$$

直线方程与散点分布见图 7.5-1(b)。该式的相关系数亦为 0.97,达到高显著性相关。松弛系数 K 与徐变系数 ϕ 分别有加载龄期 28 d、90 d、180 d 和 365 d 持载一年的资料。该直线方程(7.5-2)的斜率 0.638 和截距 0.066 比鲍氏的统计结果略有偏低。两个公式常数不同,与样本资料(试验数据)有关。

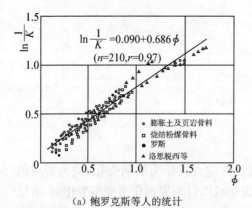

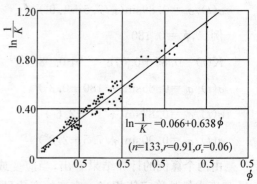

（a）鲍罗克斯等人的统计　　　　　　（b）中国水利水电科学研究院的统计

图 7.5-1　$\ln \frac{1}{K} \sim \phi$ 关系图

从图 7.5-1(a)和(b)的散点(测值)分布看,徐变系数值 $\phi < 0.3$ 一段应为曲线段,$\phi > 0.4$ 以后才近似于直线。

(二) 松弛方程解公式

1. 有效模量法的关系式

按有效模量法的本构关系,松弛系数 $K(t)$ 用下式计算

$$K(t) = \frac{1}{1+\phi(t)} \tag{7.5-3}$$

式中 t 为从加载时刻算起的时间(d)。上式两边的倒数为 $1/K$ 和 $(1+\phi)$,其对数

$$\ln\frac{1}{K} = \ln(1+\phi) \tag{7.5-4}$$

在直角坐标系 $\ln 1/K \sim \phi$ 中,方程(7.5-4)是一条通过坐标原点的曲线。

2. 老化理论(徐变速率)法的关系式

当混凝土弹性模量为常量或接近于常量时,松弛系数与徐变系数关系如下

$$K(t) = e^{-\phi(t)} \tag{7.5-5}$$

由上式可得如下关系式

$$\ln\frac{1}{K} = \phi \tag{7.5-6}$$

在直角坐标系中,这是一条通过坐标原点的直线方程。

3. 继效流动法的关系式

弹性模量不变或接近于常量时,继效流动理论松弛方程解的近似式如下

$$K(t) = \frac{1}{1+\phi_y(t)} e^{-\overline{\phi}_N(t)} \tag{7.5-7}$$

式中　$\phi_y(t)$——可复变形系数,其值为 $EC_y(t)$;

$\overline{\phi}_N(t)$——不可复变形系数,其值为 $EC_N(t)$;

$\overline{E}$——迟后模量,$\overline{E} = E/(1+\phi_{y\infty})$,$\phi_{y\infty}$ 为可复变形系数最终稳定值。

如上方程(7.5-7)两边的倒数取对数,结果如下

$$\ln\frac{1}{K} = \ln(1+\phi_y) + \frac{1}{1+\phi_{y\infty}}\phi_N \tag{7.5-8}$$

在直角坐标系中,上式右边第一项表示通过坐标原点的曲线,$\phi_y(t)$ 达到最终稳定值 $\phi_{y\infty}$ 以后变为水平直线段;第二项表示通过坐标原点的直线,斜率为 $1/(1+\phi_{y\infty})$。

4. 算例

设有混凝土徐变系数表达式

$$\left.\begin{array}{l} \phi_y(t) = 0.14(1 - e^{-0.17t}) + 0.05(1 - e^{-2t}) \\ \phi_N(t) = 0.80(1 - e^{-0.016t}) + 0.07(1 - e^{-0.6t}) \end{array}\right\} \qquad (7.5\text{-}9)$$

按照公式(7.5-4)、式(7.5-6)和公式(7.5-8)计算 $\ln\dfrac{1}{K}$，结果列于表 7.5-1，$\ln\dfrac{1}{K} \sim \phi$ 关系曲线见图 7.5-2。三条线的特征如下：

表 7.5-1 $\ln\dfrac{1}{K}$ 计算结果

本构关系与算式	时间(d)									
	1	3	5	10	20	30	60	90	150	360
有效模量法 (7.5-4)	0.10	0.18	0.22	0.30	0.39	0.45	0.56	0.63	0.69	0.72
老化理论法 (7.5-6)	0.11	0.20	0.25	0.35	0.47	0.56	0.75	0.87	0.99	1.06
继效流动法 (7.5-8)	0.10	0.18	0.23	0.31	0.41	0.49	0.65	0.74	0.84	0.90

① 三条线都通过坐标原点；$\phi < 0.2$，三条线基本接近；$\phi > 0.5$ 以后，三条线差别明显；

② 有效模量法和老化理论法的关系式与统计公式差别大。如图 7.5-2 中 $\ln(1 + \phi_y) + \bar\phi_N$ 曲线在 $\phi > 0.6$ 以后，可用如下拟合方程表示

$$\ln\frac{1}{K} = 0.042 + 0.808\phi \qquad (7.5\text{-}10)$$

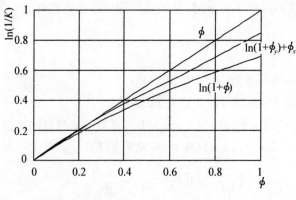

图 7.5-2 $\ln\dfrac{1}{K} \sim \phi$ 曲线

二、统计公式的普遍适用性

前面提到，图 7.5-1(a)和图 7.5-1(b)所示，由于两个统计公式使用的样本资料

（松弛系数 K 和徐变系数ϕ）来源不同，也即试验混凝土材料品质和产地不同、配合组成不同、外加剂不同乃试验方法不同，都可以造成统计图散点（测值）分布各异，从而影响到统计公式中常数的变异。一般而言，统计公式计入的松弛系数和徐变系数越多越广泛，回归线两边涵盖的范围（或称带宽）也大，在带宽范围内都可以是可信值。这样，统计公式推算结果的不确定性增加，并非普遍适用性增加。

　　表面密封的混凝土试件，加载龄期不小于 28 d，持载时间一年左右，徐变系数多在 1.0 以内，有少量达到 1.1～1.2。将图 7.5-1(a)中洛思脱西等 $\phi>1.15$ 的散点剔除，剩下数据密集部分可用下面方程表示

$$\ln\frac{1}{K}=0.037+0.789\phi \qquad (7.5\text{-}11)$$

涵盖直线方程(7.5-11)两侧散点的直线方程为

$$\left.\begin{aligned}\ln\frac{1}{K_{上}} &= 0.133+0.789\phi \\ \ln\frac{1}{K_{下}} &= -0.059+0.789\phi\end{aligned}\right\} \qquad (7.5\text{-}12)$$

表 7.5-2　取 $\phi=1.0$，几个关系式的松弛系数值

$\ln\frac{1}{K}$	式(7.5-1) $0.09+0.686\phi$	式(7.5-2) $0.066+0.636\phi$	$(K_{上})$ $0.133+0.789\phi$	式(7.5-11) $0.037+0.789\phi$	$(K_{下})$ $-0.059+0.789\phi$	式(7.5-10) $0.042+0.808\phi$
$\phi=1.0K$ 值	0.46	0.49	0.40	0.44	0.48	0.43

表 7.5-2 的结果说明：

① 公式(7.5-1)不能代表式(7.5-2)，反之亦然，说明这种统计公式没有普遍适用性；

② $\phi=1.0$ 时，公式(7.5-11)松弛系数的不确定值范围为 0.40～0.48，类似的统计公式推算值，都有其不确定范围；

③ 式(7.5-10)由单一资料确定，仅线性段适用于给定混凝土的松弛计算；

④ 给定混凝土的徐变系数 ϕ 确定后，就意味着松弛系数 K 已经解决，也就完全没有必要借用其他试验的所谓统计公式进行推算。

第八章　混凝土结构物的计算

在温度或荷载长期作用下混凝土结构的内力或应力计算一般属第三类线性徐变力学问题,求解方法比第二类问题(松弛系数计算)复杂。本章讨论的求解方法有直接解法和间接解法。直接解法有徐变方程(主要指本构方程)的取用,如取用老化理论(流动率)法方程、继效流动法方程和有效模量法方程等;间接法是指松弛代数法,该方法将一个第三类问题的求解转化为一个松弛问题和一个相当的弹性问题求解。有多个未知量的结构力学问题,特别是实体结构应力的求解,需要求解多元积分方程组,计算工作量比同样的弹性问题繁杂得多,故而对于本构方程的取用以及如何避开积分方程组的求解就成为简单可行的途径之一。

第一节　大体积混凝土结构应变观测的偏差与修正

一、偏差起因与评估途径

作大体积混凝土结构物应变观测,需要将部分粗大骨料剔除,使埋设应变计(应变计组)的坑内粗骨料最大粒径不大于 60 mm～80 mm。这就改变了埋设坑内混凝土的骨料组成,徐变增大,弹性模量有所下降。依据应变计的观测结果推算混凝土的应力时,认为测点的应变测值与周边较远处(或未作骨料部分剔除时)的应变一致,只要将试件混凝土的弹性模量 E_m 和徐变度 C_m 换算成原级配混凝土的弹性模量 E 和徐变度 C 作为变形参数即可。一般而言,埋设坑内徐变度提高则松弛系数值变小,应变将大于坑外周边的应变,故应变计测值存在偏差。本节将讨论应变计测值的偏差估计和修正问题。

为使讨论简单和明晰,我们分析一个平面体的中间嵌入一个圆核。圆核周边远点发生沿 x 轴的均匀轴向应变 ε_x 和沿 y 轴的均匀轴向应变 ε_y,而 $\varepsilon_x,\varepsilon_y$ 是应力应变。

设 $\varepsilon_x,\varepsilon_y$ 有如下关系:$\varepsilon_x \neq \varepsilon_y,\varepsilon_x > \varepsilon_y$,所有应变 $\varepsilon_x,\varepsilon_y$ 和应力 σ_x,σ_y 以拉为正,压为负。上面两个应变分量与如下应变的线性迭加等效。

① 沿 x 轴和 y 轴发生均匀拉应变,强度如下

$$\varepsilon_0 = \frac{1}{2}(\varepsilon_x + \varepsilon_y) \tag{8.1-1}$$

② 沿 x 轴均匀受拉,沿 y 轴均匀受压,强度如下

$$\varepsilon_0 = \frac{1}{2}(\varepsilon_x - \varepsilon_y) \tag{8.1-2}$$

后面将分别讨论以上两种应力应变状态下圆核应变与核外远点应变之间的关系。以此说明剔除部分粗骨料将会产生的效应。

二、核外远点均匀应变下的核内应变

（一）弹线性应力应变关系

图 8.1-1 所示，埋设坑用一个圆核表示，核边缘半径为 R_1；外面套一个圆环，圆环外径 R_2，且 $R_2 \gg R_1$。圆环径向面力为 q，切向面力为零。远点应变为 q，接触径向面力为 p，切向面力为零。

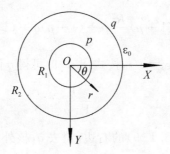

图 8.1-1　计算简图

圆核在径向均布接触面力 p 作用下，其径向应力 σ_{mr}，环向应力 $\sigma_{m\theta}$ 如下：

$$\sigma_{m\theta} = \sigma_{mr} = p \tag{8.1-3}$$

$$u_m = \frac{1-\mu}{E_m} r p \tag{8.1-4}$$

式中 E_m 为圆核弹性模量，μ 为泊松系数，u_m 为径向位移。由于应变 ε 轴对称，环向位移 $v_m = 0$，剪切应力 $\tau_{r\theta} = 0$，切应变 $\gamma_{r\theta} = 0$。极坐标两个变量 r, θ 的正向如图 8.1-1 所示。

核外圆环受径向面力 p 和 q 作用，按弹性力学的拉密解，径向应力 σ_r 和环向应力 σ_θ 为

$$\sigma_r = \left(\frac{R_2^2}{r^2}-1\right) p \bigg/ \left(\frac{R_2^2}{R_1^2}-1\right) + \left(1-\frac{R_1^2}{r^2}\right) q \bigg/ \left(1-\frac{R_1^2}{R_2^2}\right) \tag{8.1-5}$$

$$\sigma_\theta = -\left(\frac{R_2^2}{r^2}+1\right) p \bigg/ \left(\frac{R_2^2}{R_1^2}-1\right) + \left(1+\frac{R_1^2}{r^2}\right) q \bigg/ \left(1-\frac{R_1^2}{R_2^2}\right) \tag{8.1-6}$$

我们假设 $R_2 \gg R_1$，用 R_1^2/R_2^2 乘以式(8.1-5)和式(8.1-6)右边第一项的分母和

分子,然后命 $R_2 \to \infty$,式(8.1-5)和式(8.1-6)成为

$$\sigma_r = \frac{R_1^2}{r^2} p + \left(1 - \frac{R_1^2}{r^2}\right) q \tag{8.1-7}$$

$$\sigma_\theta = -\frac{R_1^2}{r^2} p + \left(1 + \frac{R_1^2}{r^2}\right) q \tag{8.1-8}$$

因圆环的环向应变 ε_θ 与径向位移 u 有如下关系:$\varepsilon_\theta = u/r$,且 $\varepsilon_\theta = (\sigma_\theta - \mu\sigma_r)/E$,故有

$$u/r = (\sigma_\theta - \mu\sigma_r)/E$$

再用应力 σ_r、σ_θ 的表达式(8.1-7)和式(8.1-8)代入上式,有径向位移 u

$$u = \frac{r}{E}\left[-(1+\mu)\frac{R_1^2}{r^2} p + (1-\mu)q + (1+\mu)\frac{R_1^2}{r^2}q\right] \tag{8.1-9}$$

当 $r \to \infty$ 时,$\varepsilon_\theta|_{r \to \infty} = \varepsilon_0$,且 $\varepsilon_\theta = u/r$,按式(8.1-9)可得 q 值

$$q = \frac{\varepsilon_0 E}{1-\mu} \tag{8.1-10}$$

然后将式(8.1-10)代入式(8.1-9)的右边,消去 q,核外圆环的径向位移 u 表达式如下

$$\frac{u}{r} = -\frac{(1+\mu)}{E}\frac{R_1^2}{r^2} p + \varepsilon_0\left[1 + \frac{(1+\mu)R_1^2}{(1-\mu)r^2}\right] \tag{8.1-11}$$

当 $r = R_1$ 时,连接面上的径向位移 u_m 与 u 相等,再应用式(8.1-4)和式(8.1-11),由位移相等条件可得

$$\frac{1-\mu}{E_m}R_1 p = -\frac{1+\mu}{E}R_1 p + \varepsilon_0 R_1 \frac{2}{1-\mu}$$

经整理后,解得用远点应变 ε_0 表示的接触面力 p 如下

$$p = \frac{2\varepsilon_0 E}{(1-\mu^2) + (1-\mu)^2 n} \tag{8.1-12}$$

式中 n 为弹性模量比 $n = E/E_m$,且假设核外混凝土与圆核混凝土的泊松比相等 $\mu = \mu_m$。再将以上结果 p 的表达式(8.1-12)代入(8.1-4),除以 r,即可得到圆核应变 $\varepsilon_{m\theta}$ 与远点应变 ε_0 之关系

$$\varepsilon_{m\theta} = \frac{2\varepsilon_0 n}{(1+\mu) + (1-\mu)n} \tag{8.1-13}$$

因 $n > 1$,故 $\varepsilon_{m\theta} > \varepsilon_0$。

（二）考虑混凝土徐变时的应力应变关系

考虑混凝土徐变时，核内径向位移由下式确定

$$u_m = (1-\mu)r\left(\frac{p}{E_m} + \int_{\tau_1}^t p\xi_m \mathrm{d}\tau\right) \tag{8.1-14}$$

核外圆环的径向位移 u 为

$$u = -r(1+\mu)\frac{R_1^2}{r^2}\left(\frac{p}{E} + \int_{\tau_1}^t p\xi \mathrm{d}\tau\right)$$
$$+ r\left[(1-\mu) + (1+\mu)\frac{R_1^2}{r^2}\right]\left(\frac{q}{E} + \int_{\tau_1}^t q\xi \mathrm{d}\tau\right) \tag{8.1-15}$$

以上式中，E_m 和 E 可以是时间的变量，核形式 ξ_m 及 ξ 与所用变荷载下的徐变计算法有关，面力强度 p 和 q 由边界条件决定。当 $r \to \infty$，仍然有 $\varepsilon_\theta\big|_{r\to\infty} = \varepsilon_0$，即有

$$\varepsilon_0 = (1-\mu)\left(\frac{q}{E} + \int_{\tau_1}^t q\xi \mathrm{d}\tau\right) \tag{8.1-16}$$

将如上结果代入(8.1-15)，得到

$$\frac{u}{r} = -(1+\mu)\frac{R_1^2}{r^2}\left(\frac{p}{E} + \int_{\tau_1}^t p\xi \mathrm{d}\tau\right) + \varepsilon_0\left(1 + \frac{1+\mu}{1-\mu}\frac{R_1^2}{r^2}\right) \tag{8.1-17}$$

再由位移相等条件 $u_m\big|_{r=R_1} = u\big|_{r=R}$，得到

$$\left(\frac{1-\mu}{E_m} + \frac{1+\mu}{E}\right)p + \int_{\tau_1}^t \left[(1-\mu)\xi_m + (1+\mu)\xi\right]p\mathrm{d}\tau = \frac{2\varepsilon_0}{1-\mu} \tag{8.1-18}$$

设弹性模量比和徐变比为常量，取比值如下

$$\left.\begin{aligned} n &= E/E_m \\ \alpha &= C/C_m \end{aligned}\right\} \tag{8.1-19}$$

由如上两式，可得 $\phi/\phi_m = \alpha n$。利用比值关系式(8.1-19)将方程(8.1-18)简写为

$$\frac{p}{E} + \beta\int_{\tau_1}^t p\xi \mathrm{d}\tau = \frac{A\varepsilon_0}{1-\mu} \tag{8.1-20}$$

式中

$$\left.\begin{aligned} \beta &= \frac{(1-\mu) + (1+\mu)\alpha}{(1-\mu)\alpha n + (1+\mu)\alpha} \\ A &= \frac{2}{(1+\mu) + (1-\mu)n} \end{aligned}\right\} \tag{8.1-21}$$

因 $\alpha n < 1, \beta > 1$。

按流动理论(老化理论),ξ 为 τ 的函数。将积分方程化为微分方程求解,解式为

$$p = \frac{E\varepsilon_0 A}{1-\mu} e^{-\beta \int_{\tau_1}^{t} E\xi d\tau} \tag{8.1-22}$$

当 E 为常量时

$$p = \frac{E\varepsilon_0 A}{1-\mu} e^{-\beta \phi(t)} \tag{8.1-23}$$

式中 $\phi(t)$ 为徐变系数,$\phi(t) = EC(t)$。

将解式(8.1-23)代入位移方程(8.1-14),可得圆核应变 $\varepsilon_{m\theta}$

$$
\begin{aligned}
\varepsilon_{m0} &= \frac{u_m}{r} = E\varepsilon_0 A \left[\frac{1}{E_m} e^{-\beta\phi(t)} + \int_{\tau_1}^{t} e^{-\beta\phi(\tau)} \xi_m d\tau \right] \\
&= \varepsilon_0 n A \left[e^{-\beta\phi(t)} + \frac{1}{\beta n \alpha} \int_{\tau_1}^{t} e^{-\beta\phi(\tau)} \beta\phi(\tau) d\tau \right] \\
&= \varepsilon_0 n A \left\{ e^{-\beta\phi(t)} + \frac{1}{\beta n \alpha} \left[1 - e^{-\beta\phi(t)} \right] \right\} \\
&= \frac{2n\varepsilon_0}{(1+\mu)+(1-\mu)n} \left[\frac{1}{\beta n \alpha} - \left(\frac{1}{\beta n \alpha} - 1 \right) e^{-\beta\phi(t)} \right]
\end{aligned}
\tag{8.1-24}
$$

式中

$$\frac{1}{\beta n \alpha} = \frac{(1-\mu)n+(1+\mu)}{(1-\mu)n+(1+\mu)\alpha n} \tag{8.1-25}$$

这是按流动理论推导的结果。当徐变方程用有效模量法方程时,有效模量 E_C、E_{Gn} 之比值

$$\bar{n} = E_C / E_{Gn} = \frac{E(1+\phi_m)}{E_m(1+\phi)} = n(1+\phi_m)/(1+\phi) \tag{8.1-26}$$

将弹性解式(8.1-13)中的 n 以 $\bar{n}$ 代替,可得

$$
\begin{aligned}
\varepsilon_{m\theta} &= \frac{2\varepsilon_0 \bar{n}}{(1+\mu)+(1-\mu)\bar{n}} \\
&= \frac{2\varepsilon_0 n(1+\phi_m)/(1+\phi)}{(1+\mu)+(1-\mu)n(1+\phi_m)/(1+\phi)} \\
&= \frac{2\varepsilon_0 n(1+\phi/\alpha n)}{(1+\mu)(1+\phi)+(1-\mu)n(1+\phi/\alpha n)}
\end{aligned}
\tag{8.1-27}
$$

算例:取 $n=1.05$、1.10,徐变系数 $\phi=0.6$、0.8、1.0,徐变比 $\phi/\phi_m = \alpha$,$\alpha=0.7$、0.8。采用解式(8.1-24)和(8.1-27)计算,结果列于表8.1-1。

表 8.1-1　均匀应变状态下测值偏差相对值 $\Delta \varepsilon_m / \varepsilon_0$

徐变方程及解式	α	n	αn	ϕ 及 $\Delta \varepsilon_m / \varepsilon_0$		
				0.6	0.8	1.0
流动(老化)理论法解式 (8.1-24)	0.7	1.05	0.735	0.12	0.14	0.15
		1.10	0.77	0.13	0.15	0.16
	0.8	1.05	0.735	0.07	0.08	0.09
		1.10	0.77	0.09	0.10	0.10
有效模量法解式 (8.1-27)	0.7	1.05	0.735	0.10	0.11	0.12
		1.10	0.77	0.12	0.13	0.14
	0.8	1.05	0.735	0.07	0.08	0.08
		1.10	0.77	0.08	0.09	0.09

由该表所列计算结果可以看出,两种徐变方程导出的偏差基本接近。根据第七章第一节的讨论,计算混凝土的松弛系数时,有效模量法与老化理论(流动率法)的推算值相差最大,本算例推算值相近说明应力调整量在总应力中所占比例不大,为使推演和计算简单,在估计双向均匀拉压状态的偏差时可直接采用有效模量法方程。

三、核外远点双向均匀拉压状态的核内变形

离坐标原点远处发生 X 向拉应变 ε_0,沿 y 轴向的应变分量为 $-\varepsilon_0$。以极坐标表示远点的两个应变分量

$$\left.\begin{array}{l} \varepsilon_r = \varepsilon_0 \cos 2\theta \\ \varepsilon_\theta = -\varepsilon_0 \cos 2\theta \end{array}\right\} \tag{8.1-28}$$

今设有圆环在外边界上受径向面力 q_r 和切向面力 q_θ 作用,两个面力分量

$$\left.\begin{array}{l} q_r = q \cos 2\theta \\ q_\theta = -q \cos 2\theta \end{array}\right\} \tag{8.1-29}$$

由面力边界条件(8.1-29),取圆核和圆核外的应力函数

$$\varphi(r, \theta) = f(r) \cos 2\theta \tag{8.1-30}$$

按弹性力学方法推导,得到圆核和核外圆环的三个应力分量和两个位移分量为

$$\left.\begin{aligned}
\sigma_{mr} &= p\cos2\theta \\
\sigma_{m\theta} &= -p\cos2\theta \\
\tau_{mr\theta} &= \tau_{m\theta r} = -p\sin2\theta
\end{aligned}\right\} \tag{8.1-31}$$

$$\left.\begin{aligned}
u_m &= \frac{1+\mu}{E_m}pr\cos2\theta \\
v_m &= -\frac{1+\mu}{E_m}pr\sin2\theta
\end{aligned}\right\} \tag{8.1-32}$$

$$\left.\begin{aligned}
\sigma_r &= p\left(4\,\frac{R_1^2}{r^2}-3\,\frac{R_1^4}{r^4}\right)\cos2\theta+q\left(1-4\,\frac{R_1^2}{r^2}+3\,\frac{R_1^4}{r^4}\right)\cos2\theta \\
\sigma_\theta &= p\,\frac{3R_1^4}{r^4}\cos2\theta-q\left(1+3\,\frac{R_1^4}{r^4}\right)\cos2\theta \\
\tau_{mr\theta} &= \tau_{m\theta r} = p\left(2\,\frac{R_1^2}{r^2}-3\,\frac{R_1^4}{r^4}\right)\sin2\theta-q\left(1+2\,\frac{R_1^2}{r^2}-3\,\frac{R_1^4}{r^4}\right)\sin2\theta
\end{aligned}\right\} \tag{8.1-33}$$

$$\left.\begin{aligned}
u &= \frac{q}{E}r\left[(1+\mu)\left(1-\frac{R_1^2}{r^2}\right)+4\,\frac{R_1^4}{r^4}\right]\cos2\theta-\frac{p}{E}r\left[4\,\frac{R_1^2}{r^2}-(1+\mu)\frac{R_1^4}{r^4}\right]\cos2\theta \\
v &= -\frac{q}{E}r\left[(1+\mu)\left(1+\frac{R_1^4}{r^4}\right)+2(1-\mu)\frac{R_1^2}{r^2}\right]\sin2\theta \\
&\quad +\frac{p}{E}r\left[(1+\mu)\frac{R_1^4}{r^4}+2(1-\mu)\frac{R_1^2}{r^2}\right]\sin2\theta
\end{aligned}\right\} \tag{8.1-34}$$

由几何方程 $\varepsilon_r=\dfrac{\partial u}{\partial r}$，将方程(8.1-34)之第一式对变量 r 求偏微分，得到 ε_r 后，命 $\varepsilon_r\big|_{r\to\infty}=\varepsilon_0\cos2\theta$，解得 q 值

$$q=\frac{\varepsilon_0 E}{1+\mu} \tag{8.1-35}$$

再由界面位移相等条件，$u_m\big|_{r=R_1}=u\big|_{r=R_1}$ 或 $v_m\big|_{r=R_1}=v\big|_{r=R_1}$，可以确定 p

$$p=\frac{4q}{(3-\mu)+(1+\mu)n}=\frac{4\varepsilon_0 E}{(1+\mu)[(3-\mu)+(1+\mu)n]} \tag{8.1-36}$$

圆核的径向应变 $\varepsilon_{mr}=\dfrac{\partial u_m}{\partial r}$，当 $\theta=0$ 时

$$\varepsilon_{mr}=\frac{1+\mu}{E_m}p \tag{8.1-37}$$

再用(8.1-36)代入上式，可得圆核径向应变 ε_{mr} 与远点应变 ε_0 之关系

$$\varepsilon_{mr} = \frac{4\varepsilon_0 n}{(3-\mu)+(1+\mu)n} \tag{8.1-38}$$

考虑混凝土徐变时,采用有效模量法的物理方程式,圆核三个应力分量仍用式 (8.1-31)计算,位移分量 u_m 和 v_m 只需将(8.1-32)中的弹性模量 E_m 换成有效模量 E_{Cm},其中

$$E_{Cm} = E_m/(1+\phi_m) \tag{8.1-39}$$

圆核应变 ε_{mr} 表达式(8.1-38)之弹性模量比 n 换成有效模量比如下(略去 $\cos2\theta$)

$$\begin{aligned}\varepsilon_{mr} &= \frac{4\varepsilon_0 n(1+\phi_m)/(1+\phi)}{(3-\mu)+(1+\mu)n(1+\phi_m)/(1+\phi)} \\ &= \frac{4\varepsilon_0(n+\phi/\alpha)}{(3-\mu)(1+\phi)+(1+\mu)(n+\phi/\alpha)}\end{aligned} \tag{8.1-40}$$

环向应变 $\varepsilon_{m\theta}$ 与径向应变 ε_{mr} 有关系 $\varepsilon_{m\theta}=-\varepsilon_{mr}$,故环向应变 $\varepsilon_{m\theta}$ 与远点应变强度 ε_0 的关系不需另行推导。

算例:利用表 8.1-1 计算的参数 α、n、ϕ 代入式(8.1-40)得到测值偏差相对值 $\Delta\varepsilon_m/\varepsilon_0$ 如表 8.1-2 所列。

表 8.1-2 双向均匀拉压下测值偏差相对值 $\Delta\varepsilon_m/\varepsilon_0$

α	n	αn	ϕ 及 $\Delta\varepsilon_m/\varepsilon_0$		
			0.60	0.80	1.00
0.70	1.05	0.735	0.13	0.15	0.16
	1.10	0.770	0.15	0.16	0.18
0.80	1.05	0.735	0.09	0.10	0.10
	1.10	0.770	0.11	0.11	0.12

比较两个表所列数据,可以得到如下启示:

① 当 α 值一定时,n 值提高,偏差增大,这是测点弹性变形增加;

② 当 n 值一定时,α 值减小,偏差增大,这是测点徐变变形增加;

③ 表 8.1-1 和表 8.1-2 比较,α 值及 n 值同等时,双向拉、压的偏差值略大于双向受拉的偏差值;

④ 对非均质弹—粘性多连体结构,材料变形特征不符合比例变形条件($\alpha n \neq 1$),在分析其应力应变时,可以采用有效模量法本构方程,既可使推演简化,推算结果又有较好的精度。

第二节 弹性支承圆拱的计算

一、求解的方法

本节讨论弹性基础上混凝土圆拱的内力计算。圆拱同时承受均布外压力 p 和温度变化的作用,把上面两种作用分开考虑,分别计算其荷载内力和温度内力,再将两种作用的结果迭加,得到总的内力。

如图8.2-1(a)所示的圆拱,左右两边受对称的弹性约束,又承受均布外压与对称的温度改变的作用。拱厚为 h,平均半径为 r,周角 $2\varphi_0$。设基础的水平反力为 X,铅直反力为 Y,弯矩为 M,其正向如图8.2-1(b)中的 X_1、Y、M_1 所示。在 X 和 M 的作用下,基础的水平变位 Δ_0 和转动变位 θ_0 为

$$\Delta_0 = \frac{\beta}{E_0}X \quad \theta_0 = \frac{\alpha}{E_0}M \tag{8.2-1}$$

以上两式中 Δ_0、θ_0 的正向与图8.2-1(b)中 X_1、M_1 所示的方向相反,E_0 是基础的弹性模量,α、β 是变形系数,可取 $\alpha = 5.075/h^2$,$\beta = 1.556$。铅直反力 Y 可以直接由平衡条件获得

$$Y = \int_0^{\varphi_0} pr_1\cos\theta d\theta = pr_1\sin\varphi_0 \tag{8.2-2}$$

式中
$$r_1 = r + \frac{1}{2}h$$

在二种材料的连接面上将水平约束和转动约束解除,代之以约束力 $X(t)$、$M(t)$,此约束力由下面力法方程确定

$$\left.\begin{aligned}
&\delta_{11}\left[\frac{X(t)}{E(t)} + \int_{\tau_1}^t X(\tau)\xi(t,\tau,\tau_1)d\tau\right] \\
&+ \delta_{12}\left[\frac{M(t)}{E(t)} + \int_{\tau_1}^t M(\tau)\xi(t,\tau,\tau_1)d\tau\right] \\
&+ \frac{\beta}{E_0}X(t) + \Delta_p[1 + E(\tau_1)C(t,\tau_1)] + \Delta_T(t) = 0 \\
&\delta_{21}\left[\frac{X(t)}{E(t)} + \int_{\tau_1}^t X(\tau)\xi(t,\tau,\tau_1)d\tau\right] \\
&+ \delta_{22}\left[\frac{M(t)}{E(t)} + \int_{\tau_1}^t M(\tau)\xi(t,\tau,\tau_1)d\tau\right] \\
&+ \frac{\alpha}{E_0}M(t) + \theta_p[1 + E(\tau_1)C(t,\tau_1)] + \theta_T(t) = 0
\end{aligned}\right\} \tag{8.2-3}$$

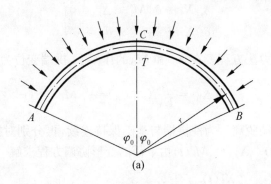

(a)

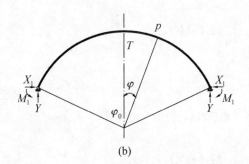

(b)

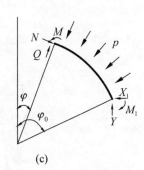

(c)

图 8.2-1　计算简图

式中 δ_{11}、$\delta_{12}=\delta_{21}$、δ_{22} 是曲杆的变形系数,与 r、φ_0、h 有关。Δ_p、θ_p 是荷载在 $X(t)$、$M(t)$ 上产生的初始弹性变位,$\Delta_T(t)$、$\theta_T(t)$ 是温度改变在 $X(t)$ 和 $M(t)$ 上产生的变位,$X(t)$、$M(t)$ 是拱脚处的水平反力和弯矩。

若荷载为零,温度改变也与时间无关,有

$$\Delta_p=\theta_p=0$$

取 $\Delta_T(t)$、$\theta_T(t)$ 是常数,则方程组(8.2-3)相当于一组二元松弛方程。对于任意随时间变化的温度改变,可用有限个稳定的温度改变的和来代替

$$T(r,t) = \sum \Delta T(r,t_i) \tag{8.2-4}$$

因而也就可以变成有限个这样的松弛方程组来求解。

在研究荷载内力时,命 $\Delta_T=\theta_T=0$。这时,可将荷载内力的计算变成弹性拱内力的计算和松弛方程组的求解,方法如下。

在拱脚处切开,施加一对约束反力 X_1、M_1,此约束反力 X_1、M_1 刚好使得拱脚的水平位移和转动等于零(相当于刚固约束)。根据线性徐变力学第一定理,此时徐变内力与弹性内力相同。X_1、M_1 用下面的方程组求解

$$\left.\begin{aligned}\delta_{11}X_1 + \delta_{12}M_1 + \Delta_p &= 0 \\ \delta_{21}X_1 + \delta_{22}M_1 + \theta_p &= 0\end{aligned}\right\} \tag{8.2-5}$$

这是固端弹性拱的力法方程。在 X_1 和 M_1 的作用下,拱端变位为零,但基础变位为

$$\Delta_{01} = \frac{\beta}{E_0}X_1 \quad \theta_{01} = \frac{\alpha}{E_0}M_1 \tag{8.2-6}$$

这就使得基础与拱端脱离。为使拱端与基础保持连续,再分别对拱脚和基础施加以反力 $X_2(t)$ 和 $M_2(t)$。$X_2(t)$、$M_2(t)$ 由下面的变形协调方程求解

$$\left.\begin{aligned} &\delta_{11}\left[\frac{X_2(t)}{E(t)} + \int_{\tau_1}^{t} X_2(\tau)\xi(t,\tau,\tau_1)\mathrm{d}\tau\right] \\ &+ \delta_{12}\left[\frac{M_2(t)}{E(t)} + \int_{\tau_1}^{t} M_2(\tau)\xi(t,\tau,\tau_1)\mathrm{d}\tau\right] \\ &+ \frac{\beta}{E_0}\left[X_1 + X_2(t)\right] = 0 \\ &\delta_{21}\left[\frac{X_2(t)}{E(t)} + \int_{\tau_1}^{t} X_2(\tau)\xi(t,\tau,\tau_1)\mathrm{d}\tau\right] \\ &+ \delta_{22}\left[\frac{M_2(t)}{E(t)} + \int_{\tau_1}^{t} M_2(\tau)\xi(t,\tau,\tau_1)\mathrm{d}\tau\right] \\ &+ \frac{\alpha}{E_0}\left[M_1 + M_2(t)\right] = 0 \end{aligned}\right\} \tag{8.2-7}$$

X_1、M_1 是已知的,为常量。这是一个松弛方程组。

由方程组(8.2-7)求出 $X_2(t)$、$M_2(t)$。拱端反力为

$$\left.\begin{aligned} X(t) &= X_1 + X_2(t) \\ M(t) &= M_1 + M_2(t) \end{aligned}\right\} \tag{8.2-8}$$

$X(t)$、$M(t)$ 求得后,再连同垂直反力 Y 和荷载 p 就能够求出任意截面上的轴力、剪力和弯矩。

二、无铰拱在均布压力下的弹性内力

如图 8.2-1(c)所示,由平衡条件,可得拱圈由单位水平推力 $X=1$ 产生的三个内力分量为

$$\left.\begin{aligned} \overline{M}_1(\varphi) &= r(\cos\varphi - \cos\varphi_0) \\ \overline{N}_1(\varphi) &= \cos\varphi \\ \overline{Q}(\varphi) &= \sin\varphi \end{aligned}\right\} \tag{8.2-9}$$

拱端单位弯矩 $M=1$ 产生的三个内力分量为

$$\left.\begin{array}{l} \overline{M}_2(\varphi) = 1 \\[6pt] \overline{N}_2(\varphi) = 0 \\[6pt] \overline{Q}_2(\varphi) = 0 \end{array}\right\} \tag{8.2-10}$$

又由于 $\overline{Y} = pr_1 \sin\varphi_0$，故由荷载产生的三个内力分量为

$$\left.\begin{array}{l} M_p(\varphi) = pr_1 r\cos\varphi_0(\cos\varphi_0 - \cos\varphi) \\[6pt] N_p(\varphi) = pr_1(1 - \cos\varphi_0\cos\varphi) \\[6pt] Q_p(\varphi) = -pr_1\cos\varphi_0\sin\varphi \end{array}\right\} \tag{8.2-11}$$

当水平反力 X 及弯矩 M 求出以后，则拱圈上 φ 截面的三个内力分量为

$$\left.\begin{array}{l} M(\varphi) = \overline{M}_1(\varphi)X + \overline{M}_2(\varphi)M + M_p(\varphi) \\[6pt] N(\varphi) = \overline{N}_1(\varphi)X + M_p(\varphi) \\[6pt] Q(\varphi) = \overline{Q}_1(\varphi)X + M_p(\varphi) \end{array}\right\} \tag{8.2-12}$$

由单位力 $X=1$ 产生的内力的表达式(8.2-9)、$M=1$ 产生的内力的表达式(8.2-10)以及在荷载 p 的作用下的内力公式(8.2-11)，可得下述变形系数 δ_{11}、δ_{12}、δ_{22} 及拱端的荷载位移 Δ_p、θ_p

$$\left.\begin{array}{l} \delta_{11} = \dfrac{r^3}{J}\left(\dfrac{1}{2}\varphi_0 - \dfrac{3}{4}\sin2\varphi_0 + \varphi_0\cos^2\varphi_0\right) + \dfrac{r}{2h}\left(\varphi_0 + \dfrac{1}{2}\sin2\varphi_0\right) \\[10pt] \qquad + \dfrac{1.25(1+\mu)r}{h}\left(\varphi_0 - \dfrac{1}{2}\sin2\varphi_0\right) \\[14pt] \delta_{12} = \delta_{21} = \dfrac{r^2}{J}(\sin\varphi_0 - \varphi_0\cos\varphi_0) \\[14pt] \delta_{22} = \dfrac{r}{J}\varphi_0 \end{array}\right\} \tag{8.2-13}$$

$$\left.\begin{array}{l} \Delta_p = -\dfrac{pr_1 r^2}{J}\cos\varphi_0\left(\dfrac{1}{2}\varphi_0 - \dfrac{3}{4}\sin2\varphi_0 + \varphi_0\cos^2\varphi_0\right) \\[10pt] \qquad + \dfrac{pr_1 r}{h}\left(\sin\varphi_0 - \dfrac{1}{2}\varphi_0\cos\varphi_0 - \dfrac{1}{4}\cos\varphi_0\sin2\varphi_0\right) \\[10pt] \qquad - \dfrac{1.25(1+\mu)pr_1 r}{h}\cos\varphi_0 \times \left(\varphi_0 - \dfrac{1}{2}\sin2\varphi_0\right) \\[14pt] \theta_p = \dfrac{pr_1 r^2}{J}\cos\varphi_0(\varphi_0\cos\varphi_0 - \sin\varphi_0) \end{array}\right\} \tag{8.2-14}$$

以上各式中 $J=\dfrac{1}{12}h^3$，μ 是泊松系数，$s=1.25$ 是矩形截面的形状系数。

根据力法方程(8.2-5)，解得

$$\left.\begin{array}{l}X_1=\dfrac{\dfrac{\delta_{12}\theta_p}{\delta_{11}\delta_{22}}-\dfrac{\Delta_p}{\delta_{11}}}{1-\dfrac{\delta_{12}^2}{\delta_{11}\delta_{22}}}\\[3em]M_1=\dfrac{\dfrac{\delta_{12}\Delta_p}{\delta_{11}\delta_{12}}-\dfrac{\theta_p}{\delta_{22}}}{1-\dfrac{\delta_{12}^2}{\delta_{11}\delta_{22}}}\end{array}\right\}\qquad(8.2\text{-}15)$$

命

$$l_1=\dfrac{\delta_{12}}{\delta_{11}}\quad l_2=\dfrac{\delta_{12}}{\delta_{22}}$$

由于

$$\dfrac{\theta_p}{\delta_{22}}=-\,pr_1l_2\cos\varphi_0$$

可将表达式(8.2-15)写成

$$\left.\begin{array}{l}X_1=-\dfrac{l_1l_2\cos\varphi_0-\dfrac{\Delta_p}{\delta_{11}pr_1}}{1-l_1l_2}pr_1\\[2.5em]M_1=\dfrac{\cos\varphi_0+\dfrac{\Delta_p}{\delta_{11}pr_1}}{1-l_1l_2}pr_1l_2\end{array}\right\}\qquad(8.2\text{-}16)$$

上式经适当变换，最后将 M_1、X_1 表为

$$\left.\begin{array}{l}X_1=gM_1/l_2\\[1em]M_1=\dfrac{(1+b_1)(1-l_1l_2)-b_2}{(1+b_1)(1-l_1l_2)}\cos\varphi_0\,pr_1\\[1.5em]\quad=\left[1-\dfrac{b_2}{(1+b_1)(1-l_1l_2)}\right]\cos\varphi_0\,pr_1\end{array}\right\}\qquad(8.2\text{-}17)$$

式中

$$g=\dfrac{(1+b_1)(1-l_1l_2)}{b_2}-1$$

$$b_1=\dfrac{h^2}{r^2}\dfrac{(3.5+2.5\mu)\varphi_0-(0.75+1.25\mu)\sin2\varphi_0}{12(\varphi_0-1.5\sin2\varphi_0+2\varphi_0\cos^2\varphi_0)}$$

$$b_2=\dfrac{h^2}{r^2}\dfrac{\mathrm{tg}\varphi_0}{6(\varphi_0-1.5\sin2\varphi_0+2\varphi_0\cos^2\varphi_0)}$$

g、b_1、b_2 均为无因次变量，l_1 的因次是尺度负一次方，l_2 的因次是尺度一次方。

三、均布压力下弹性支承拱的计算

无铰拱支承反力 X_1、M_1 求出以后，只要求出调整反力 $X_2(t)$、$M_2(t)$，即可按式 (8.2-8) 算出总的支承反力 $X(t)$、$M(t)$，再利用式 (8.2-12) 以及式 (8.2-9)、(8.2-10) 和 (8.2-11) 计算拱的三个内力分量 $M(\varphi)$、$N(\varphi)$、$Q(\varphi)$。

考虑到拱在使用期间混凝土浇筑时间已较长，弹性模量 $E(t)$ 已为常量 E。这时，方程 (8.2-7) 可以写成

$$
\left.
\begin{aligned}
&(1+n_1)X_2(t) + E\int_{\tau_1}^{t} X_2(\tau)\xi(t,\tau,\tau_1)\mathrm{d}\tau \\
&\quad + l_1 M_2(t) + El_1\int_{\tau_1}^{t} M_2(\tau)\xi(t,\tau,\tau_1)\mathrm{d}\tau \\
&\quad = -n_1 X_1 \\
&l_2 X_2(t) + El_2\int_{\tau_1}^{t} X_2(\tau)\xi(t,\tau,\tau_1)\mathrm{d}\tau \\
&\quad + (1+n_2)M_2(t) + E\int_{\tau_1}^{t} M_2(\tau)\xi(t,\tau,\tau_1)\mathrm{d}\tau \\
&\quad = -n_2 M_1
\end{aligned}
\right\}
\tag{8.2-18}
$$

式中　$n_1 = \dfrac{\beta E}{\delta_{11} E_0}$；

$\qquad n_2 = \dfrac{\alpha E}{\delta_{22} E_0}$；

$\qquad E$—混凝土晚期弹性模量；

$\qquad l_1 = \dfrac{\delta_{12}}{\delta_{11}}$；

$\qquad l_2 = \dfrac{\delta_{21}}{\delta_{22}}$。

当 $t=\tau_1$，上面的方程 (8.2-18) 成为

$$
\left.
\begin{aligned}
(1+n_1)X_2(\tau_1) + l_1 M_2(\tau_1) &= -n_1 X_1 \\
l_2 X_2(\tau_1) + (1+n_2)M_2(\tau_1) &= -n_2 M_1
\end{aligned}
\right\}
\tag{8.2-19}
$$

求解上面的方程，不难得到初始时刻的反力

$$
\left.
\begin{aligned}
X_2(\tau_1) &= \frac{n_2 l_1 M_1 - n_1(1+n_2)X_1}{(1+n_1)(1+n_2) - l_1 l_2} \\
M_2(\tau_1) &= \frac{n_1 l_2 X_1 - n_2(1+n_1)M_1}{(1+n_1)(1+n_2) - l_1 l_2}
\end{aligned}
\right\}
\tag{8.2-20}
$$

再将上式与无铰拱的拱端反力 X_1、M_1 相加,得

$$X(\tau_1) = X_1 + \frac{n_2 l_1 M_1 - n_1(1+n_2) X_1}{(1+n_1)(1+n_2) - l_1 l_2}$$

$$M(\tau_1) = M_1 + \frac{n_1 l_2 X_1 - n_2(1+n_1) M_1}{(1+n_1)(1+n_2) - l_1 l_2}$$

利用关系式 $X_1 l_2 = g M_1$,可将上式表示为

$$\left.\begin{array}{l} X(\tau_1) = \dfrac{M_1}{l_2} \dfrac{g(1-l_1 l_2) + n_2(g+l_1 l_2)}{(1+n_1)(1+n_2) - l_1 l_2} \\[3mm] M(\tau_1) = M_1 \dfrac{(1-l_1 l_2) + n_1(1+g)}{(1+n_1)(1+n_2) - l_1 l_2} \end{array}\right\} \qquad (8.2\text{-}21)$$

为了求 t 时刻的反力 $X_2(t)$、$M_2(t)$,我们先解方程组(8.2-18)的近似方程。其近似方程为

$$\left.\begin{array}{l} (1+\bar{n}_1) X_2(t) + \displaystyle\int_{\tau_1}^{t} X_2(\tau) \eta'(\tau,\tau_1) \mathrm{d}\tau \\[3mm] \quad + l_1 M_2(t) + l_1 \displaystyle\int_{\tau_1}^{t} M_2(\tau) \eta'(\tau,\tau_1) \mathrm{d}\tau \\[3mm] \quad = -\bar{n}_1 X_1 \\[3mm] l_2 X_2(t) + l_2 \displaystyle\int_{\tau_1}^{t} X_2(\tau) \eta'(\tau,\tau_1) \mathrm{d}\tau + (1+\bar{n}_2) M_2(t) \\[3mm] \quad + \displaystyle\int_{\tau_1}^{t} M_2(\tau) \eta'(\tau,\tau_1) \mathrm{d}\tau \\[3mm] \quad = -\bar{n}_2 M_1 \end{array}\right\} \qquad (8.2\text{-}22)$$

式中　$\bar{n}_1 = n_1/(1+EC_y)$;

$\quad\quad\ \bar{n}_2 = n_2/(1+EC_y)$;

$\quad\quad\ \eta'(t,\tau_1) = \bar{E} C_N'(t,\tau_1)$。

对上面的方程求导,得到

$$\left.\begin{array}{l} (1+\bar{n}_1) X'_2(t) + \eta'(t,\tau_1) X_2(t) + l_2 M'_2(t) \\[3mm] \quad + l_1 \eta'(t,\tau_1) M_2(t) = 0 \\[3mm] l_2 X'_2(t) + l_2 \eta'(t,\tau_1) X_2(t) + (1+\bar{n}_2) M'_2(t) \\[3mm] \quad + \eta'(t,\tau_1) M_2(t) = 0 \end{array}\right\} \qquad (8.2\text{-}23)$$

设 $X_2(t)$、$M_2(t)$ 的解具有如下形式

$$X_2(t) = A\mathrm{e}^{-x\eta(t,\tau_1)} \qquad M_2(t) = B\mathrm{e}^{-x\eta(t,\tau_1)}$$

将其代入微分方程(8.2-23),得

$$[-(1+\overline{n}_1)x+1]\eta'(t,\tau_1)X_2(t) + l_1(-x+1)\eta'(t,\tau_1)M_2(t) = 0$$

$$l_2(-x+1)\eta'(t,\tau_1)X_2(t) + [-(1+\overline{n}_2)x+1]\eta'(t,\tau_1)M_2(t) = 0$$

上两式中因 $\eta'(t,\tau_1) \neq 0$,$X_2(t)$、$M_2(t)$ 非零的条件是

$$\begin{vmatrix} (1+\overline{n}_1)x-1 & l_1(x-1) \\ l_2(x-1) & (1+\overline{n}_2)x-1 \end{vmatrix} = 0$$

再将上面的行列式展开,得到下面特征方程

$$x^2 - bx + c = 0 \tag{8.2-24}$$

式中　$b = \dfrac{2(1-l_1l_2)+\overline{n}_1+\overline{n}_2}{(1+\overline{n}_1)(1+\overline{n}_2)-l_1l_2}$

$$c = \frac{1-l_1l_2}{(1+\overline{n}_1)(1+\overline{n}_2)-l_1l_2}$$

解上面的二次方程,可得它的两个根为

$$\begin{matrix} x_1 \\ x_2 \end{matrix} = \frac{1}{2}(b \pm \sqrt{b^2-4c})$$

x_1、x_2 均为正的实根。

$X_2(t)$、$M_2(t)$ 为

$$\left. \begin{aligned} X_2(t) &= A_1\mathrm{e}^{-x_1\eta(t,\tau_1)} + A_2\mathrm{e}^{-x_2\eta(t,\tau_1)} \\ M_2(t) &= B_1\mathrm{e}^{-x_1\eta(t,\tau_1)} + B_2\mathrm{e}^{-x_2\eta(t,\tau_1)} \end{aligned} \right\} \tag{8.2-25}$$

系数 A_1、A_2、B_1、B_2 由下面的初始条件决定

$$\left. \begin{aligned} X_2(t)\Big|_{t=\tau_1} &= \frac{l_1\overline{n}_2M_1-(1+\overline{n}_2)\overline{n}_1X_1}{(1+\overline{n}_1)(1+\overline{n}_2)-l_1l_2} \\ X'_2(t)\Big|_{t=\tau_1} &= \frac{[l_1l_2-(1+\overline{n}_2)]X_2(t)-l_1\overline{n}_2M_2(t)}{(1+\overline{n}_1)(1+\overline{n}_2)-l_1l_2}\eta'(t,\tau_1)\Big|_{t=\tau_1} \\ M_2(t)\Big|_{t=\tau_1} &= \frac{l_2\overline{n}_1X_1-(1+\overline{n}_1)\overline{n}_2M_1}{(1+\overline{n}_1)(1+\overline{n}_2)-l_1l_2} \\ M'_2(t)\Big|_{t=\tau_1} &= \frac{[l_1l_2-(1+\overline{n}_1)]M_2(t)-l_2\overline{n}_1X_2(t)}{(1+\overline{n}_1)(1+\overline{n}_2)-l_1l_2} \end{aligned} \right\} \tag{8.2-26}$$

只要由条件(8.2-26)求出 A_1、A_2、B_1、B_2,就可以最后确定 $X_2(t)$、$M_2(t)$,并进而计

算拱端的二个反力系数 $H_X(t,\tau_1)$、$H_M(t,\tau_1)$

$$H_X(t,\tau_1) = \frac{X_1 + X_2(t)}{X_1 + X_2(\tau_1)} \left.\right\}$$
$$H_M(t,\tau_1) = \frac{M_1 + M_2(t)}{M_1 + M_2(\tau_1)} \left.\right\}$$

(8.2-27)

一般说来，由于比值 $X_2(t)/X_1$、$M_2(t)/M_1$ 随时间的变化不大，故反力系数 $H_X(t)$、$H_M(t)$ 随时间的变化也不大并接近于 1。也就是说，在荷载的作用下，徐变对拱的内力的影响是不明显的。

四、稳定温度改变下拱的内力计算

仅考虑变温对拱的作用，可命方程组(8.2-3)中之 $\Delta_p = \theta_p = 0$。在弹性模量 $E(t)$ 取为常量 E 时，反力 $X(t)$、$M(t)$ 由下面的方程组求解

$$(1+n_1)X(t) + \int_{\tau_1}^{t} X(\tau)E\xi(t,\tau,\tau_1)\mathrm{d}\tau + l_1 M(t)$$
$$+ l_1 \int_{\tau_1}^{t} M(\tau)E\xi(t,\tau,\tau_1)\mathrm{d}\tau = -E\frac{\Delta_T}{\delta_{11}}$$
$$l_2 X(t) + l_2 \int_{\tau_1}^{t} X(\tau)E\xi(t,\tau,\tau_1)\mathrm{d}\tau + (1+n_2)M(t)$$
$$+ \int_{\tau_1}^{t} M(\tau)E\xi(t,\tau,\tau_1)\mathrm{d}\tau = -E\frac{\theta_T}{\delta_{22}}$$

(8.2-28)

如上方程与方程(8.2-18)的左边一样，但右边的常数不同，只要将 $n_1 X_1$ 换成 $E\Delta_T/\delta_{11}$，将 $n_2 M_1$ 换成 $E\theta_T/\delta_{22}$，即可完全应用上面推导的结果。计算温度内力时，因外荷载为零，且结构和温度的变化对称，$Y = 0$。

（一）拱圈感受均匀的温度改变 T_0，拱端的水平变位 Δ_T 和转动变位 θ_T 为

$$\Delta_T = -\alpha_T T_0 r\sin\varphi_0 \left.\right\}$$
$$\theta_T = 0 \left.\right\}$$

(8.2-29)

式中 α_T 是混凝土线膨胀系数，其值多为 $8\sim10\times10^{-6}/℃$。

应用第三段中推导的有关结果时，只要将前面有关公式中的 $n_1 X_1$ 换成 $E\Delta_T/\delta_{11}$，将 $n_2 M_1$ 换成 $E\theta_T/\delta_{22}$，将 $X_2(t)$ 换成 $X(t)$、$M_2(t)$ 换成 $M(t)$，$X_2(\tau_1)$ 换成 $X(\tau_1)$、$M_2(\tau_1)$ 换成 $M(\tau_1)$ 即可。在式(8.2-29)中，由于 $\theta_T = 0$，故命式(8.2-19)中的 $n_2 M_1 = 0$。经过这种替换以后，由式(8.2-19)以及 $\Delta_T = -\alpha_T T_0 r\sin\varphi_0$，得到

$$X(\tau_1) = \frac{(1+n_2)E\alpha_T T_0 r\sin\varphi_0}{\delta_{11}[(1+n_1)(1+n_2)-l_1 l_2]} \Bigg\}$$

$$M(\tau_1) = -\frac{l_2 E\alpha_T T_0 r\sin\varphi_0}{\delta_{11}[(1+n_1)(1+n_2)-l_1 l_2]} \Bigg\}$$

(8.2-30)

从上面的式子,得到 $X(\tau_1)$ 与 $M(\tau_1)$ 之间有下面的关系

$$M(\tau_1) = -\frac{l_2}{1+n_2}X(\tau_1)$$

(8.2-31)

再将式(8.2-25)中的 $X_2(t)$、$M_2(t)$ 用 $X(t)$、$M(t)$ 替换,得到

$$X(t) = D_1 e^{-x_1 \eta(t,\tau_1)} + D_2 e^{-x_2 \eta(t,\tau_1)} \Bigg\}$$

$$M(t) = F_1 e^{-x_1 \eta(t,\tau_1)} + F_2 e^{-x_2 \eta(t,\tau_1)} \Bigg\}$$

(8.2-32)

式中 D_1、D_2、F_1、F_2 用与条件(8.2-26)相似的方程求解。由于 $\theta_T = 0$,在式(8.2-26)中取 $\bar{n}_2 M_1 = 0$,用 $\overline{E}\Delta_T/\delta_{11}$ 替换 $\bar{n}_1 X_1$,得到求解式(8.2-32)中的四个系数 D_1、D_2、F_1、F_2 的下述初始条件

$$X(t)\Big|_{t=\tau_1} = -\frac{(1+\bar{n}_1)\overline{E}\Delta_T}{\delta_{11}[(1+\bar{n}_1)(1+\bar{n}_2)-l_1 l_2]} \Bigg\}$$

$$X'(t)\Big|_{t=\tau_1} = \frac{[l_1 l_2 - (1+\bar{n})]X(t) - l_1 \bar{n}_2 M(t)}{(1+\bar{n}_1)(1+\bar{n}_2)-l_1 l_2}\eta'(t,\tau_1)\Big|_{t=\tau_1}$$

$$M(t)\Big|_{t=\tau_1} = \frac{l_2 \overline{E}\Delta_T}{\delta_{11}[(1+\bar{n}_1)(1+\bar{n}_2)-l_1 l_2]}$$

$$M'(t)\Big|_{t=\tau_1} = \frac{[l_1 l_2 - (1+\bar{n}_1)]M(t) - l_2 \bar{n}_1 X(t)}{(1+\bar{n}_1)(1+\bar{n}_2)-l_1 l_2}\eta'(t,\tau_1)\Big|_{t=\tau_1}$$

(8.2-33)

为了求解系数 D_1、D_2、F_1、F_2,先对式(8.2-32)求导,得

$$X'(t) = [-x_1 D_1 e^{-x_1 \eta(t,\tau_1)} - x_2 D_2 e^{-x_2 \eta(t,\tau_1)}]\eta'(t,\tau_1) \Bigg\}$$

$$M'(t) = [-x_1 F_1 e^{-x_1 \eta(t,\tau_1)} - x_2 F_2 e^{-x_2 \eta(t,\tau_1)}]\eta'(t,\tau_1) \Bigg\}$$

(8.2-34)

在式(8.2-32)与(8.2-34)中,命 $t=\tau_1$,注意到 $\eta(t,\tau_1)\Big|_{t=\tau_1}=0$,可得

$$X(t)\Big|_{t=\tau_1} = D_1 + D_2$$

$$M(t)\Big|_{t=\tau_1} = F_1 + F_2$$

$$X'(t)\Big|_{t=\tau_1} = -(x_1 D_1 + x_2 D_2)\eta'(t,\tau_1)\Big|_{t=\tau_1}$$

$$M'(t)\Big|_{t=\tau_1} = -(x_1 F_1 + x_2 F_2)\eta'(t,\tau_1)\Big|_{t=\tau_1}$$

(8.2-35)

再将如上所得结果代入方程(8.2-33)中,得到下面的方程组

$$
\left.\begin{aligned}
D_1 + D_2 &= -\{[(1+\overline{n}_2)\overline{E}\Delta_T] \div \delta_{11}[(1+\overline{n}_1)(1+\overline{n}_2)-l_1l_2]\} \\
F_1 + F_2 &= \{(l_2\overline{E}\Delta_T) \div \delta_{11}[(1+\overline{n}_1)(1+\overline{n}_2)-l_1l_2]\} \\
x_1D_1 + x_2D_2 &= -\{[l_1l_2-(1+\overline{n}_2)][(D_1+D_2)-l_1\overline{n}_2(F_1+F_2)] \\
&\quad \div [(1+\overline{n}_1)(1+\overline{n}_2)-l_1l_2]\} \\
x_1F_1 + x_2F_2 &= -\{[l_1l_2-(1+\overline{n}_1)][(F_1+F_2)-l_2\overline{n}_1(D_1+D_2)] \\
&\quad \div [(1+\overline{n}_1)(1+\overline{n}_2)-l_1l_2]\}
\end{aligned}\right\} \quad (8.2\text{-}36)
$$

将 $\Delta_T = -\alpha_T T_0 r\sin\varphi_0$ 代入上面的方程,然后求解这个方程组,得到

$$
\left.\begin{aligned}
D_1 &= \frac{\overline{X}_0}{x_1-x_2}\left[-x_2 + \frac{(1-l_1l_2)+\overline{n}_2\left(1-\dfrac{l_1l_2}{1+\overline{n}_2}\right)}{(1+\overline{n}_1)(1+\overline{n}_2)-l_1l_2}\right] \\
D_2 &= \frac{\overline{X}_0}{x_1-x_2}\left[x_1 - \frac{(1-l_1l_2)+\overline{n}_2\left(1-\dfrac{l_1l_2}{1+\overline{n}_2}\right)}{(1+\overline{n}_1)(1+\overline{n}_2)-l_1l_2}\right] \\
F_1 &= \frac{l_2\overline{X}_0}{(1+\overline{n}_2)(x_1-x_2)}\left[x_2 - \frac{(1-l_1l_2)-\overline{n}_1\overline{n}_2}{(1+\overline{n}_1)(1+\overline{n}_2)-l_1l_2}\right] \\
F_2 &= \frac{l_2\overline{X}_0}{(1+\overline{n}_2)(x_1-x_2)}\left[-x_1 + \frac{(1-l_1l_2)-\overline{n}_1\overline{n}_2}{(1+\overline{n}_1)(1+\overline{n}_2)-l_1l_2}\right]
\end{aligned}\right\} \quad (8.2\text{-}37)
$$

其中

$$
\overline{X}_0 = \frac{(1+\overline{n}_2)E\alpha_T T_0 r\sin\varphi_0}{\delta_{11}[(1+\overline{n}_1)(1+\overline{n}_2)-l_1l_2]}\frac{1}{1+EC_y(t-\tau_1)} \quad (8.2\text{-}38)
$$

在 $t-\tau_1$ 很小时,可将上面公式中的常数 $\overline{n}_1$、$\overline{n}_2$ 换成 $\overline{n}_1(t-\tau_1)$、$\overline{n}_2(t-\tau_1)$。

(二) 拱圈感受内外线性温差 ΔT 作用,平均温度改变为零,则

$$
\left.\begin{aligned}
\Delta_T &= -\alpha_T r^2 \frac{\Delta T}{h}(\sin\varphi_0 - \varphi_0\cos\varphi_0) \\
\theta_T &= -\alpha_T r \frac{\Delta T}{h}\varphi_0
\end{aligned}\right\} \quad (8.2\text{-}39)
$$

式中 ΔT 以内缘温升比外缘温升高为正。根据上式,由于 $l_2 = r\left(\dfrac{\sin\varphi_0}{\varphi_0} - \cos\varphi_0\right)$,在拱圈存在内外线性温差时,$\Delta_T$ 与 θ_T 之间存在下面的关系

$$
\Delta_T = l_2\theta_T \quad (8.2\text{-}40)
$$

同时注意到 $\delta_{22}/\delta_{11} = l_1/l_2$,采用如上代换的方法,可以得到

$$X(\tau_1) = \frac{r\Delta T E\alpha_T\varphi_0 l_1 n_2}{h\delta_{22}\left[(1+\bar{n}_1)(1+\bar{n}_2)-l_1 l_2\right]}$$

$$M(\tau_1) = \frac{1-l_1 l_2+n_1}{l_1 n_2}X(\tau_1)$$

(8.2-41)

这是由内外线性温差 ΔT 在拱端引起的初始反力。t 时刻的拱端反力用下式计算

$$X(t) = D_1 \mathrm{e}^{-x_1\eta(t,\tau_1)} + D_2 \mathrm{e}^{-x_2\eta(t,\tau_1)}$$

$$M(t) = F_1 \mathrm{e}^{-x_1\eta(t,\tau_1)} + F_2 \mathrm{e}^{-x_2\eta(t,\tau_1)}$$

(8.2-42)

式中　$D_1 = \dfrac{l_1\bar{n}_2\overline{M}_0 x_1}{(1-l_1 l_2+\bar{n}_1)(x_1-x_2)}$

$D_2 = -\dfrac{l_1\bar{n}_2\overline{M}_0 x_2}{(1-l_1 l_2+\bar{n}_1)(x_1-x_2)}$

$F_1 = \dfrac{\overline{M}_0}{x_1-x_2}\left\{-x_2+\dfrac{(1-l_1 l_2+\bar{n}_1)^2-\bar{n}_1\bar{n}_2 l_1 l_2}{(1-l_1 l_2+\bar{n}_1)\left[(1+\bar{n}_1)(1+\bar{n}_2)-l_1 l_2\right]}\right\}$

$F_2 = \dfrac{\overline{M}_0}{x_1-x_2}\left\{x_1-\dfrac{(1-l_1 l_2+\bar{n}_1)^2-\bar{n}_1\bar{n}_2 l_1 l_2}{(1-l_1 l_2+\bar{n}_1)\left[(1+\bar{n}_1)(1+\bar{n}_2)-l_1 l_2\right]}\right\}$

$\overline{M}_0 = \dfrac{r\Delta T E\alpha_T\varphi_0(1-l_1 l_2+\bar{n}_1)}{h\delta_{22}\left[(1+\bar{n}_1)(1+\bar{n}_2)-l_1 l_2\right]}\dfrac{1}{1+EC_y(t-\tau_1)}$

为了计算拱的内力,先应用上面导出的结果计算拱端的反力,再把 $X(t)$、$M(t)$ 作为外荷载作用在拱端以计算其三个内力分量。由于竖向反力为零,φ 截面上的三个内力分量为

$$M(\varphi) = r(\cos\varphi-\cos\varphi_0)X(t)+M(t)$$

$$N(\varphi) = \cos\varphi X(t)$$

$$Q(\varphi) = \sin\varphi X(t)$$

(8.2-43)

式中 $X(t)$、$M(t)$ 是由温度产生的拱端反力。

五、算例

设混凝土、基础与拱的几何尺寸的有关参数为:$C_y=0.7\times10^{-5}/\mathrm{MPa}$,$C_N=2\times10^{-5}/\mathrm{MPa}$,$E=3\times10^4\mathrm{MPa}$,$\mu=0.13$,$E/E_0=0.2$、$0.5$、$1$、$2$、$5$,$r=75\ \mathrm{m}$,$h=10\ \mathrm{m}$,$\varphi_0=50°$,计算在均布外压力下与在拱圈发生均匀温升和线性温差时拱端的反力系数 $H_X=X(t)/X(\tau_1)$、$H_M=M(t)/M(\tau_1)$ 的最终值。

应用前面导出的有关计算公式进行计算时,由于只要求反力系数的最终值,故只须计算在有关的作用下反力的初始值 $X(\tau_1)$、$M(\tau_1)$ 以及 $t\rightarrow\infty$ 时的反力值 $X(t)\Big|_{t\rightarrow\infty}$、$M(t)\Big|_{t\rightarrow\infty}$ 即可。现将所得计算结果列于表 8.2-1。

表 8.2-1　拱端反力系数 H_X、H_M 的最终值

外界作用	E/E_0 H	0.2	0.5	1	2	5
均布压力 p	H_X	0.998	0.996	0.994	0.994	1.00
	H_M	1.02	1.04	1.07	1.11	1.14
均匀温升 T_0	H_X	0.519	0.541	0.570	0.612	0.668
	H_M	0.523	0.551	0.590	0.653	0.767
内外线性温差 ΔT	H_X	0.221	0.236	0.259	0.309	0.362
	H_M	0.522	0.547	0.534	0.642	0.748

　　根据该表所列的结果可以看出,在外荷载的作用下,反力系数 H_X 和 H_M 都接近于 1,表明混凝土的徐变对荷载内力的影响较小,对于弹性基础上混凝土拱的荷载内力计算,可不必考虑混凝土的徐变,而只按弹性分析的方法来计算。当拱的内力与温度的作用有关,这种内力将有较大的衰减。在内外线性温差的作用下,水平反力的衰减尤为显著。同时,在表中所列的数据还表明,基础的弹性模量越大,其反力的衰减也越大。由于松弛系数 $K(t,\tau_1)\big|_{t\to\infty}\approx0.503$,当基础的弹性模量足够大,以至拱所受的约束接近于刚固约束,则 $H_X\approx H_M\approx0.503$。

第三节　弹性基础上混凝土刚架的温度应力

一、方程的建立

　　设矩形刚架受稳定的温度改变作用,平均温度变化为 T_0、内外温差为 ΔT

$$\left.\begin{aligned} T_0 &= \frac{T_1+T_2}{2} \\ \Delta T &= T_1 - T_2 \end{aligned}\right\} \tag{8.3-1}$$

式中,T_1 是刚架各杆内缘的温度变化,T_2 是外缘的温度变化,均以升温为正,如图 8.3-1 之(a)所示。

　　今设基础是弹性体,刚架是徐变体,在基础与刚架的连接处只允许有转动的变位,其水平变位为零,计算简图如图 8.3-1 之(b)所示。由单位弯矩 $M=1$ 在基础引起的转动变位 θ_0 用下式计算

$$\theta_0 = \frac{\alpha}{E_0} \tag{8.3-2}$$

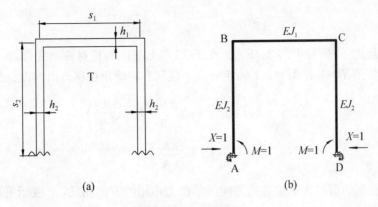

$$(a) \qquad (b)$$

图 8.3-1　计算简图

其中 E_0 是基础的弹性模量，α 是变形系数，取为 $\alpha = 5.075/h^2$，h 是刚架与基础接触部分杆的宽度。

利用结构的形状与外部作用的对称性，在基础与刚架的连接处切开，代之以水平的约束力 X 和约束弯矩 M，它们的正向如图 8.3-1 之(b)所示。由于外荷载为零，故竖向反力 $Y=0$。

$$\left.\begin{aligned}
\delta_{11}\frac{X(\tau_1)}{E(\tau_1)} + \delta_{12}\frac{M(\tau_1)}{E(\tau_1)} + \Delta_T &= 0 \\[2mm]
\delta_{21}\frac{X(\tau_1)}{E(\tau_1)} + \delta_{22}\frac{M(\tau_1)}{E(\tau_1)} + \frac{2\alpha}{E_0}M(\tau_1) + \theta_T &= 0
\end{aligned}\right\} \qquad (8.3\text{-}3)$$

上面的式子里 δ_{11} 是一对单位力 $X=1$ 作用在刚架的两个脚端的相对位移系数，δ_{22} 是一对单位力偶 $M=1$ 作用在刚架脚端的相对转动变位系数，$\delta_{12}=\delta_{21}$ 是由 $X=1$ 在 $M=1$ 上所引起的相对转动变位的系数或 $M=1$ 在 $X=1$ 上产生的相对水平变位的系数。这几个系数都可用结构力学的方法求得，结果如下

$$\left.\begin{aligned}
\delta_{11} &= \frac{S_2^3}{J_2}\left(\frac{2}{3}+\lambda\right) \\[2mm]
\delta_{22} &= \frac{S_2}{J_2}(2+\lambda) \\[2mm]
\delta_{12} &= \frac{S_2^2}{J_2}(1+\lambda) \\[2mm]
\lambda &= \frac{S_1 J_2}{S_2 J_1}
\end{aligned}\right\} \qquad (8.3\text{-}4)$$

S_1、S_2 是水平杆与竖杆的长度，J_1、J_2 是水平杆与竖杆的惯矩，λ 是相对抗弯刚度，用 h_1、h_2 表示水平杆与竖杆的宽度，则

$$J_1 = \frac{1}{12}h_1^3 \quad J_2 = \frac{1}{12}h_2^3 \quad \alpha = 5.075/h_2^2$$

在上面式(8.3-3)中的 $2\alpha/E_0$ 是 A、D 二点上基础的相对转动变位，Δ_T、θ_T 是由于温度改变在 $X=1$ 和 $M=1$ 上的相对水平位移和转动角位移。由弹性分析，可得

$$\left. \begin{aligned} \Delta_T &= -\alpha_T T_0 S_1 - \alpha_T \Delta T \frac{S_2^3}{h_2}\left(1 + \frac{S_1 h_2}{S_2 h_1}\right) \\ \theta_T &= -\alpha_T \Delta T \frac{S_2}{h_2}\left(2 + \frac{S_1 h_2}{S_2 h_1}\right) \end{aligned} \right\} \tag{8.3-5}$$

上式右边前面的负号表示位移的方向与单位力作用的方向相反，α_T 表示混凝土的线膨胀系数。

将混凝土刚架作为脱离体，而将随时间变化的两个反力 $X(t)$、$M(t)$ 作为相当的外荷载作用在刚架脚部时，则刚架的内力与弹性内力相同，其总的变位为徐变变位与弹性变位两者之和，有下列等式

$$\left. \begin{aligned} \Delta_1 &= \delta_{11}\left[\frac{X(t)}{E(t)} + \int_{\tau_1}^{t} X(\tau)\xi(t,\tau,\tau_1)\mathrm{d}\tau\right] + \delta_{12}\left[\frac{M(t)}{E(t)} + \int_{\tau_1}^{t} M(\tau)\xi(t,\tau,\tau_1)\mathrm{d}\tau\right] \\ \theta_2 &= \delta_{21}\left[\frac{X(t)}{E(t)} + \int_{\tau_1}^{t} X(\tau)\xi(t,\tau,\tau_1)\mathrm{d}\tau\right] + \delta_{22}\left[\frac{M(t)}{E(t)} + \int_{\tau_1}^{t} M(\tau)\xi(t,\tau,\tau_1)\mathrm{d}\tau\right] \end{aligned} \right\} \tag{8.3-6}$$

在随时间变化的反力 $X(t)$ 和 $M(t)$ 的作用下，基础的水平变位为零，而相对的转动变位为

$$2\theta_0 = \frac{2\alpha}{E_0}M(t) \tag{8.3-7}$$

利用上面的结果，连同温度变位在一起，得到求解这两个反力的方程

$$\left. \begin{aligned} &\delta_{11}\left[\frac{X(t)}{E(t)} + \int_{\tau_1}^{t} X(\tau)\xi(t,\tau,\tau_1)\mathrm{d}\tau\right] \\ &\quad + \delta_{12}\left[\frac{M(t)}{E(t)} + \int_{\tau_1}^{t} M(\tau)\xi(t,\tau,\tau_1)\mathrm{d}\tau\right] + \Delta_T = 0 \\ &\delta_{21}\left[\frac{X(t)}{E(t)} + \int_{\tau_1}^{t} X(\tau)\xi(t,\tau,\tau_1)\mathrm{d}\tau\right] \\ &\quad + \delta_{22}\left[\frac{M(t)}{E(t)} + \int_{\tau_1}^{t} M(\tau)\xi(t,\tau,\tau_1)\mathrm{d}\tau\right] + 2\frac{\alpha}{E_0}M(t) + \theta_T = 0 \end{aligned} \right\} \tag{8.3-8}$$

将方程(8.3-8)中的第一式除以 δ_{11}，第二式除以 δ_{22}，得到

$$\left.\begin{aligned}
&\frac{X(t)}{E(t)}+\int_{\tau_1}^t X(\tau)\xi(t,\tau,\tau_1)\mathrm{d}\tau+l_1\Big[\frac{M(t)}{E(t)}\\
&+\int_{\tau_1}^t M(\tau)\xi(t,\tau,\tau_1)\mathrm{d}\tau\Big]+\Delta_T/\delta_{11}=0\\
&l_2\Big[\frac{X(t)}{E(t)}+\int_{\tau_1}^t X(\tau)\xi(t,\tau,\tau_1)\mathrm{d}\tau\Big]+[1+n(t)]\frac{M(t)}{E(t)}\\
&+\int_{\tau_1}^t M(\tau)\xi(t,\tau,\tau_1)\mathrm{d}\tau+\theta_T/\delta_{22}=0
\end{aligned}\right\}\tag{8.3-9}$$

式中　　$l_1=\delta_{12}/\delta_{11}$；

$\qquad l_2=\delta_{12}/\delta_{22}$；

$\qquad n(t)=\dfrac{2\alpha E(t)}{E_0\delta_{22}}$。

这样，只要从方程(8.3-9)中解出 $X(t)$ 和 $M(t)$，就可将这两个反力作为相当的外荷载施加在刚架的脚部，按弹性的方法求得刚架各杆的内力。

二、方程的求解

在初始时刻 $t=\tau_1$，混凝土处于弹性状态，两个反力的初始值 $X(\tau_1)$ 和 $M(\tau_1)$ 由方程(8.3-3)求解。利用 l_1、l_2 和 $n(\tau_1)=2\alpha E(\tau_1)/E_0\delta_{22}$，将它变为下面的方程组

$$\left.\begin{aligned}
X(\tau_1)+l_1M(\tau_1)+E(\tau_1)\Delta_T/\delta_{11}=0\\
l_2X(\tau_1)+[1+n(\tau_1)]M(\tau_1)+E(\tau_1)\theta_T/\delta_{22}=0
\end{aligned}\right\}\tag{8.3-10}$$

解这个方程组，得到

$$\left.\begin{aligned}
X(\tau_1)=-\frac{E(\tau_1)\Delta_T}{\delta_{11}}\frac{1+n(\tau_1)-l_2\dfrac{\theta_T}{\Delta_T}}{1-l_1l_2+n(\tau_1)}\\
M(\tau_1)=-\frac{E(\tau_1)\Delta_Tl_2}{\delta_{11}}\frac{1-\dfrac{\theta_T}{l_1\Delta_T}}{1-l_1l_2+n(\tau_1)}
\end{aligned}\right\}\tag{8.3-11}$$

为了求解 t 时刻的反力 $X(t)$ 和 $M(t)$，先解方程(8.3-9)的近似方程。其近似方程为

$$\frac{X(t)}{\overline{E}(t)} + \int_{\tau_1}^{t} X(\tau)\xi_N(\tau,\tau_1)\mathrm{d}\tau$$

$$+ l_1\left[\frac{M(t)}{\overline{E}(t)} + \int_{\tau_1}^{t} M(\tau)\xi_N(\tau,\tau_1)\mathrm{d}\tau\right] + \frac{\Delta_T}{\delta_{11}} = 0$$

$$l_2\left[\frac{X(t)}{\overline{E}(t)} + \int_{\tau_1}^{t} X(\tau)\xi_N(\tau,\tau_1)\mathrm{d}\tau\right] + \frac{M(t)}{\overline{E}(t)}$$

$$+ \int_{\tau_1}^{t} M(\tau)\xi_N(\tau,\tau_1)\mathrm{d}\tau + \frac{\overline{n}(t)}{\overline{E}(t)}M(t) + \frac{\theta_T}{\delta_{22}} = 0$$

$$(8.3\text{-}12)$$

式中 $\overline{E}(t) = \dfrac{E(t)}{1 + E(t)C_y}$;

$$\xi_N(\tau,\tau_1) = C'_N(\tau,\tau_1) - \frac{d}{\mathrm{d}\tau}\frac{1}{\overline{E}(\tau)};$$

$$\overline{n}(t) = \frac{2\alpha\overline{E}(t)}{E_0\delta_{22}}。$$

这个方程可化成只含有单变量的微分方程求解。改写如下

$$\frac{X(t)}{\overline{E}(t)} + \int_{\tau_1}^{t} X(\tau)\left[C'_N(\tau,\tau_1) - \frac{d}{\mathrm{d}\tau}\frac{1}{\overline{E}(\tau)}\right]\mathrm{d}\tau$$

$$+ l_1\left\{\frac{M(t)}{\overline{E}(t)} + \int_{\tau_1}^{t} M(\tau)\left[C'_N(\tau,\tau_1) - \frac{d}{\mathrm{d}\tau}\frac{1}{\overline{E}(\tau)}\right]\mathrm{d}\tau\right\}$$

$$+ \frac{\Delta_T}{\delta_{11}} = 0$$

$$l_2\left\{\frac{X(t)}{\overline{E}(t)} + \int_{\tau_1}^{t} X(\tau)\left[C'_N(\tau,\tau_1) - \frac{d}{\mathrm{d}\tau}\frac{1}{\overline{E}(\tau)}\right]\mathrm{d}\tau\right\}$$

$$+ \left[1 + \overline{n}(t)\right]\frac{M(t)}{\overline{E}(t)} + \int_{\tau_1}^{t} M(\tau)$$

$$\times \left[C'_N(\tau,\tau_1) - \frac{d}{\mathrm{d}\tau}\frac{1}{\overline{E}(\tau)}\right]\mathrm{d}\tau + \frac{\theta_T}{\delta_{22}} = 0$$

$$(8.3\text{-}13)$$

将上面方程中的第一式乘以 l_2,再与第二式相减,消去含有 $X(t)$ 的项,得到

$$(1 - l_1l_2)\left\{\frac{M(t)}{\overline{E}(t)} + \int_{\tau_1}^{t} M(\tau)\left[C'_N(\tau,\tau_1) - \frac{d}{\mathrm{d}\tau}\frac{1}{\overline{E}(\tau)}\right]\mathrm{d}\tau\right\}$$

$$+ \frac{\overline{n}(t)}{\overline{E}(t)}M(t) + \frac{\theta_T}{\delta_{22}} - l_2\frac{\Delta_T}{\delta_{11}} = 0$$

$$(8.3\text{-}14)$$

再对上式求导,并乘以 $\overline{E}(t)$,得到

$$[1-l_1 l_2 + \overline{n}(t)]M'(t) + (1-l_1 l_2)\overline{E}(t)C'_N(\tau, \tau_1)M(t) = 0 \qquad (8.3\text{-}15)$$

这个方程又可以写成

$$M'(t) + \frac{1-l_1 l_2}{1-l_1 l_2 + \overline{n}(t)}\overline{E}(t)C'_N(t, \tau_1)M(t) = 0 \qquad (8.3\text{-}16)$$

在方程(8.3-14)中,命 $t = \tau_1$,得到

$$(1-l_1 l_2)\frac{M(\tau_1)}{\overline{E}(\tau_1)} + \frac{\overline{n}(\tau_1)}{\overline{E}(\tau_1)}M(\tau_1) + \frac{\theta_T}{\delta_{22}} - l_2\frac{\Delta_T}{\delta_{11}} = 0$$

由上式得到一阶微分方程(8.3-16)的初始条件

$$M(t)\big|_{t=\tau_1} = \frac{\overline{E}(\tau_1)\Delta_T l_2}{\delta_{11}}\frac{1 - \dfrac{\theta_T}{l_1 \Delta_T}}{1 - l_1 l_2 + \overline{n}(\tau_1)} \qquad (8.3\text{-}17)$$

容易看出,满足一阶微分方程(8.3-16)和初始条件(8.3-17)的解为

$$\left.\begin{aligned}
M(t) &= \frac{\overline{E}(\tau_1)\Delta_T l_2}{\delta_{11}}\frac{1 - \dfrac{\theta_T}{l_1 \Delta_T}}{1 - l_1 l_2 + \overline{n}(\tau_1)}e^{-\eta(t,\tau_1)}\\[2mm]
\eta(t, \tau_1) &= \int_{\tau_1}^{t}\frac{1-l_1 l_2}{1-l_1 l_2 + \overline{n}(\tau)}\overline{E}(\tau)C'_N(\tau, \tau_1)\mathrm{d}\tau
\end{aligned}\right\} \qquad (8.3\text{-}18)$$

现在,再将方程(8.3-13)的第一式改写如下

$$\frac{X(t)}{\overline{E}(t)} + \int_{\tau_1}^{t}X(\tau)\left[C'_N(\tau, \tau_1) - \frac{\mathrm{d}}{\mathrm{d}\tau}\frac{1}{\overline{E}(\tau)}\right]\mathrm{d}\tau$$
$$= -\frac{\Delta_T}{\delta_{11}} - l_1\left\{\frac{M(t)}{\overline{E}(t)} + \int_{\tau_1}^{t}M(\tau)\left[C'_N(\tau, \tau_1) - \frac{\mathrm{d}}{\mathrm{d}\tau}\frac{1}{\overline{E}(\tau)}\right]\mathrm{d}\tau\right\} \qquad (8.3\text{-}19)$$

对上式求导,得到

$$\frac{X'(t)}{\overline{E}(t)} + C'_N(t, \tau_1)X(t) = -l_1\left[\frac{M(t)}{\overline{E}(t)} + C'_N(t, \tau_1)M(t)\right]$$

两边再乘以 $\overline{E}(t)$,得

$$X'(t) + \overline{E}(t)C'_N(t, \tau_1)X(t) = -l_1[M'(t) + \overline{E}(t)C'_N(t, \tau_1)M(t)] \qquad (8.3\text{-}20)$$

先根据式(8.3-18)将 $M(t)$ 及其一阶导数简写为

$$\left.\begin{aligned}
M(t) &= \overline{M}_0 e^{-\eta(t,\tau_1)}\\[2mm]
M'(t) &= \frac{-(1-l_1 l_2)E(t)C'_N(t, \tau_1)}{1-l_1 l_2 + \overline{n}(t)}\overline{M}_0 e^{-\eta(t,\tau_1)}
\end{aligned}\right\} \qquad (8.3\text{-}21)$$

式中　$\overline{M}_0 = \dfrac{\overline{E}(\tau_1)\Delta_T l_2}{\delta_{11}} \dfrac{1 - \dfrac{\theta_T}{l_1 \Delta_T}}{1 - l_1 l_2 + \overline{n}(\tau_1)}$;

$$\eta(t,\tau_1) = \int_{\tau_1}^{t} \frac{(1 - l_1 l_2)\overline{E}(\tau)C'_N(\tau,\tau_1)}{1 - l_1 l_2 + \overline{n}(\tau)}\mathrm{d}\tau .$$

应用式(8.3-21),得到下述等式

$$
\begin{aligned}
M'(t) + \overline{E}(t)C'_N(t,\tau_1)M(t) &= -\frac{(1 - l_1 l_2)\overline{E}(t)C'_N(t,\tau_1)}{1 - l_1 l_2 + \overline{n}(t)}\\
&\quad \times \overline{M}_0 \mathrm{e}^{-\eta(t,\tau_1)} + \overline{E}(t)C'_N(t,\tau_1)\,\overline{M}_0 \mathrm{e}^{-\eta(t,\tau_1)}\\
&= \frac{\overline{n}(t)\overline{E}(t)C'_N(t,\tau_1)\,\overline{M}_0}{1 - l_1 l_2 + \overline{n}(t)}\mathrm{e}^{-\eta(t,\tau_1)}
\end{aligned}
$$

再将如上结果代入方程(8.3-20)中,可得

$$X'(t) + \overline{E}(t)C'_N(t,\tau_1)X(t) = -l_1\,\overline{M}_0\,\frac{\overline{n}(t)\overline{E}(t)C'_N(t,\tau_1)}{1 - l_1 l_2 + \overline{n}(t)}\mathrm{e}^{-\eta(t,\tau_1)} \quad (8.3\text{-}22)$$

这是一阶变系数非齐次微分方程。在方程(8.3-19)中,命 $t = \tau_1$,可得方程(8.3-22)的初始条件

$$X(t)\Big|_{t=\tau_1} = -\overline{E}(\tau_1)\frac{\Delta_T}{\delta_{11}} - l_1\,\overline{M}_0 \quad (8.3\text{-}23)$$

以 $X_1(t)$ 表示方程(8.3-22)的齐次通解,$X_2(t)$ 表示非齐次特解,它的全解等于两者之和

$$X(t) = X_1(t) + X_2(t)$$

而齐次通解应满足下面的方程

$$X'_1(t) + \overline{E}(t)C'_N(t,\tau_1)X_1(t) = 0 \quad (8.3\text{-}24)$$

解上面的齐次方程,得到

$$
\left.
\begin{aligned}
X_1(t) &= A\mathrm{e}^{-\eta_0(t,\tau_1)}\\
\eta_0(t,\tau_1) &= \int_{\tau_1}^{t} \overline{E}(\tau)C'_N(\tau,\tau_1)\mathrm{d}\tau
\end{aligned}
\right\} \quad (8.3\text{-}25)
$$

式中 A 是待定的常数。为了求方程(8.3-22)的特解,且分析方程(8.3-20)。在这个方程里,其左右两边的微分关系是相同的,而左边只多一个常数 $-l_1$。我们仿照 $M(t)$ 的表达式(8.3-18),取 $X_2(t)$ 为

$$X_2(t) = B\mathrm{e}^{-\eta(t,\tau_1)} \quad (8.3\text{-}26)$$

其中 B 是待定的常数。将上式代入方程(8.3-22)中的左边,得到如下方程

$$
\left.\begin{aligned}
X'(t) &+ \overline{E}(t)C'_N(t,\tau_1)X(t) \\
&= -B\eta'(t,\tau_1)e^{-\eta(t,\tau_1)} + \overline{E}(t)C'_N(t,\tau_1)Be^{-\eta(t,\tau_1)} \\
&= \frac{-(1-l_1l_2)\overline{E}(t)C'_N(t,\tau_1)}{1-l_1l_2+\overline{n}(t)}Be^{-\eta(t,\tau_1)} + \overline{E}(t)C'_N(t,\tau_1)Be^{-\eta(t,\tau_1)} \\
&= \frac{\overline{n}(t)\overline{E}(t)C'_N(t,\tau)}{1-l_1l_2+\overline{n}(t)}Be^{-\eta(t,\tau_1)}
\end{aligned}\right\} \quad (8.3\text{-}27)
$$

再将上面结果与式(8.3-22)的右边进行比较,得到

$$
B = -l_1\overline{M}_0
$$

故特解 $X_2(t)$ 为

$$
X_2(t) = -l_1\overline{M}_0 e^{-\eta(t,\tau_1)} \quad (8.3\text{-}28)
$$

再将 $X_1(t)$ 和 $X_2(t)$ 的结果相加,由式(8.3-25)与式(8.3-28),得

$$
X(t) = Ae^{-\eta_0(t,\tau_1)} - l_1\overline{M}_0 e^{-\eta(t,\tau_1)} \quad (8.3\text{-}29)
$$

又由于 $\eta_0(t,\tau_1)\big|_{t=\tau_1}=0$, $\eta(t,\tau_1)\big|_{t=\tau_1}=0$,故在 $t=\tau_1$ 时,上式成为

$$
X(t)\big|_{t=\tau_1} = A - l_1\overline{M}_0 \quad (8.3\text{-}30)
$$

将上式代入初始条件(8.3-29),得到下面的方程

$$
A - l_1\overline{M}_0 = -\overline{E}(\tau_1)\frac{\Delta_T}{\delta_{11}} - l_1\overline{M}_0
$$

由上面的等式,解得

$$
A = -\overline{E}(\tau_1)\frac{\Delta_T}{\delta_{11}}
$$

再将此结果代入式(8.3-29),得到

$$
X(t) = -\overline{E}(\tau_1)\frac{\Delta_T}{\delta_{11}}e^{-\eta_0(t,\tau_1)} - l_1\overline{M}_0 e^{-\eta(t,\tau_1)} \quad (8.3\text{-}31)
$$

最后,将所得结果总列于下

$$
\left.\begin{aligned}
M(t) &= \frac{\overline{E}(\tau_1)\Delta_T l_2}{\delta_{11}}\frac{1-\dfrac{\theta_T}{l_1\Delta_T}}{1-l_1l_2+\overline{n}(\tau_1)}e^{-\eta(t,\tau_1)} \\
X(t) &= -\frac{\overline{E}(\tau_1)\Delta_T}{\delta_{11}}\left[e^{-\eta_0(t,\tau_1)} + l_1l_2\frac{1-\dfrac{\theta_T}{l_1\Delta_T}}{1-l_1l_2+\overline{n}(\tau_1)}e^{-\eta(t,\tau_1)}\right]
\end{aligned}\right\} \quad (8.3\text{-}32)
$$

式中 $\quad \eta_0(t,\tau_1) = \displaystyle\int_{\tau_1}^t \overline{E}(\tau)C'_N(\tau,\tau_1)\mathrm{d}\tau;$

$$\eta(t,\tau_1)=\int_{\tau_1}^{t}\frac{1-l_1l_2}{1-l_1l_2+\overline{n}(\tau)}\overline{E}(\tau)C'_N(\tau,\tau_1)d\tau$$

原方程在初始时刻的反力为

$$\left.\begin{array}{l}M(\tau_1)=\dfrac{E(\tau_1)\Delta_Tl_2}{\delta_{11}}\dfrac{1-\dfrac{\theta_T}{l_1\Delta_T}}{1-l_1l_2+n(\tau_1)}\\[4mm]X(\tau_1)=\dfrac{E(\tau_1)\Delta_T}{\delta_{11}}\dfrac{1+n(\tau_1)-\dfrac{l_2\theta_T}{\Delta_T}}{1-l_1l_2+n(\tau_1)}\end{array}\right\}\qquad(8.3\text{-}33)$$

在计算时,只要将式(8.3-32)中的$\overline{E}(\tau_1)$换成$\overline{E}(t-\tau_1)$,将$\overline{n}(\tau_1)$换成$\overline{n}(t-\tau_1)$即可。而$\overline{E}(t-\tau_1)$与$\overline{n}(t-\tau_1)$为

$$\left.\begin{array}{l}\overline{E}(t-\tau_1)=\dfrac{E(\tau_1)}{1+E(\tau_1)C_y(t-\tau_1)}\\[4mm]\overline{n}(t-\tau_1)=\dfrac{n(\tau_1)}{1+E(\tau_1)C_y(t-\tau_1)}=\dfrac{n(\tau_1)}{1+\phi_y(t-\tau_1)}\end{array}\right\}\qquad(8.3\text{-}34)$$

由于$C_y(t-\tau_1)\big|_{t=\tau_1}=0$,故在$t=\tau_1$时$\overline{E}(t-\tau_1)\big|_{t=\tau_1}=E(\tau_1)$,$\overline{n}(t-\tau_1)\big|_{t=\tau_1}=n(\tau_1)$。作了这样的替换后,式(8.3-32)可满足初始时刻的条件(8.3-33)。又由于$C_y(t-\tau_1)$发展很快,当$t-\tau_1$较大时,$C_y(t-\tau_1)\rightarrow C_y$,故式(8.3-32)可作时间$t-\tau_1$较大的反力值的近似计算。

现将反力$X(t)$与$M(t)$用反力系数$H_X(t,\tau_1)$和$H_M(t,\tau_1)$与初始反力$X(\tau_1)$与$M(\tau_1)$来表示

$$\left.\begin{array}{l}X(t)=H_X(t,\tau_1)X(\tau_1)\\[2mm]M(t)=H_M(t,\tau_1)M(\tau)\end{array}\right\}\qquad(8.3\text{-}35)$$

则$H_X(t,\tau_1)$等于式(8.3-32)中的第二式除以式(8.3-33)中的第二式,$H_M(t,\tau_1)$等于式(8.3-32)中的第一式除以式(8.3-33)中的第一式,然后再将$\overline{n}(\tau_1)$用$\overline{n}(t-\tau_1)$代换,$\overline{E}(\tau_1)$用$\overline{E}(t-\tau_1)$替换。其结果为

$$\left.\begin{array}{l}H_M(t,\tau_1)=\dfrac{\overline{E}(t-\tau_1)[1-l_1l_2+n(\tau_1)]}{E(\tau_1)[1-l_1l_2+\overline{n}(t-\tau_1)]}e^{-\eta(t,\tau_1)}\\[5mm]H_X(t,\tau_1)=\dfrac{\overline{E}(t-\tau_1)[1-l_1l_2+n(\tau_1)]}{E(\tau_1)\left[1+\overline{n}(\tau_1)+\dfrac{l_2\theta_T}{\Delta_T}\right]}\\[6mm]\qquad\times\left[e^{-\eta(t,\tau_1)}+\dfrac{l_1l_2-\dfrac{l_2\theta_T}{\Delta_T}}{1-l_1l_2+\overline{n}(t-\tau_1)}e^{-\eta(t,\tau_1)}\right]\end{array}\right\}\qquad(8.3\text{-}36)$$

式中 $\eta_0(t,\tau_1) = \int_{\tau_1}^{t} \overline{E}(\tau)C'_N(\tau,\tau_1)\mathrm{d}\tau$；

$$\eta(t,\tau_1) = \int_{\tau_1}^{t} \frac{(1-l_1l_2)\overline{E}(\tau)C'_N(\tau,\tau_1)}{1-l_1l_2+\overline{n}(\tau)}\mathrm{d}\tau。$$

当 $E(t) \to E$ 时，$\eta_0(t,\tau_1)$ 与 $\eta(t,\tau_1)$ 变成

$$\eta_0(t,\tau_1) = \overline{E}C_N(t,\tau_1) = \overline{\phi}_N(t,\tau_1)$$

$$\eta(t,\tau_1) = \frac{(1-l_1l_2)\overline{E}C_N(t,\tau_1)}{1-l_1l_2+\overline{n}} = \frac{(1-l_1l_2)\overline{\phi}_N(t,\tau_1)}{1-l_1l_2+\overline{n}}$$

在刚架上结点 A 与结点 B 的弯矩为

$$\left. \begin{aligned} M_A(t) &= M(t) \\ M_B(t) &= M(t) + S_2 X(t) \end{aligned} \right\} \tag{8.3-37}$$

上式里 $M_A(t)$ 与 $M_B(t)$ 均以各杆的外缘受拉为正。应用式(8.3-35)，可将上面的式子表为

$$\left. \begin{aligned} M_A(t) &= H_M(t,\tau_1)M(\tau_1) \\ M_B(t) &= H_M(t,\tau_1)M(\tau_1) + S_2 H_X(t,\tau_1)X(t) \end{aligned} \right\} \tag{8.3-38}$$

利用这两个式子，得到 A、B 二点的内力系数

$$\left. \begin{aligned} H_A(t,\tau_1) &= H_M(t,\tau_1) \\ H_B(t,\tau_1) &= \frac{H_M(t,\tau_1) + S_2 \dfrac{X(\tau_1)}{M(\tau_1)} H_X(t,\tau_1)}{1 + S_2 \dfrac{X(\tau_1)}{M(\tau_1)}} \end{aligned} \right\} \tag{8.3-39}$$

三、算例

为说明基础约束对刚架内力的影响，今设混凝土与地基的变形数据及刚架的尺寸为：$E=3\times10^4$ MPa，$C_y=0.7\times10^{-5}$/MPa，$C_N=2.8\times10^{-5}$/MPa，$E/E_0=0.2$、0.5、1、2、5，$S_1=S_2=S$，$h_1=h_2=\dfrac{1}{5}S$。

计算在温度均匀升高 T_0 时 A、B 两结点的初弯矩 $M_A(\tau_1)$、$M_B(\tau_1)$ 与内力系数的最终值 H_A、H_B。

$$H_A = \frac{M_A(\infty)}{M_A(\tau_1)}, \quad H_B = \frac{M_B(\infty)}{M_B(\tau_1)}$$

根据以上所给数据，算得混凝土的松弛系数最终值为 $K(t,\tau_1)|_{t\to\infty}=0.413$，$l_1=$

$\frac{6}{5}S, l_2 = \frac{2}{3}S, l_1 l_2 = 0.8, n = 0.056\,4E/E_0$。在均匀温升 T_0 的作用下,由式(8.3-5)得 $\Delta_T = -\alpha_T T_0 S, \theta_T = 0$。再用式(8.3-36)计算 $H_X(\infty, \tau_1)$、$H_M(\infty, \tau_1)$,由式(8.3-33)计算 $X(\tau_1)$、$M(\tau_1)$,将所得结果代入式(8.3-37),得 $t = \tau_1$ 时的结点初弯矩 $M_A(\tau_1)$、$M_B(\tau_1)$。用式(8.3-39)计算 H_A、H_B。计算结果列于表 8.3-1

表 8.3-1　均匀温升 T_0 的结点初弯矩 $M(\tau_1)$ 和松弛最终值 H_∞

计算内容	E/E_0	0.2	0.5	1	2	5
松弛最终值 H_∞	H_A	0.43	0.45	0.49	0.55	0.67
	H_B	0.42	0.43	0.44	0.45	0.47
结点初弯矩 $M(\tau_1)$	$\dfrac{M_A}{\alpha_T T_0 Eh^2}$	0.031 6	0.029 2	0.026 0	0.021 3	0.013 8
	$\dfrac{M_B}{\alpha_T T_0 Eh^2}$	0.016 3	0.015 8	0.015 2	0.014 3	0.012 8

表中所列数据表明,刚架的温度内力因徐变而有较大衰减;当基础的弹性模量变小时,内力的衰减少些,基础的弹性模量增加时,则内力的衰减也多。当比值 E/E_0 小于 0.5 时,$H_A \approx H_B \approx K(t, \tau_1)|_{t=\infty}$,说明在该刚架所受的温度作用下,当基础的弹性模量大于混凝土的弹性模量的两倍左右,可把转动的弹性约束当作刚性约束看待,按第二类徐变力学问题、即松弛问题的方法求解,先求出其弹性内力,再将弹性内力乘以松弛系数,得到徐变内力。在求解弹性内力时,则仍将转动的约束看成是弹性的。

第四节　用松弛代数法解刚架的温度应力

在第二章的第一节所介绍的徐变物理方程式中,多数都将应力与应变之间的关系表示为积分的关系,唯有效模量法则将应力与应变之间的关系表示为下面的代数关系

$$\sigma(t) = \varepsilon(t) E_C(t, \tau_1) \tag{8.4-1}$$

式中 $E_C(t, \tau_1)$ 是混凝土的有效模量,其值为

$$E_C(t, \tau_1) = \frac{E(\tau_1)}{1 + E(\tau_1) C(t, \tau_1)} \tag{8.4-2}$$

其中 $C(t, \tau_1)$ 是 τ_1 时刻加荷的徐变度。为书写方便,在后面的叙述中,将 $E_C(t, \tau_1)$ 记作 E_C。

在计算结构的荷载内力时,由于其内力随时间的变化不大,应用这个物理方程

式来求解问题时,不但可以获得满意的结果,分析也大为简单。

本节介绍的近似解法,由于应用了松弛系数和上述代数型的徐变物理方程式,故称松弛代数法。为便于比较,下面仍以前讨论过的刚架为例,以说明该方法的要点。

设图 8.4-1 所示的刚架受稳定的均匀温度升高的作用,各杆的长度为 S,惯矩为 J,在此刚架的脚部受弹性的转动约束,其水平约束是刚性的。用松弛代数法求解结点 A 和结点 B 的内力系数 $H_A(t,\tau_1)$、$H_B(t,\tau_1)$。

先用位移法求解该问题的初始弹性内力。由于结点的外形尺寸、约束状况与温度的变化均为对称,故结点的位移与各杆的内力也对称。对于该问题,位移 $\varphi_A(t)=\varphi_D(t)$,$\varphi_B(t)=\varphi_C(t)$,其正向如图 8.4-3(a)所示。

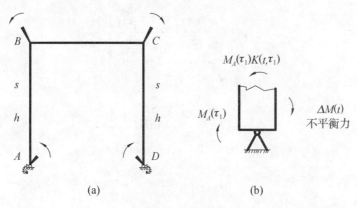

图 8.4-1 计算简图

现以 φ_{A1}、φ_{B1} 表示在初始时刻的弹性位移,由结构力学中的位移法,得到下面的结点力平衡方程

$$\left.\begin{aligned}\frac{4EJ}{S}\varphi_{A1}+\frac{E_0}{\alpha}\varphi_{A1}+\frac{2EJ}{S}\varphi_{B1}+M_{AT}=0\\[2mm]\frac{2EJ}{S}\varphi_{A1}+\frac{4EJ}{S}\varphi_{B1}+\frac{2EJ}{S}\varphi_{B1}+M_{BT}=0\end{aligned}\right\}\qquad(8.4\text{-}3)$$

上面第一式是结点 A 的平衡方程,其中第一项是由位移 φ_{A1} 在 A 点受竖杆约束引起的结点力,第二项是基础的弹性约束引起的结点力,第三项是 B 结点的位移传至 A 结点的结点力,第四项是由于温度变化产生的等效结点力,第二式是结点 B 的平衡方程,其中第三项是由于发生对称位移 φ_{C1}、φ_{B1} 在 B 结点产生的结点力,其余几项可参照上面的解释。在发生均匀的温度改变时,等效的温度结点力为:

$$M_{AT}=M_{BT}=-3\alpha_T T_0\frac{EJ}{S}=M_T\qquad(8.4\text{-}4)$$

将上面的方程各项都除以 $4\dfrac{EJ}{S}$，并用 M_T 表示 M_{AT} 与 M_{BT}，得到

$$\left.\begin{aligned}\left(1+\frac{SE_0}{4\alpha EJ}\right)\varphi_{A1}+\frac{1}{2}\varphi_{B1}&=-\frac{SM_T}{4EJ}\\[2mm]\varphi_{A1}+3\varphi_{B1}&=-\frac{SM_T}{2EJ}\end{aligned}\right\}\qquad(8.4\text{-}5)$$

再求解上面的方程，得到初始的弹性变位

$$\left.\begin{aligned}\varphi_{A1}&=-\frac{SM_T}{EJ}\frac{1}{5+\dfrac{3SE_0}{2\alpha EJ}}\\[3mm]\varphi_{B1}&=-\frac{SM_T}{EJ}\frac{\dfrac{1}{2}+\dfrac{SE_0}{4\alpha EJ}}{5+\dfrac{3SE_0}{2\alpha EJ}}\end{aligned}\right\}\qquad(8.4\text{-}6)$$

从上面结果得到 φ_{A1} 与 φ_{B1} 有下面的比值关系

$$\frac{\varphi_{B1}}{\varphi_{A1}}=\frac{1}{2}+\frac{SE_0}{4\alpha EJ}\qquad(8.4\text{-}7)$$

结点 A 和结点 B 的初始弹性内力

$$\left.\begin{aligned}M_A(\tau_1)&=\frac{E_0}{\alpha}\varphi_{A1}\\[2mm]M_B(\tau_1)&=\frac{2EJ}{S}\varphi_{B1}\end{aligned}\right\}\qquad(8.4\text{-}8)$$

下面再解不平衡力下的内力。在结点 A 和结点 D 是刚架和基础连接的地方，由于基础的转动约束是弹性的，而刚架是徐变体，故在这两个脚点存在不平衡力。不平衡的弯矩为

$$\Delta M_A(t)=\frac{E_0}{\alpha}\varphi_{A1}[1-K(t,\tau_1)]\qquad(8.4\text{-}9)$$

式中 $\Delta M_A(t)$ 的正向如图 8.4-1(b)所示。

用 $\varphi_{A2}(t)$、$\varphi_{B2}(t)$ 表示由不平衡弯矩产生的变位。在建立结点力的平衡方程时，将混凝土的弹性模量 E 改用有效模量 E_C。参照方程(8.4-3)，结点 A 和 B 的力矩平衡方程为

$$\left.\begin{aligned}\frac{4E_CJ}{S}\varphi_{A2}(t)+\frac{E_0}{\alpha}\varphi_{A2}(t)+\frac{2E_CJ}{S}\varphi_{B2}(t)+\frac{E_0}{\alpha}\varphi_{A1}[1-K(t,\tau_1)]&=0\\[2mm]\frac{2E_CJ}{S}\varphi_{A2}(t)+\frac{6E_CJ}{S}\varphi_{B2}(t)&=0\end{aligned}\right\}(8.4\text{-}10)$$

上面的方程经过化简,成为

$$\left.\begin{array}{l}\left(1+\dfrac{SE_0}{4\alpha E_C J}\right)\varphi_{A2}(t)+\dfrac{1}{2}\varphi_{B2}(t)=-\dfrac{SE_0}{4\alpha E_C J}[1-K(t,\tau_1)]\varphi_{A1}\\[3mm]\varphi_{A2}(t)+3\varphi_{B2}(t)=0\end{array}\right\} \quad (8.4\text{-}11)$$

解这个方程,即得

$$\left.\begin{array}{l}\varphi_{A2}(t)=-[1-K(t,\tau_1)]\dfrac{3\varphi_{A1}}{1+\dfrac{10\alpha J E_C}{3SE_0}}\\[8mm]\varphi_{B2}(t)=[1-K(t,\tau_1)]\dfrac{\varphi_{A1}}{1+\dfrac{10\alpha J E_C}{3SE_0}}\end{array}\right\} \quad (8.4\text{-}12)$$

在结点 A 处,基础反力与杆端内力相等,故得

$$M_A(t)=\frac{E_0}{\alpha}[\varphi_{A1}+\varphi_{A2}(t)]=\frac{E_0}{\alpha}\varphi_{A1}\left\{1-\frac{3[1-K(t,\tau_1)]}{1+\dfrac{10\alpha J E_C}{3SE_0}}\right\} \quad (8.4\text{-}13)$$

在结点 B 的总内力等于初始内力 $M_B(\tau_1)$ 乘以松弛系数再与不平衡弯矩产生的内力相加,故得

$$\begin{aligned}M_B(t)&=\frac{2EJ}{S}\varphi_{B1}K(t,\tau_1)+\frac{2E_C J}{S}\varphi_{B2}(t)\\[2mm]&=\frac{2EJ}{S}\varphi_{B1}\left[K(t,\tau_1)+\frac{E_C}{E}\frac{\varphi_{B2}(t)}{\varphi_{B1}}\right]\end{aligned} \quad (8.4\text{-}14)$$

将式(8.4-12)中的第二式代入上式,消去 $\varphi_{B2}(t)$,得

$$M_B(t)=\frac{2EJ}{S}\varphi_{B1}\left[K(t,\tau_1)+\frac{\varphi_{A1}}{\varphi_{B1}}\frac{1-K(t,\tau_1)}{1+\dfrac{10\alpha J E_C}{3SE_0}}\right] \quad (8.4\text{-}15)$$

再利用式(8.4-7)中有关 φ_{A1} 与 φ_{B1} 的比值关系,将上式写成

$$M_B(t)=\frac{2EJ}{S}\varphi_{B1}\left\{K(t,\tau_1)+\frac{2[1-K(t,\tau_1)]}{\left(1+\dfrac{SE_0}{2\alpha EJ}\right)\left(1+\dfrac{10\alpha J E_C}{3SE_0}\right)}\right\} \quad (8.4\text{-}16)$$

由于结点 A 和结点 B 的初始内力为

$$\left.\begin{array}{l}M_A(\tau_1)=\dfrac{E_0}{\alpha}\varphi_{A1}\\[4mm]M_B(\tau_1)=\dfrac{2EJ}{S}\varphi_{B1}\end{array}\right\} \quad (8.4\text{-}17)$$

将此初始内力与式(8.4-13)、式(8.4-16)对照,即得这两个结点的内力系数

$$H_A(t,\tau_1)=1-3\,\frac{1-K(t,\tau_1)}{1+\dfrac{10\alpha JE_C}{3SE_0}}$$

$$H_B(t,\tau_1)=K(t,\tau_1)+2\,\frac{1-K(t,\tau_1)}{\left(1+\dfrac{SE_0}{2\alpha EJ}\right)\left(1+\dfrac{10\alpha JE_C}{3SE_0}\right)}$$

（8.4-18）

为了将本方法与直接解法进行数值方面的比较,再用第三节的有关数据进行计算,结果列于表8.4-1。由表可见,对于刚架温度内力的求解,这个方法的精度较高。

表 8.4-1　均匀温升下刚架的结点弯矩系数 H_A、H_B

解法	H ╲ E/E_0	0.2	0.5	1	2	5
松弛代数法	H_A	0.43	0.45	0.48	0.54	0.65
	H_B	0.42	0.43	0.44	0.45	0.47
直接解法	H_A	0.43	0.45	0.49	0.55	0.67
	H_B	0.42	0.43	0.44	0.45	0.47

第五节　弹粘性基础上梁的温度内力

本节讨论基础为徐变体时,文克勒型地基上的梁在稳定变温作用下的内力计算。对于这种地基,在荷载作用的初始时刻,它处于弹性状态,压力 p 与压陷 w 成正比

$$p=-Kw \tag{8.5-1}$$

式中 K 为基床系数,式右的前面加负号表示压力 p 与压陷 w 的方向相反。当压力 p 不随时间变化,因地基发生徐变,压陷与压力之间的关系用下式表示

$$p=-K_Cw \tag{8.5-2}$$

式中 K_C 是基床系数的有效量

$$K_C=\frac{K}{1+\phi_0} \tag{8.5-3}$$

其中 ϕ_0 表示地基的徐变系数。以 E_0 表示地基的弹性模量,C_0 表示徐变度,则 $\phi_0=E_0C_0$。上面的 K_C、ϕ_0、C_0 都是时间的变量。

当基础发生一个初压陷以后,此压陷保持不变,则压力将因徐变的发展而随时

间减小,我们将 t 时间的压力与初始压力的比称为地基的松弛系数,用 H_0 表示。

如图 8.5-1 所示的梁,上下温差为 ΔT

$$\Delta T = T_1 - T_2 \tag{8.5-4}$$

ΔT 沿梁的长度方向不变,沿梁高方向作线性的变化。用 h 表示梁高,梁长为 $2l$。由于结构的外形对称,故将坐标的原点放在梁的中间位置,坐标的指向如该图所示。

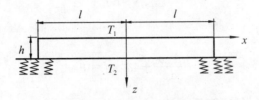

图 8.5-1 基础梁计算简图

设该梁在外界因素(包括温度、荷载)的综合作用下,地基与梁之间不发生局部的脱离,仅考虑温度的作用时地基与梁之间可以出现拉应力。

在研究本问题时,仍用上一节讲过的松弛代数法。下面先讨论弹性的温度变位与温度内力。

一、初始弹性内力的求解

在初始时刻,地基与梁均处于弹性状态,其变位与内力均按弹性分析的方法求解。在求解梁由温度引起的变形与内力时,可作如下处理。先在梁端施加一对约束,使之不发生弯曲,则所加的约束力为

$$M_T = -\alpha_T \frac{\Delta T}{h} EJ \tag{8.5-5}$$

式中 $J = \frac{1}{12} h^3$。由于梁端的弯矩为零,故需再在两端施加一对方向相反的力矩 M_l

$$M_l = \alpha_T \frac{\Delta T}{h} EJ$$

然后将所加力矩 M_l 产生的内力与约束弯矩 M_T 迭加,即为基础梁由温度产生的初始弹性弯矩,而梁的变形则等于由所施加的力矩 M_l 产生的变形。

用 w_1 表示梁轴线的初始弹性变位,则 w_1 应满足下面的微分方程

$$\frac{\mathrm{d}^4 w_1}{\mathrm{d}x^4} = \frac{p}{EJ} \tag{8.5-6}$$

上式里 p 是由位移 w_1 引起的地基反力。将式(8.5-1)代入上面的方程,并注意其中

的 w 即为这里的 w_1，得到

$$\frac{\mathrm{d}^4 w_1}{\mathrm{d}x^4} + \frac{K}{EJ}w_1 = 0 \tag{8.5-7}$$

再引用记号

$$\omega = \sqrt[4]{\frac{K}{4EJ}} \tag{8.5-8}$$

可将上面的方程变为

$$\frac{\mathrm{d}^4 w_1}{\mathrm{d}x^4} + 4\omega^4 w_1 = 0 \tag{8.5-9}$$

四阶方程(8.5-9)的通解是

$$w_1 = A_1\mathrm{ch}\omega x\cos\omega x + A_2\mathrm{sh}\omega x\sin\omega x + A_3\mathrm{ch}\omega x\sin\omega x + A_4\mathrm{sh}\omega x\cos\omega x \tag{8.5-10}$$

由于结构与外部作用都对称，w_1 是坐标 x 的偶函数，$A_3 = A_4 = 0$，故得

$$w_1 = A_1\mathrm{ch}\omega x\cos\omega x + A_2\mathrm{sh}\omega x\sin\omega x \tag{8.5-11}$$

上式中的二个常数需由边界条件和平衡条件决定，在 $x=l$ 处，弯矩为 M_l，在梁上没有竖直荷载，故

$$\left.\begin{array}{l} M\Big|_{x=l} = M_l \\[3mm] \displaystyle\int_0^t p\,\mathrm{d}x = 0 \end{array}\right\} \tag{8.5-12}$$

又由于

$$\frac{\mathrm{d}^2 w_1}{\mathrm{d}x^2} = \frac{M}{EJ}$$

$$\int_0^t p\,\mathrm{d}x = -\int_0^t Kw_1\,\mathrm{d}x$$

所以式(8.5-12)的定解条件又可写成

$$\left.\begin{array}{l} \dfrac{\mathrm{d}^2 w_1}{\mathrm{d}x^2}\bigg|_{x=l} = \dfrac{M_l}{EJ} \\[4mm] \displaystyle\int_0^t w_1\,\mathrm{d}x = 0 \end{array}\right\} \tag{8.5-13}$$

根据式(8.5-11)，w_1 的二阶导数与积分为

$$\frac{\mathrm{d}^2 w_1}{\mathrm{d}x^2} = -2\omega^2 A_1 \,\mathrm{sh}\omega x \sin\omega x + 2\omega^2 A_2 \,\mathrm{ch}\omega x \cos\omega x$$

$$\int w_1 \,\mathrm{d}x = \frac{A_1}{2\omega}(\mathrm{ch}\omega x \sin\omega x + \mathrm{sh}\omega x \cos\omega x)$$
$$+ \frac{A_2}{2\omega}(\mathrm{ch}\omega x \sin\omega x - \mathrm{sh}\omega x \cos\omega x) \tag{8.5-14}$$

将上面所得结果代入式(8.5-13),得到下面的方程组

$$A_1 \,\mathrm{sh}\omega l \sin\omega l - A_2 \,\mathrm{ch}\omega l \cos\omega l = -\frac{M_l}{2\omega^2 EJ}$$

$$A_1(\mathrm{ch}\omega l \sin\omega l + \mathrm{sh}\omega l \cos\omega l) + A_2(\mathrm{ch}\omega l \sin\omega l - \mathrm{sh}\omega l \cos\omega l) = 0 \tag{8.5-15}$$

解这个方程组,得到

$$A_1 = \frac{\mathrm{sh}\omega l \cos\omega l - \mathrm{ch}\omega l \sin\omega l}{\mathrm{sh}\omega l \,\mathrm{ch}\omega l + \sin\omega l \cos\omega l} \frac{M_l}{2\omega^2 EJ}$$

$$A_2 = \frac{\mathrm{ch}\omega l \sin\omega l + \mathrm{sh}\omega l \cos\omega l}{\mathrm{sh}\omega l \,\mathrm{ch}\omega l + \sin\omega l \cos\omega l} \frac{M_l}{2\omega^2 EJ} \tag{8.5-16}$$

由前面所述,梁在温度作用下的内力等于梁端不发生转动时的内力 $M_T = -M_l$ 以及由梁端力矩 M_l 产生的内力之和,故初始的弹性弯矩为

$$M(x, \tau_1) = -M_l + EJw_1'' = -M_l$$
$$+ 2\omega^2 EJ(-A_1 \,\mathrm{sh}\omega x \sin\omega x + A_2 \,\mathrm{ch}\omega x \cos\omega x) \tag{8.5-17}$$

显然,在梁中的弯矩为最大,也是我们最关心的。由上式可得

$$M_{\max} = M(0, \tau_1) = -M_l + 2\omega^2 EJA_2 \tag{8.5-18}$$

再将式(8.5-16)中的第二式代入上式,得到

$$M(0, \tau_1) = -M_l \left(1 - \frac{\mathrm{ch}\omega l \sin\omega l + \mathrm{sh}\omega l \cos\omega l}{\mathrm{sh}\omega l \,\mathrm{ch}\omega l + \mathrm{sh}\omega l \cos\omega l}\right) \tag{8.5-19}$$

式中 $\quad M_l = \alpha_T \dfrac{\Delta T}{h} EJ$;

$$\omega = \sqrt[4]{\frac{K}{4EJ}} \text{。}$$

以上导出的结果为初始时刻的弹性位移与内力。

二、徐变内力的计算

下面再按松弛代数法的解题步骤求解梁在徐变随时间发展情况下的位移与

内力。

当基础梁在发生初始的弹性变位 w_1 以后，此变位保持不变，则梁的内力等于初始的弹性内力与松弛系数的乘积

$$M_1(t)=M(x,\tau_1)H(t,\tau_1) \tag{8.5-20}$$

式中　$M(x,\tau_1)$——基础梁的初始内力，为坐标 x 的函数；

　　　$H(t,\tau_1)$——混凝土梁的松弛系数，为时间的函数；

　　　$M_1(t)$——由温度改变发生的松弛内力。

梁对地基的反力则为

$$p(t)=Kw_1H(t,\tau_1) \tag{8.5-21}$$

为书写方便，下面将 $H(t,\tau_1)$ 记作 H。

当梁的变位不变，因地基也发生徐变，其反力将随时间减小，为

$$p_0(t)=-Kw_1H_0 \tag{8.5-22}$$

不平衡的反力为上述两种反力的差值

$$\Delta p(t)=-K(H_0-H)w_1 \tag{8.5-23}$$

这种反力差将导致梁与地基发生新的变位与新的内力。下面，我们称这种由不平衡反力产生的位移与内力为调整位移与调整内力，而称位移与弹性的初始位移相等下的内力为松弛内力。在式(8.5-20)中所给出的内力称为松弛内力。

今用 w_t 表示调整位移。此时，梁所受的荷载包括地基反力 $-K_cw_t$ 与不平衡反力 Δp_t。w_t 应满足下面的微分方程

$$\frac{\mathrm{d}^4w_t}{\mathrm{d}x^4}=-\frac{K_Cw_t}{E_CJ}+\frac{\Delta p(t)}{E_CJ} \tag{8.5-24}$$

引用记号

$$\lambda=\sqrt[4]{\frac{K_C}{4E_CJ}} \tag{8.5-25}$$

将上面的方程(8.5-24)写成

$$\frac{\mathrm{d}^4w_t}{\mathrm{d}x^4}+4\lambda^4w_t=\frac{\Delta p(t)}{E_CJ} \tag{8.5-26}$$

上面三式中 E_C 是混凝土的有效模量，K_C 是有效基床系数。

将 $\Delta p(t)$ 用 w_1 表示，上式成为

$$\frac{\mathrm{d}^4w_t}{\mathrm{d}x^4}+4\lambda^4w_t=-\frac{K}{E_CJ}(H_0-H)w_1$$

再将 w_1 的表达式(8.5-11)代入上面的方程,得到

$$\frac{\mathrm{d}^4 w_t}{\mathrm{d}x^4} + 4\lambda^4 w_t = -\frac{K}{E_C J}(H_0 - H) \times (A_1 \mathrm{ch}\omega x \cos\omega x + A_2 \mathrm{sh}\omega x \sin\omega x)$$

$$(8.5-27)$$

这个方程的解等于它的齐次通解加上一个满足方程的特解。由于结构与外部的作用都对称,w_t 是 x 的偶函数,故其齐次通解取为

$$w_t = B_1 \mathrm{ch}\lambda x \cos\lambda x + B_2 \mathrm{sh}\lambda x \sin\lambda x \qquad (8.5-28)$$

式中 B_1、B_2 是与坐标 x 无关的某一时间函数。

现设非齐次特解为

$$w_t = Q_1 \mathrm{ch}\omega x \cos\omega x + Q_2 \mathrm{sh}\omega x \sin\omega x$$

其中 Q_1、Q_2 都是时间的函数。将上式代入方程(8.5-27),得到

$$(-4\omega^4 + 4\lambda^4) Q_1 \mathrm{ch}\omega x \cos\omega x + (-4\omega^4 + 4\lambda^4) Q_2 \mathrm{sh}\omega x \sin\omega x$$

$$= -\frac{K}{E_C J}(H_0 - H)(A_1 \mathrm{ch}\omega x \cos\omega x + A_2 \mathrm{sh}\omega x \sin\omega x)$$

由于 x 的任意性,上面的等式成立,左右两边同类项系数必须相等,从而得到求解 Q_1 和 Q_2 的二元方程组,解得 Q_1 和 Q_2

$$\left.\begin{array}{l} Q_1 = \dfrac{K(H_0 - H)}{(4\omega^4 - 4\lambda^4)E_C J} A_1 \\[4mm] Q_2 = \dfrac{K(H_0 - H)}{(4\omega^4 - 4\lambda^4)E_C J} A_2 \end{array}\right\} \qquad (8.5-29)$$

又由于 $4\omega^4 = \dfrac{K}{EJ}$,$4\lambda^4 = \dfrac{K_C}{E_C J}$,$E_C$ 为混凝土的有效模量,$E/(1+\phi)$,K_C 为地基的有效压陷量 $K/(1+\phi_0)$,故上式可写成

$$\left.\begin{array}{l} Q_1 = \dfrac{KE(H_0 - H)}{KE_C - K_C E} A_1 \\[4mm] Q_2 = \dfrac{KE(H_0 - H)}{KE_C - K_C E} A_2 \end{array}\right\} \qquad (8.5-30)$$

由这个结果,得到方程(8.5-27)的非齐次特解为

$$w_t = \frac{KE(H_0 - H)}{KE_C - K_C E}(A_1 \mathrm{ch}\omega x \cos\omega x + A_2 \mathrm{sh}\omega x \sin\omega x) \qquad (8.5-31)$$

再将上式与式(8.5-28)相加,得到如下全解式

$$w_t = B_1 \,\text{ch}\lambda x \cos\lambda x + B_2 \,\text{sh}\lambda x \sin\lambda x$$

$$+ \frac{KE(H_0-H)}{KE_C - K_C E}(A_1 \,\text{ch}\omega x \cos\omega x + A_2 \,\text{sh}\omega x \sin\omega x) \Bigg\} \quad (8.5\text{-}32)$$

式中的系数 B_1、B_2 由下述条件求解

$$\left.\frac{\mathrm{d}^2 w_t}{\mathrm{d}x^2}\right|_{x=l} = 0$$

$$\int_0^l K_C w_t \,\mathrm{d}x = \int_0^l \Delta p(t) \,\mathrm{d}x \Bigg\} \quad (8.5\text{-}33)$$

由于 $\int_0^l w_1 \,\mathrm{d}x = 0$，即 $\int_0^l \Delta p(t) \,\mathrm{d}x = 0$，故式 (8.5-33) 所给的定解条件又可写成

$$\left.\frac{\mathrm{d}^2 w_t}{\mathrm{d}x^2}\right|_{x=l} = 0$$

$$\int_0^l w_t \,\mathrm{d}x = 0 \Bigg\} \quad (8.5\text{-}34)$$

在求解系数 B_1、B_2 时，为了书写简单，将式 (8.5-32) 写成

$$w_t = B_1 \,\text{ch}\lambda x \cos\lambda x + B_2 \,\text{sh}\lambda x \sin\lambda x + \frac{KE(H_0-H)}{KE_C - K_C E} w_1 \quad (8.5\text{-}35)$$

对上式求导和作积分，得到

$$\left.\frac{\mathrm{d}^2 w_t}{\mathrm{d}x^2}\right|_{x=l} = -2\lambda^2 B_1 \,\text{sh}\lambda l \sin\lambda l$$

$$+ 2\lambda^2 B_2 \,\text{ch}\lambda l \cos\lambda l + \frac{KE(H_0-H)}{KE_C - K_C E} w''_1 \Big|_{x=l}$$

$$\int_0^l w_t \,\mathrm{d}x = \frac{B_1}{2\lambda}(\text{ch}\lambda l \sin\lambda l + \text{sh}\lambda l \cos\lambda l) \Bigg\} \quad (8.5\text{-}36)$$

$$+ \frac{B_2}{2\lambda}(\text{ch}\lambda l \sin\lambda l - \text{sh}\lambda l \cos\lambda l)$$

$$+ \frac{KE(H_0-H)}{KE_C - K_C E} \int_0^l w_1 \,\mathrm{d}x$$

再将如上所得结果代入式 (8.5-34) 的左边，注意到式 (8.5-13) 中有 $\left.\dfrac{\mathrm{d}^2 w_t}{\mathrm{d}x^2}\right|_{x=l} = \dfrac{M_l}{EJ}$

与 $\int_0^l w_1 \,\mathrm{d}x = 0$，得到下面的方程组

$$-B_1 \, \text{sh}\lambda l \sin\lambda l + B_2 \, \text{ch}\lambda l \cos\lambda l = -\frac{K(H_0-H)M_l}{2\lambda^2(KE_C-K_CE)J} \Bigg\}$$

$$B_1(\text{ch}\lambda l \sin\lambda l + \text{sh}\lambda l \cos\lambda l) + B_2(\text{ch}\lambda l \sin\lambda l - \text{sh}\lambda l \cos\lambda l) = 0 \Bigg\}$$

(8.5-37)

再解这个方程组,得到

$$B_1 = -\frac{K(H_0-H)M_l}{2\lambda^2 J(KE_C-K_CE)} \times \frac{\text{sh}\lambda l \cos\lambda l - \text{ch}\lambda l \sin\lambda l}{\text{sh}\lambda l \text{ch}\lambda l + \sin\lambda l \cos\lambda l} \Bigg\}$$

$$B_2 = -\frac{K(H_0-H)M_l}{2\lambda^2 J(KE_C-K_CE)} \times \frac{\text{ch}\lambda l \sin\lambda l + \text{sh}\lambda l \cos\lambda l}{\text{sh}\lambda l \text{ch}\lambda l + \sin\lambda l \cos\lambda l} \Bigg\}$$

(8.5-38)

至此,由不平衡力引起的调整变位 w_t 已完全确定。下面再推导内力计算的有关公式。

对于由调整位移 w_t 产生的内力 M_t,用与相当的弹性梁的有关公式来计算,为

$$M_t = E_C J \frac{\mathrm{d}^2 w_t}{\mathrm{d}x^2}$$

今将式(8.5-32)求导两次,再将结果代入上面式子的右边,得到

$$M_t = 2\lambda^2 E_C J(-B_1 \text{sh}\lambda x \sin\lambda x + B_2 \text{ch}\lambda x \cos\lambda x)$$

$$+ 2\omega^2 E_C J \frac{KE(H_0-H)}{KE_C-K_CE}(-A_1 \text{sh}\omega x \sin\omega x + A_2 \text{ch}\omega x \cos\omega x)$$

(8.5-39)

由于总的内力弯矩为

$$M(x,t) = M(x,\tau_1)H + M_t$$

将前面所得之解式(8.5-17)与(8.5-39)代入上式,得到

$$M(x,t) = H[-M_l + 2\omega^2 EJ(-A_1 \text{sh}\omega x \sin\omega x + A_2 \text{ch}\omega x \cos\omega x)]$$

$$+ 2\lambda^2 E_C J(-B_1 \text{sh}\lambda x \sin\lambda x + B_2 \text{ch}\lambda x \cos\lambda x)$$

$$+ 2\omega^2 E_C J \frac{KE(H_0-H)}{KE_C-K_CE}$$

$$\times (-A_1 \text{sh}\omega x \sin\omega x + A_2 \text{ch}\omega x \cos\omega x)$$

(8.5-40)

显然,在考虑地基与梁均为徐变体时,梁上的内力弯矩仍在跨中最大。为了求梁中处的弯矩,将上式中的 x 取为 $x=0$,得到

$$M(0,t) = H(-M_l + 2\omega^2 EJA_2) + 2\lambda^2 E_C J B_2$$

$$+ 2\omega^2 E_C J \frac{KE(H_0-H)}{KE_C-K_CE} A_2$$

(8.5-41)

再将前面得到的 A_2、B_2 的结果代入上式,得到

$$M(0,t) = -M_l H \left(1 - \frac{\text{ch}\omega l \sin\omega l + \text{sh}\omega l \cos\omega l}{\text{sh}\omega l \text{ch}\omega l + \sin\omega l \cos\omega l}\right) + M_l \frac{KE_C(H_0 - H)}{KE_C - K_C E}$$

$$\times \left(\frac{\text{ch}\omega l \sin\omega l + \text{sh}\omega l \cos\omega l}{\text{sh}\omega l \text{ch}\omega l + \sin\omega l \cos\omega l} - \frac{\text{ch}\lambda l \sin\lambda l + \text{sh}\lambda l \cos\lambda l}{\text{sh}\lambda l \text{ch}\lambda l + \sin\lambda l \cos\lambda l}\right)$$

$$(8.5\text{-}42)$$

又由于 $E_C = \dfrac{E}{1+\phi}$, $K_C = \dfrac{K}{1+\phi_0}$, 故有

$$\frac{KE_C}{KE_C - K_C E} = \frac{1}{1 - K_C E/KE_C} = \frac{1}{1 - \dfrac{KE}{1+\phi_0} \dfrac{1+\phi}{KE}}$$

$$= \frac{1}{1 - \dfrac{1+\phi}{1+\phi_0}} = \frac{1+\phi_0}{\phi_0 - \phi}$$

再将上述结果代入(8.5-42)中,得到

$$M(0,t) = -M_l H \left(1 - \frac{\text{ch}\omega l \cdot \sin\omega l + \text{sh}\omega l \cos\omega l}{\text{sh}\omega l \text{ch}\omega l + \sin\omega l \cos\omega l}\right) + M_l \frac{(1+\phi_0)(H_0 - H)}{\phi_0 - \phi}$$

$$\times \left(\frac{\text{ch}\omega l \sin\omega l + \text{sh}\omega l \cos\omega l}{\text{sh}\omega l \text{ch}\omega l + \sin\omega l \cos\omega l} - \frac{\text{ch}\lambda l \sin\lambda l + \text{sh}\lambda l \cos\lambda l}{\text{sh}\lambda l \text{ch}\lambda l + \sin\lambda l \cos\lambda l}\right)$$

$$(8.5\text{-}43)$$

由上式算出 t 时刻的梁中内力弯矩,再用式(8.5-16)算出初始时刻的梁中初始内力弯矩,就可用下式计算梁上最大内力的系数

$$H_{\max}(t, \tau_1) = \frac{M(0,t)}{M(0,\tau_1)} \tag{8.5-44}$$

三、算例

为定性地说明混凝土与地基的徐变对基础梁温度内力的影响以及基床系数与内力的关系,今用下面的数据计算梁中的初弯矩与弯矩系数。所用数据为:$h = 1$ m,$2l/h = 10$,$K = 30$、50、100、200、300、600 MPa/m,$\phi_0/\phi = 0$、0.5、2.0,$E = 3 \times 10^4$ MPa,$C_y = 0.7 \times 10^5$/MPa,$C_N = 2.1 \times 10^5$/MPa,$\phi = 0.84$。

用上述数据计算梁混凝土松弛系数 H 和地基松弛系数 H_0 对应值如下:$H = 0.491$,$H_0 = 1$、0.657、0.186。计算公式为

$$\left. \begin{array}{l} H = \dfrac{1}{1+\phi_y} e^{-\overline{E}C_N} \\[3mm] H_0 = e^{-\phi_0} \end{array} \right\} \tag{8.5-45}$$

上式中 H 的计算式为按继效流动法的松弛近似解式,H_0 的计算式为按老化理论(流动率法)的松弛系数式。计算 ω 时取梁宽 $b=1$,$J=\dfrac{1}{12}h^3$,ω、λ 按下式计算

$$\omega=\sqrt[4]{\frac{K}{4EJ}}$$

(8.5-46)

$$\lambda=\omega\sqrt[4]{\frac{1+\phi}{1+\phi_0}}$$

在此,只算梁中弯矩系数的最终值 $H_{\max}(0,\infty)$。所得结果列于下面的表8.5-1。

表 8.5-1　梁中初弯矩与影响系数 H

K (MPa/m)	初弯矩 $\dfrac{M(0,\tau_1)}{EJ\alpha\Delta T/h}$	系数 $H_{\max}(0,\infty)/M(0,\tau_1)$		
		$\phi_0/\phi=0$	$\phi_0/\phi=0.5$	$\phi_0/\phi=2$
30	0.25	0.84	0.62	0.23
50	0.37	0.78	0.60	0.25
100	0.57	0.69	0.57	0.30
200	0.79	0.61	0.54	0.35
300	0.90	0.57	0.53	0.38
600	1.03	0.52	0.51	0.43

计算结果说明,当 $\phi_0=0$,即地基没有徐变时,梁的内力衰减最小;地基的徐变比混凝土的徐变小时,即徐变系数之比 $\phi_0/\phi<1$,则内力的衰减系数 $H_{\max}(0,\infty)$ 大于混凝土的松弛系数 $H=0.49$,当 $\phi_0/\phi>1$,则内力衰减系数比混凝土的松弛系数小。上述规律说明,当混凝土和地基都是徐变体时,梁的温度内力将有更大的衰减。另外,基床系数大,则梁中的初内力也大,在徐变系数的比 $\phi_0/\phi<1$ 时,内力的衰减系数随基床系数的增加而变小,在徐变系数的比 $\phi_0/\phi>1$ 时则随着基床系数的增加而增加。

第六节　用松弛代数法解实体结构的应力

建造在弹性的或弹粘性基础上的混凝土块体结构,把基础与上部的混凝土块体作为一个整体来考虑,则为由两种变形特性不同的材料所组成的物体。当材料的变形规律不符合两个定理所述的比例变形条件时,直接应用徐变力学的基本方程来求解是颇为费事的。上面两节讨论了用松弛代数法求解杆件结构中的温度应力问题。对于有多个未知量的杆件结构的应力分析,用这种解法时,由于不需要解多元的积分方程,分析比较简单且有很高的精度,求解块体结构由温度、基础变形等引起的应

力时,这种解法也同样可用,且能取得满意的结果。本节只介绍用松弛代数法解块体结构温度应力问题的一般原理,并在最后举例说明该方法的精度。

如图 8.6-1 所示的物体,它由两种不同的徐变材料组成。在 I 部分的材料变形指标为 E_I、K_I、ϕ_I,在 II 部分的材料变形的指标为 E_{II}、K_{II}、ϕ_{II}。E 表示弹性模量,K 是松弛系数,ϕ 是徐变系数。该物体部分边界自由,部分边界受刚性约束,材料 I 与材料 II 两部分的连接界面为 S。以符号 l、m 表示物体 I 部分在连接界面 S 上的外法线 n 之正向与坐标 x、y 之夹角的余弦。在部分区域或全部区域上仅受到变温 $T(x,y)$ 的作用,外荷载为零。

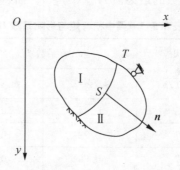

图 8.6-1　多连体示意

对于随时间变化的温度改变 $T(x,y,t)$,可用若干有限的小时段上的温度改变之和来代替

$$T(x,y,t) = \sum \Delta T_i(x,y) \tag{8.6-1}$$

当这些小的时段 $t_i \sim t_{i+1}$ 上的温度改变 $\Delta T_i(x,y)$ 所产生的应力 σ_i 求出以后,t 时刻的应力则用下面求和的方法计算

$$\sigma = \sum \sigma_i \tag{8.6-2}$$

这样,我们只需讨论最简单的稳定温度改变下的应力计算即可。

设由 $T(x,y)$ 引起的弹性应力 $\sigma^e(\sigma_x^e、\sigma_y^e、\tau_{xy})$ 和位移 $u^e(u_x^e、u_y^e)$ 已经用弹性分析的方法解出,当 $K_1 = K_2$,$\phi_1 = \phi_2$,根据第二定理,则整个物体上各点的位移 u 与相应点上的弹性位移 u^e 相等并保持为常量,其应力 σ 则与相应的弹性应力 σ^e 之间存在下述关系

$$\sigma = \sigma^e K \tag{8.6-3}$$

这样,整个问题的求解主要是解弹性应力 σ^e。当材料的变形规律与定理所述不符,即 $K_1 \neq K_2$,就不能采用如上那种简单的方法求解。

现在假设在物体发生弹性变位与应力的时刻起,在界面 S 上施加一组约束,约

束力的大小与方向刚好使得连接界面 S 上各点的位移 u_s 保持不动并等于其初始的弹性位移 u_s^e，在这种情况下其他位置上各点的位移也是等于它的弹性初始位移，在 I 部分上的应力 σ_1 与弹性应力 σ_1^e 之间有如下的关系

$$\sigma_1^K = \sigma_1^e K_1 \qquad (8.6-4)$$

在 Ⅱ 区域内的应力为

$$\sigma_2^K = \sigma_2^e K_2 \qquad (8.6-5)$$

σ_1^K、σ_2^K 称为松弛应力。

设在连接界面 S 上的三个弹性应力的分量为 σ_x^e、σ_y^e、τ_{xy}^e，在发生上述情况时，物体 I 作用于 S 上的两个面力分量为

$$\left.\begin{aligned} X_{1S} &= -K_1(l\sigma_x^e + m\tau_{xy}^e) \\ Y_{1S} &= -K_1(l\tau_{xy}^e + m\sigma_y^e) \end{aligned}\right\} \qquad (8.6-6)$$

物体 Ⅱ 作用于 S 上的两个面力分量为

$$\left.\begin{aligned} X_{2S} &= K_2(l\sigma_x^e + m\tau_{xy}^e) \\ Y_{2S} &= K_2(l\tau_{xy}^e + m\sigma_y^e) \end{aligned}\right\} \qquad (8.6-7)$$

上述面力的合力成为

$$\left.\begin{aligned} X_S &= (K_2 - K_1)(l\sigma_x^e + m\tau_{xy}^e) \\ Y_S &= (K_2 - K_1)(l\tau_{xy}^e + m\sigma_y^e) \end{aligned}\right\} \qquad (8.6-8)$$

这是不平衡面力在坐标上的两个分量。若 n 是指 Ⅱ 部分在 S 上的外法线，则上式只改变符号。由上面的结果，得到附加约束上的约束面力 $-X$、$-Y$

$$\left.\begin{aligned} -X &= (K_2 - K_1)(l\sigma_x^e + m\tau_{xy}^e) \\ -Y &= (K_2 - K_1)(l\tau_{xy}^e + m\sigma_y^e) \end{aligned}\right\} \qquad (8.6-9)$$

实际上，在连接界面 S 上不存在约束，也就不存在约束面力 $-X_S$、$-Y_S$，需要加上一组荷载 X_S、Y_S，才能抵消它。加上 X_S、Y_S，也就是取消了约束面力 $-X_S$、$-Y_S$，整个物体将在不平衡面力 X_S、Y_S 的作用下产生新的位移与新的应力。称由不平衡面力 X_S、Y_S 产生的位移 u_t 与应力 $\bar{\sigma}$ 为调整位移与调整应力。一经解出由温度产生的初始弹性应力和调整应力，其总的应力为

$$\left.\begin{aligned} \sigma_1 &= K_1\sigma_1^e + \bar{\sigma}_1 \\ \sigma_2 &= K_2\sigma_2^e + \bar{\sigma}_2 \end{aligned}\right\} \qquad (8.6-10)$$

某一点 (x, y) 的应力衰减系数则为

$$H = K + \frac{\bar{\sigma}}{\sigma^e} \qquad (8.6\text{-}11)$$

按位移求解问题时,直接求解的积分型物理方程为

$$\sigma = E\varepsilon K + \int_{\tau_1}^{t} E\varepsilon' K \mathrm{d}\tau \qquad (8.6\text{-}12)$$

这是用松弛系数表示的物理方程,E、ε、K、σ 均为时间的变量。由上面的方程,可得单元应力$\{\sigma\}$、结点力$\{F\}$和结点位移$\{\delta\}$的下述关系

$$\left.\begin{aligned}
\{F\} &= [L]\{\delta(\tau_1)\}\lambda(\tau_1)K + [L]\int_{\tau_1}^{t}\{\delta'(\tau)\}\lambda(\tau)K\mathrm{d}\tau - \{F_T\}\lambda(\tau_1)K \\
\{\sigma\} &= [S]\{\delta(\tau_1)\}\lambda(\tau_1)K + [S]\int_{\tau_1}^{t}\{\delta'(\tau)\}\lambda(\tau)K\mathrm{d}\tau - \{\sigma_T\}\lambda(\tau_1)K
\end{aligned}\right\}$$
$$(8.6\text{-}13)$$

式中$[L]$是劲度矩阵,$[S]$是应力矩阵,$\{\delta(\tau_1)\}$是 τ_1 时刻的结点位移,$\{\delta'(\tau)\}$是结点的位移速率,为列矩阵,$\{F_T\}$是等效的温度结点力,$\{\sigma_T\}$是由变温在单元中引起的初应力,$\lambda(\tau_1)$、$\lambda(\tau)$是 τ_1 时刻和 τ 时刻的混凝土弹性模量与晚龄期弹性模量值之比 $E(\tau_1)/E$、$E(\tau)/E$,在$[S]$、$[L]$中的弹性模量均用晚龄期的值。在具体计算时是用积分公式(如矩形公式)将上面的积分式变成求和式

$$\left.\begin{aligned}
\{F\} &= [L]\{\delta_1\}\lambda_1 K + \sum_{i=1}^{n}[L] \times \{\Delta\delta_i\}\lambda_i K_i - \{F_T\}\lambda_1 K \\
\{\sigma\} &= [S]\{\delta_1\}\lambda_1 K + \sum_{i=1}^{n}[S] \times \{\Delta\delta_i\}\lambda_i K_i - \{\sigma_T\}\lambda_1 K
\end{aligned}\right\}$$
$$(8.6\text{-}14)$$

在应用上面的公式求解 $t_{n-1} \sim t_n$ 时段的结点位移增量$\{\Delta\delta_n\}$时,需要积累 t_{n-1} 时刻以前所有的结点初位移和位移增量所产生的结点力

$$\{F_{n-1}\} = [L]\{\sigma_1\}\lambda_1 K + \sum_{i=1}^{n-1}[L]\{\Delta\delta_i\}\lambda_i K_i - \{F_T\}\lambda_1 K \qquad (8.6\text{-}15)$$

所有时段上的结点位移增量解出后,调整应力为

$$\{\bar{\sigma}\} = \sum\{\Delta\sigma_i\} = \sum[S]\{\Delta\delta_i\}K_i \qquad (8.6\text{-}16)$$

采用松弛代数法求解问题,计算调整位移$\{\delta_t\}$与调整应力$\{\bar{\sigma}\}$时是将劲度矩阵$[L]$与应力矩阵$[S]$中的弹性模量用有效模量替换,变成$[L_C]$与$[S_C]$。单元体的结点力$\{F\}$,单元应力$\{\sigma\}$与结点位移的关系为

$$\left.\begin{array}{l} \{F\} = [L]\{\delta_1\}\lambda_1 K + [L_C]\{\delta_t\} - \{F_T\}\lambda_1 K \\ \{\sigma\} = [S]\{\delta_1\}\lambda_1 K + [S_C]\{\delta_t\} - \{\sigma_T\}\lambda_1 K \end{array}\right\} \tag{8.6-17}$$

上面的式子表示，t 时刻的结点力只与该时刻的调整位移 $\{\delta_t\}$ 及初始时刻的结点位移 $\{\delta_1\}$ 有关。当 t 时刻的调整位移求出后，调整应力为

$$\{\bar{\sigma}\} = [S_C]\{\delta_t\} \tag{8.6-18}$$

顺便指出，不管采用直接解法（应用式 8.6-14 那样的方程）还是采用松弛代数法（应用式 8.6-17 那样的方程），只有在两种材料的公共结点上（即连接界面 S 上的结点）才存在不平衡的结点力，因为在这种结点邻近的单元上的松弛系数不相等，所有结点的调整位移正是由这些结点上的不平衡力所引起。

由式(8.6-9)容易看出，在两种材料的连接界面上，附加荷载$(X_S、Y_S)$的分布只与初始弹性应力 $\sigma^e(\tau_1)$ 有关，其随时间的变化则与两种材料的松弛系数差值 $K_1 - K_2$ 有关。后者仅为时间的函数，这种附加荷载为比例加载。用 $K_{1\infty}、K_{2\infty}$ 表示两种材料松弛系数的最终值，$\bar{\sigma}_\infty$ 表示相应的调整应力最终值，t 时刻的调整应力为 $\bar{\sigma}$，调整应力与附加荷载的强度成正比，故有如下等式

$$\frac{\bar{\sigma}}{\bar{\sigma}_\infty} = \frac{K_1 - K_2}{K_{1\infty} - K_{2\infty}} \tag{8.6-19}$$

当调整应力最终值已经给出时，t 时间的调整应力 $\bar{\sigma}$ 可用下式计算

$$\bar{\sigma} = \frac{(K_1 - K_2)\bar{\sigma}_\infty}{K_{1\infty} - K_{2\infty}} \tag{8.6-20}$$

t 时间的应力 σ 用下式计算

$$\left.\begin{array}{l} \sigma_1 = \sigma_1^e K_1 + \bar{\sigma}_{1\infty}(K_1 - K_2)/(K_{1\infty} - K_{2\infty}) \\ \sigma_2 = \sigma_2^e K_2 + \bar{\sigma}_{2\infty}(K_1 - K_2)/(K_{1\infty} - K_{2\infty}) \end{array}\right\} \tag{8.6-21}$$

式中 $\sigma_1^e、\sigma_2^e$ 为由温度改变产生的初始弹性应力，$\bar{\sigma}_{1\infty}、\bar{\sigma}_{2\infty}$ 由附加荷载$(X_S、Y_S)$产生的调整应力最终值，$K_1、K_2$ 是龄期 τ_1 起始至时间 t 的松弛系数值，$K_{1\infty}、K_{2\infty}$ 是 $t \rightarrow \infty$ 时的松弛系数值、也就是松弛系数最终值。

当有一种材料为弹性体，如 $K_1 = 1$，则式(8.6-21)成为

$$\left.\begin{array}{l} \sigma_1 = \sigma_1^e K_1 + \bar{\sigma}_{1\infty}(1 - K_2)/(1 - K_{2\infty}) \\ \sigma_2 = \sigma_2^e K_2 + \bar{\sigma}_{2\infty}(1 - K_2)/(1 - K_{2\infty}) \end{array}\right\} \tag{8.6-22}$$

依照如上讨论，可得此方法之要点如下：当材料的变形参数和松弛系数都已经给出，先按弹性分析法计算由稳定温度改变产生的初始弹性应力 σ^e，再由松弛系数最终值计算连接界面上的附加荷载最终值，进而计算调整应力最终值；计算初始弹性应力

时用到 τ_1 时刻的弹性模量,计算调整应力最终值时用到该龄期的有效模量及松弛系数两者的最终值;最后按公式(8.6-21)或式(8.6-22)的方法计算应力。全部计算只涉及两次弹性(或拟弹性)应力的求解,不需要用到中间计算和结果记忆。当混凝土的松弛系数公式已经给出,计算相当便捷。

为了从数值方面将松弛代数法与直接解法的结果进行比较,检验松弛代数法在分析块体结构时的精度,现以图 8.6-2 所示的矩形浇筑块为算例。设块体的温度均匀降低 $10\ \text{℃}$,混凝土的线胀系数为 $\alpha_T = 10 \times 10^{-6}/\text{℃}$,混凝土弹性模量为 $E = 3.06 \times 10^4 \text{MPa}$,泊松比 $\mu = 0.15$,可复徐变为

$$C_y(t, \tau_1) = \{0.49[1 - e^{-0.17(t-\tau_1)}] + 0.21 \times [1 - e^{-1.74(t-\tau_1)}]\} \times 10^{-5}/\text{MPa}$$

不可复徐变为

$$C_N(t, \tau_1) = \{1.056[1 - e^{-0.018\,4(t-\tau_1)}] + 0.421 \times [1 - e^{-0.6(t-\tau_1)}]\} \times 10^{-5}/\text{MPa}$$

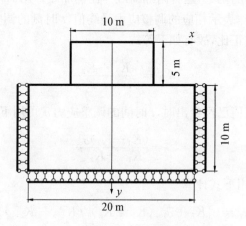

图 8.6-2　计算简图

地基是弹性体,其弹性模量 $E_0 = 3 \times 10^4 \text{MPa}$,泊松系数 $\mu_0 = 0.15$,计算块体中部 $x = 0$、$y = 2.4\ \text{m}$ 和 $y = 4.4\ \text{m}$ 处的水平正应力 σ_x。

在解这个问题时,松弛系数采用下面的近似式

$$K(t, \tau_1) = \frac{1}{1.214}[1 + 0.149\,9e^{-0.195(t-\tau_1)} + 0.064\,1e^{-1.85(t-\tau_1)}] \times e^{-\eta(t-\tau_1)}$$

$$\eta(t, \tau_1) = 0.266[1 - e^{-0.018\,4(t-\tau_1)}] + 0.106[1 - e^{-0.6(t-\tau_1)}]$$

有关位置上 σ_x 的计算结果如表 8.6-1 所列。

表 8.6-1 σ_x(MPa)计算结果比较

计算点的坐标位置	$t-\tau_1$ 解法	0	1	4	7	10	20	30	50	120	180	360
$x=0$ $y=2.4\ m$	直接法	0.13	0.13	0.12	0.12	0.12	0.12	0.12	0.12	0.11	0.11	0.11
	松弛代数法	0.13	0.13	0.13	0.12	0.12	0.12	0.12	0.12	0.12	0.12	0.12
$x=0$ $y=4.4\ m$	直接法	0.54	0.52	0.49	0.48	0.47	0.46	0.45	0.44	0.43	0.42	0.42
	松弛代数法	0.54	0.52	0.50	0.49	0.48	0.47	0.47	0.46	0.44	0.44	0.44

可见,在材料偏离比例变形的极端情况下,两种解法的结果是相近的。在表 8.6-1的结果中,松弛代数法的结果里有分析方法和计算上的误差,直接解法的结果里有计算上的误差,考虑到有两者误差叠加产生的差异,故而可以认为两种解法的计算结果基本一致。

第九章 结构构件的荷载应力与变形

承受长期荷载的钢筋混凝土构件,由于混凝土徐变变形的发展,钢筋应力增加而混凝土应力减少,称构件的荷载应力调整,通常称构件的荷载(应力)重分布。弹性约束的超静定结构物,或材料变形特征不符合比例变形条件的多连体结构承受荷载长期作用时,因混凝土徐变发展而出现应力调整,是结构物的荷载(应力)重分布。配筋使构件混凝土的变形受到阻滞,瞬时变形和长期变形折减。在估计构件的徐变变形时,通常是乘上一个配筋折减系数。本章将以组合管和压弯构件为例,讨论结构物和构件的荷载重分布及配筋构件的长期变形特征。计算表明,构件的长期变形不但与配筋和材料变形特征本身有关,而且与荷载状态关系密切;试验证实,荷载和温度变化的往复作用能诱使压弯构件徐变和弹性模量较大增加。

第一节 组合圆管的荷载重分布

一、弹性介质中组合圆管的基本方程

带有内钢管的混凝土圆管和钢筋混凝土管是水工结构中常用的引水设施。这种引水管道常常设置在开挖的岩石基础上。在坝体内设置引水钢管或在混凝土洞径的周边放置钢筋,可以看成是外径很大的钢——混凝土组合圆筒。

如图 9.1-1 所示有内钢壳的混凝土管,管体置于无限大的岩石基础中,在内壁承受均匀水压的作用。对于钢筋混凝土管,设钢筋布置在管道的内边缘,略去保护层的作用,亦可以把钢筋用等刚度的内钢壳代替,计算简图与图 9.1-1 相同。设基础(岩体)为弹性体,弹性性质沿管轴向和径向不变,这时可简化为轴对称的平面形变问题。

钢壳是一个薄壁圆筒,分别用 r_3、r_2 表示金属壳体的内半径和外半径,它在内壁和外壁上承受沿周边不变的压力 p 和接触反力 $q_2(t)$ 作用。用 $\sigma_{g\theta}(t)$ 表示环向力,$u_g(t)$ 表示 $r=r_2$ 上钢壳的径向位移。按材料力学薄壁管公式,管壳的环向应力和径向位移为

$$\sigma_{g\theta}(t)=\frac{r_3}{\delta}p-\frac{r_2}{\delta}q_2(t) \tag{9.1-1}$$

$$u_g(t)=\frac{r_2 r_3}{\delta E_g}p-\frac{r_2^2}{\delta E_g}q_2(t) \tag{9.1-2}$$

式中 $u_g(t)$ 是管壁的径向位移,管壁厚 $\delta=r_2-r_3$,E_g 是钢的弹性模量,其他符号如图9.1-1 所示。

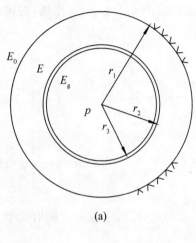

(a)

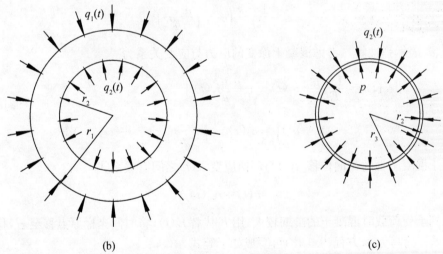

(b)   (c)

图 9.1-1 计算简图示意

用 $\sigma_{0r}(t)$、$\sigma_{0\theta}(t)$、$u_0(t)$ 表示基础的径向应力、环向应力和径向位移,E_0、μ_0 表示基础弹性模量和泊松比。由弹性力学得知

$$\sigma_{0r}(t)=-\frac{r_1^2}{r^2}q_1(t) \tag{9.1-3}$$

$$\sigma_{0\theta}(t)=\frac{r_1^2}{r^2}q_1(t) \tag{9.1-4}$$

$$u_0(t) = \frac{1+\mu_0}{E_0} \frac{r_1^2}{r} q_1(t) \tag{9.1-5}$$

混凝土管承受外、内接触面力 $q_1(t)$、$q_2(t)$ 作用,按弹性力学拉密解,径向应力 $\sigma_r(t)$ 和环向应力 $\sigma_\theta(t)$ 为

$$\sigma_r(t) = -\frac{\dfrac{r_1^2}{r^2}-1}{\dfrac{r_1^2}{r_2^2}-1} q_2(t) - \frac{1-\dfrac{r_2^2}{r^2}}{1-\dfrac{r_2^2}{r_1^2}} q_1(t) \tag{9.1-6}$$

$$\sigma_\theta(t) = -\frac{\dfrac{r_1^2}{r^2}+1}{\dfrac{r_1^2}{r_2^2}-1} q_2(t) - \frac{1+\dfrac{r_2^2}{r^2}}{1-\dfrac{r_2^2}{r_1^2}} q_1(t) \tag{9.1-7}$$

混凝土环向应变 ε_θ^e 与环向应力 σ_θ^e、径向应力 σ_r^e 之间有关系式

$$\varepsilon_\theta^e = \frac{1-\mu^2}{E} \left(\sigma_\theta^e - \frac{\mu}{1-\mu} \sigma_r^e \right)$$

ε_θ^e、σ_θ^e、σ_r^e 表示弹性解。考虑混凝土徐变的应力与应变关系为

$$\varepsilon_\theta(t) = \frac{1-\mu^2}{E(t)} \left[\sigma_\theta(t) - \frac{\mu}{1-\mu} \sigma_r(t) \right]$$
$$+ (1-\mu^2) \int_{\tau_1}^{t} \left[\sigma_\theta(\tau) - \frac{\mu}{1-\mu} \sigma_r(\tau) \right] \times \xi(t,\tau,\tau_1) \mathrm{d}\tau \tag{9.1-8}$$

又由于混凝土管的径向位移 $u(t)$ 与环向应变 $\varepsilon_\theta(t)$ 之间有关系式

$$u(t) = r\varepsilon_\theta(t)$$

考虑到承受荷载时混凝土的龄期较大,用 E 代替 $E(t)$,将时间坐标原点移至 τ_1,积分核 $\xi(t,\tau)$ 简写为 ξ,方程(9.1-8)可写成如下等式

$$\frac{u(t)}{r} = \frac{1-\mu^2}{E} \left[\sigma_\theta(t) - \frac{\mu}{1-\mu} \sigma_r(t) \right] + (1-\mu^2) \int_0^t \left[\sigma_\theta(\tau) - \frac{\mu}{1-\mu} \sigma_r(\tau) \right] \xi \mathrm{d}\tau$$
$$\tag{9.1-9}$$

这样,只要求出 $q_1(t)$、$q_2(t)$,各个部分的应力、应变和位移都可用上述各式计算。

应用方程(9.1-6)和(9.1-7),将 $u(t)$ 用 $q_1(t)$、$q_2(t)$ 表示

$$\frac{u(t)}{r} = \frac{1+\mu}{E}\left[\frac{\frac{r_1^2}{r^2}+(1-2\mu)}{\frac{r_1^2}{r_2^2}-1}q_2(t) - \frac{\frac{r_2^2}{r^2}+(1-2\mu)}{1-\frac{r_2^2}{r_1^2}}q_1(t)\right]$$

$$\text{(9.1-10)}$$

$$+ (1+\mu)\int_0^t\left[\frac{\frac{r_1^2}{r^2}+(1-2\mu)}{\frac{r_1^2}{r_2^2}-1}q_2(\tau) - \frac{\frac{r_2^2}{r^2}+(1-2\mu)}{1-\frac{r_2^2}{r_1^2}}q_1(\tau)\right]\xi\mathrm{d}\tau$$

在两种材料的接触界面上,径向位移必须相等。在方程(9.1-2)、(9.1-5)和(9.1-10)中,分别命 $r=r_2$ 和 $r=r_1$,再由位移相等条件,得

$$\frac{r_3}{\delta E_g}p - \frac{r_2}{\delta E_g}q_2(t) = \frac{1+\mu}{E}\left[\frac{\frac{r_1^2}{r_2}+(1-2\mu)}{\frac{r_1^2}{r_2^2}-1}q_2(t) - \frac{2(1-\mu)}{1-\frac{r_2^2}{r_1^2}}q_1(t)\right]$$

$$+ (1+\mu)\int_0^t\left[\frac{\frac{r_1^2}{r_2^2}+(1-2\mu)}{\frac{r_1^2}{r_2^2}-1}q_2(\tau) - \frac{2(1-\mu)}{1-\frac{r_2^2}{r_1^2}}q_1(\tau)\right]\xi\mathrm{d}\tau$$

$$\text{(9.1-11)}$$

$$\frac{1+\mu_0}{E_0}q_1(t) = \frac{1+\mu}{E}\left[\frac{2(1-\mu)}{\frac{r_1^2}{r_2^2}-1}q_2(t) - \frac{\frac{r_2^2}{r_1^2}+(1-2\mu)}{1-\frac{r_2^2}{r_1^2}}q_1(t)\right]$$

$$\text{(9.1-12)}$$

$$+ (1+\mu)\int_0^t\left[\frac{2(1-\mu)}{\frac{r_1^2}{r_2^2}-1}q_2(t) - \frac{\frac{r_2^2}{r_1^2}+(1-2\mu)}{1-\frac{r_2^2}{r_1^2}}q_1(\tau)\right]\xi\mathrm{d}\tau$$

命

$$\left.\begin{aligned}n_g &= \frac{(1+\mu)E_g}{E}\\[2mm]n_0 &= \frac{(1+\mu)E_0}{(1+\mu_0)E}\\[2mm]f_1 &= \frac{\frac{r_1^2}{r_2^2}+(1-2\mu)}{\frac{r_1^2}{r_2^2}-1}\end{aligned}\right\}$$

$$f_2 = \frac{2(1-\mu)}{\dfrac{r_1^2}{r_2^2}-1}$$

$$\left.\begin{aligned} f_3 &= \frac{\dfrac{r_2^2}{r_1^2}+(1-2\mu)}{1-\dfrac{r_2^2}{r_1^2}} \\[2mm] f_4 &= \frac{2(1-\mu)}{1-\dfrac{r_2^2}{r_1^2}} \end{aligned}\right\} \tag{9.1-13}$$

可将方程(9.1-11)、(9.1-12)简写成

$$\frac{r_3}{r_2}p - q_2(t) = \frac{\delta}{r_2}n_g\left[f_1 q_2(t) - f_4 q_1(t)\right] \\ + \frac{\delta}{r_2}n_g E\int_0^t\left[f_1 q_2(\tau) - f_4 q_1(\tau)\right]\xi \mathrm{d}\tau \tag{9.1-14}$$

$$q_1(t) = n_0\left[f_2 q_2(t) - f_3 q_1(t)\right] \\ + n_0 E\int_0^t\left[f_2 q_2(\tau) - f_3 q_1(\tau)\right]\xi \mathrm{d}\tau \tag{9.1-15}$$

二、钢壳(钢筋)混凝土组合圆管的应力与变形

由内钢管与混凝土管组合件共同承担内压力作用,因混凝土徐变变形发展,钢管内力增加而混凝土管内力减少称徐变引起构件的荷载重新分布。当钢管厚度(或钢筋截面面积)与混凝土管的管壁厚度相比很小时,混凝土应力衰减量(或称为调整应力)不大。为使推演计算简单,可以应用有效模量法或老化理论的本构方程。按两种徐变方程推算的结果相差不大时说明与实际接近,下面我们拟给出两种徐变方程的计算公式。为了应用前面推导的成果公式,在此可命岩基弹性模量 $E_0=0$、$n_0=0$ 及混凝土管外径接触面力 $q_1(t)=0$。按照如上设定,方程(9.1-14)退化为

$$\frac{r_3}{r_2}p = (1+\frac{\delta}{r_2}n_g f_1)q_2(t) + \frac{\delta}{r_2}f_1 n_g E\int_0^t q_2(\tau)\xi \mathrm{d}\tau \tag{9.1-16}$$

按老化理论法,积分核写为 $C'(\tau)$,亦可写成 $E\xi = \phi'(\tau)$,$\phi'(\tau)$ 为徐变系数的导数。这时方程(9.1-16)可以写成如下形式

$$\frac{r_3}{r_2}p = (1+\zeta)q_2(t) + \zeta\int_0^t q_2(\tau)\phi'(\tau)\mathrm{d}\tau \tag{9.1-17}$$

式中 $\zeta = \frac{1}{r_2}\delta n_g f_1$。

按有效模量法方程,并注意到 $n_g=(1+\mu)E_g/E$,混凝土的弹性模量 E 用有效模量 E_C 代替,积分型方程(9.1-16)变成为下面的拟弹性关系式

$$\frac{r_3}{r_2}p=\left[1+\frac{\delta}{r_2}f_1\frac{(1+\mu)E_g}{E_C}\right]q_2(t) \tag{9.1-18}$$

由于 $E_C=E/(1+\phi_t)$,再引用无因次变量 $\zeta=\frac{1}{r_2}\delta n_g f_1$,将方程(9.1-18)写成如下形式

$$\frac{r_3}{r_2}p=[1+\zeta(1+\phi_t)]q_2(t) \tag{9.1-19}$$

式中徐变系数 $\phi_t=EC(t)$。

这样,只要由方程(9.1-18)或方程(9.1-19)决定接触面力 $q_2(t)$,可将 $q_2(t)$ 代入式(9.1-1)计算钢管的环向应力 $\sigma_{g\theta}(t)$;将 $q_2(t)$ 代入式(9.1-7),且命 $q_1(t)=0$,计算混凝土管的环向应力 $\sigma_\theta(t)$,然后进而得到混凝土环向应力衰减系数和组合管的徐变系数。下面分别推导按老化理论法和有效模量法的计算公式。

（一）按老化理论法计算的公式推导

对方程(9.1-17)作一次微分,得微分方程式如下

$$(1+\zeta)q_2'(t)+\zeta\phi'(t)q_2(t)=0 \tag{9.1-20}$$

命

$$\beta=\frac{\zeta}{1+\zeta} \tag{9.1-21}$$

可将上面的方程简写如下

$$q_2'(t)+\beta\phi'(t)q_2(t)=0 \tag{9.1-22}$$

方程(9.1-17)中命 $t=0$,得到微分方程式(9.1-22)的初始条件如下

$$q(0)=\frac{r_3 p}{(1+\zeta)r_2} \tag{9.1-23}$$

齐次方程(9.1-22)的通解式如下

$$q_2(t)=Ae^{-\beta\phi(t)} \tag{9.1-24}$$

式中 A 为待定系数。因徐变系数 $\phi(0)=0$,$q_2(0)=A$,再由初始条件得

$$A=\frac{r_3 p}{(1+\zeta)r_2}$$

最后解得 $q_2(t)$

$$q_2(t)=\frac{r_3 p}{(1+\zeta)r_2}e^{-\beta\phi(t)} \tag{9.1-25}$$

将 $q_2(t)$ 解式(9.1-25)代入式(9.1-7)，命 $q_1(t)=0$，得到混凝土管环向应力

$$\sigma_\theta(t)=\frac{r_1^2/r^2+1}{r_1^2/r_2^2-1}\frac{pr_3}{(1+\zeta)r_2}\mathrm{e}^{-\beta\phi(t)} \qquad (9.1-26)$$

$\mathrm{e}^{-\beta\phi(t)}$ 是时间 t 的单调递减函数。$\sigma_\theta(t)$ 的初始值

$$\sigma_\theta(0)=\frac{r_1^2/r^2+1}{r_1^2/r_2^2-1}\frac{pr_3}{(1+\zeta)r_2} \qquad (9.1-27)$$

混凝土管应力衰减系数 $H(t)=\sigma_\theta(t)/\sigma_\theta(0)$ 如下

$$H(t)=\mathrm{e}^{-\beta\phi(t)} \qquad (9.1-28)$$

再将解式(9.1-25)代入方程(9.1-1)，钢管环向应力 $\sigma_{g\theta}(t)$

$$\sigma_{g\theta}(t)=\frac{r_3}{\delta}p-\frac{r_2\times pr_3}{\delta(1+\zeta)r_2}\mathrm{e}^{-\beta\phi(t)}=\frac{r_3p}{\delta(1+\zeta)}[\zeta+1-\mathrm{e}^{-\beta\phi(t)}] \qquad (9.1-29)$$

$\sigma_{g\theta}(t)$ 的初始值为

$$\sigma_{g\theta}(0)=\frac{r_3\zeta p}{\delta(1+\zeta)} \qquad (9.1-30)$$

由式(9.1-29)看出，钢管应力 $\sigma_{g\theta}(t)$ 随时间增加，用 $H_g(t)$ 表示钢管应力增长系数 $H_g(t)=\sigma_{g\theta}(t)/\sigma_{g\theta}(0)$，结果如下

$$H_g(t)=1+\frac{1}{\zeta}[1-\mathrm{e}^{-\beta\phi(t)}] \qquad (9.1-31)$$

钢管混凝土管组合体徐变系数 $\hat{\phi}$ 等于钢管应力增长系数 $H_g(t)$ 由起始值1的增加值，即 $\hat{\phi}=H_g(t)-1$，结果如下

$$\hat{\phi}=\frac{1}{\zeta}[1-\mathrm{e}^{-\beta\phi(t)}] \qquad (9.1-32)$$

上述式中 $\delta=r_2-r_3$；

$n_g=(1+\mu)E_g/E$；

$f_1=(r_1^2/r_2^2+1-2\mu)/(r_1^2/r_2^2-1)$；

$\zeta=\delta n_g f_1/r_2$；

$\beta=\zeta/(1+\zeta)$；

$\phi(t)=EC(t)$。

（二）按有效模量法计算的公式推导

由方程(9.1-19)得到

$$q_2(t)=\frac{r_3p}{r_2}\frac{1}{1+[1+\phi(t)]\zeta} \qquad (9.1-33)$$

将 $q_2(t)$ 的表达式(9.1-33)代入式(9.1-7),并取 $q_1(t)=0$,得到

$$\sigma_\theta(t)=\frac{(r_1^2/r^2+1)}{(r_1^2/r_2^2-1)}\frac{r_3}{r_2}\frac{p}{1+\zeta[1+\phi(t)]} \tag{9.1-34}$$

由式(9.1-34),得到混凝土管应力衰减系数

$$H(t)=\frac{1+\zeta}{1+\zeta[1+\phi(t)]} \tag{9.1-35}$$

再将 $q_2(t)$ 的表达式(9.1-33)代入(9.1-1),得到钢管环向应力 $\sigma_{g\theta}(t)$ 算式

$$\sigma_{g\theta}(t)=\frac{r_3}{\delta}p-\frac{r_3}{\delta}\frac{pr_3/r_2}{1+\zeta[1+\phi(t)]}=\frac{r_3p}{\delta}\frac{\zeta[1+\phi(t)]}{1+\zeta[1+\phi(t)]} \tag{9.1-36}$$

钢管应力增长系数 $H_g(t)=\sigma_{g\theta}(t)/\sigma_{g\theta}(0)$,

$$H_g(t)=\frac{(1+\zeta)[1+\phi(t)]}{1+\zeta[1+\phi(t)]} \tag{9.1-37}$$

由于 $\hat{\phi}=H_g(t)-1$,由式(9.1-37)得到组合体徐变系数

$$\hat{\phi}(t)=\frac{\phi(t)}{1+\zeta[1+\phi(t)]} \tag{9.1-38}$$

式中 $\phi(t)=EC(t)$;

　　　$\zeta=\delta n_g f_1/r_2$。

　　其他符号参阅式(9.1-32)。

（三）算例

设混凝土及构件的计算参数:$E=3.0\times10^4$ MPa,$\mu=0.13$,$C_y(t)=\{0.4(1-e^{-0.2t})+0.3(1-e^{-1.2t})\}\times10^{-5}$MPa,$C_N(t)=\{0.8(1-e^{-0.4t})+2.0(1-e^{-0.02t})\}\times10^{-5}$MPa,$n_g=7$,$r_1=3\,500$ mm,$r_2=3\,000$ mm,$\delta/(r_1-r_2)=1.2\%$、2.4%、4.8%。计算混凝土管的环向应力初值、衰减系数、钢管环向应力增长系数、钢管混凝土管组合体徐变系数。

由如上设定,按公式(9.1-32)、(9.1-31)、(9.1-27)、(9.1-28)及(9.1-38)、(9.1-37)、(9.1-34)及(9.1-35)分别计算系数的最终值和混凝土环向应力初始值,结果列于表9.1-1。

表 9.1-1　应力系数 $H(t)$、$H_g(t)$、徐变系数 $\hat{\phi}(t)$ 及应力 $\sigma_\theta(0)$

$\dfrac{\delta}{r_1-r_2}$	徐变理论	混凝土管 $H(\infty)$	钢管 $H_g(\infty)$	组合件 $\hat{\phi}(\infty)$	混凝土管 $\sigma_\theta(0)/p$	
1.2%	老化理论法	0.92	1.93	0.93	r_2	6.03
	有效模量法	0.93	1.90	0.90	r_1	5.11

$\dfrac{\delta}{r_1-r_2}$	徐变理论	混凝土管 $H(\infty)$	钢管 $H_g(\infty)$	组合件 $\hat{\phi}(\infty)$	混凝土管	$\sigma_\theta(0)/p$
2.4%	老化理论法	0.86	1.84	0.84	r_2	5.60
	有效模量法	0.87	1.79	0.79	r_1	4.74
4.8%	老化理论法	0.77	1.70	0.70	r_2	4.89
	有效模量法	0.79	1.63	0.63	r_1	4.14

混凝土徐变系数 $\phi(\infty)=1.05$。

从表 9.1-1 所列混凝土环向应力衰减系数最终值可以看出,老化理论法公式和有效模量法公式的推算结果基本接近,有效模量法公式的推算值微有偏大;在卸载时,有效模量法高估了可复徐变,以致钢管应力的增加和组合体徐变系数略有偏低。以该算例所列数据看,两种方法的结果(钢含量在 5% 以内)相差不大,预示两种结果的中间值与实际接近。对于复杂一些的荷载应力与变形问题而言,采用有效模量法公式推导计算都方便得多。

三、弹性介质中组合圆管的荷载重分布

下面分别采用有效模量法方程和继效流动法方程推算组合管体的荷载应力和变形。

(一) 按有效模量法的计算公式

在荷载作用的初始时刻,混凝土处于弹性状态。命方程(9.1-14)和(9.1-15)中的 $t=0$,得到下述方程组

$$\frac{r_3}{r_2}p-q_2=\frac{\delta}{r_2}n_g(f_1q_2-f_4q_1) \tag{9.1-39}$$

$$q_1=n_0(f_2q_2-f_3q_1) \tag{9.1-40}$$

式中　$n_g=\dfrac{(1+\mu)E_g}{E}$;

　　　$n_0=\dfrac{(1+\mu)E_0}{(1+\mu_0)E}$;

　　　$f_1=\dfrac{r_1^2/r_2^2+(1-2\mu)}{r_1^2/r_2^2-1}$;

　　　$f_2=\dfrac{2(1-\mu)}{r_1^2/r_2^2-1}$;

　　　$f_3=\dfrac{r_2^2/r_1^2+(1-2\mu)}{1-r_2^2/r_1^2}$;

$$f_4 = \frac{2(1-\mu)}{1-r_2^2/r_1^2} = \frac{r_1^2}{r_2^2} f_2 。$$

其中 q_1、q_2 为初始面力 $q_1(0)$ 和 $q_2(0)$ 的简写。

由式(9.1-40)，将 q_1 用 q_2 表示

$$q_1 = \frac{f_2 n_0}{1+f_3 n_0} q_2 \tag{9.1-41}$$

再将上式(9.1-41)代入式(9.1-39)以消去 q_1，有如下等式

$$\frac{r_3}{r_2} p - q_2 = \frac{\delta}{r_2} n_g \left(f_1 q_2 - f_4 \frac{f_2 n_0}{1+f_3 n_0} q_2 \right)$$

上式经移项整理后，得到 q_2 与内压力 p 的如下关系

$$q_2 = \frac{r_3/r_2}{1+\dfrac{\delta}{r_2} n_g \left(f_1 - \dfrac{f_2 f_4 n_0}{1+f_3 n_0} \right)} p = \frac{r_3 p}{r_2} \frac{1}{1+\dfrac{\delta}{r_2} n_g \zeta_0} \tag{9.1-42}$$

式中

$$\zeta_0 = f_1 - \frac{f_2 f_4 n_0}{1+f_3 n_0} \tag{9.1-43}$$

为了计算钢管应力 $\sigma_{g\theta}(0)$，将式(9.1-42)代入式(9.1-1)

$$\sigma_{g\theta}(0) = \frac{r_3 p}{\delta} - \frac{r_2}{\delta} \frac{r_3 p}{r_2} \frac{1}{1+\dfrac{\delta}{r_2} n_g \zeta_0}$$

整理后得到

$$\sigma_{g\theta}(0) = \frac{r_3 p}{r_2} \frac{n_g \zeta_0}{1+\dfrac{\delta}{r_2} n_g \zeta_0} \tag{9.1-44}$$

再将 q_1 与 q_2 的关系式(9.1-41)和(9.1-42)代入式(9.1-7)，可得到混凝土管环向应力初始值

$$\sigma_\theta(0) = \frac{r_3}{r_2} p \left[\frac{r_1^2/r^2+1}{r_1^2/r_2^2-1} - \frac{1+r_2^2/r^2}{1-r_2^2/r_1^2} \frac{f_2 n_0}{1+f_3 n_0} \right] \frac{1}{1+\dfrac{\delta}{r_2} n_g \zeta_0} \tag{9.1-45}$$

考虑荷载长期作用后混凝土徐变发展对应力和变形的影响，只需将上述结果中的混凝土弹性模量 E 以有效模量 E_C 替换即可。用 ϕ_t 表示徐变系数 $\phi(t) = EC(t)$，$E_C = E/(1+\phi_t)$，n_0、n_g 替换为 $n_0(1+\phi_t)$、$n_g(1+\phi_t)$，钢管和混凝土管环向应力

$$\sigma_{g\theta}(t) = \frac{r_3 p}{r_2} \frac{n_g(1+\phi_t)\zeta_t}{1+\dfrac{\delta}{r_2} n_g(1+\phi_t)\zeta_t} \tag{9.1-46}$$

$$\sigma_\theta(t)=\frac{r_3}{r_2}p\left[\frac{r_1^2/r^2+1}{r_1^2/r_2^2-1}-\frac{1+r_2^2/r^2}{1-r_2^2/r_1^2}\frac{f_2n_0(1+\phi_t)}{1+f_3n_0(1+\phi_t)}\right]\times\frac{1}{1+\frac{\delta}{r_2}n_g(1+\phi_t)\zeta_t}$$

(9.1-47)

$$\zeta_t=f_1-\frac{f_2f_4n_0(1+\phi_t)}{1+f_3n_0(1+\phi_t)}$$

(9.1-48)

上述式中 f_1、f_2、f_3、f_4、n_g、n_0 在前面已有说明,在此不再重复。利用如上公式计算出 $\sigma_0(0)$、$\sigma_{g\theta}(0)$、$\sigma_0(t)$、$\sigma_{g\theta}(t)$ 的数值后,再计算混凝土管的应力衰减系数 $H(t)$ 和钢管的应力增长系数 $H_g(t)$

$$\left.\begin{array}{l}H(t)=\sigma_\theta(t)/\sigma_\theta(0)\\H_g(t)=\sigma_{g\theta}(t)/\sigma_{g\theta}(0)\end{array}\right\}$$

(9.1-49)

(二) 按继效流动法的计算公式

荷载作用初始时刻,接触面力 $q_1(t)$、$q_2(t)$ 的初始值

$$\left.\begin{array}{l}q_1(0)=\dfrac{f_2n_0}{1+f_3n_0}q_2(0)\\[4mm]q_2(0)=\dfrac{\dfrac{r_3}{r_2}p}{1+\dfrac{\delta}{r_2}n_g\left(f_1-\dfrac{f_4f_2n_0}{1+f_3n_0}\right)}\end{array}\right\}$$

(9.1-50)

下面再求解任意时间 t 的反力 $q_1(t)$ 和 $q_2(t)$。将方程(9.1-15)、(9.1-14)改写为

$$q_1(t)+\frac{f_3n_0}{1+f_3n_0}\int_0^t q_1(\tau)\phi'(t,\tau)\mathrm{d}\tau=\frac{f_2n_0}{1+f_3n_0}q_2(t)+\frac{f_2n_0}{1+f_3n_0}\int_0^t q_2(\tau)\phi'(t,\tau)\mathrm{d}\tau$$

(9.1-51)

$$\frac{r_3}{r_2}p=\left(1+\frac{\delta}{r_2}n_gf_1\right)q_2(t)+\frac{\delta}{r_2}n_gf_1\int_0^t q_2(\tau)\phi'(t,\tau)\mathrm{d}\tau$$

(9.1-52)

$$-\frac{\delta}{r_2}f_4n_g\left[q_1(t)+\int_0^t q_1(\tau)\phi'(t,\tau)\mathrm{d}\tau\right]$$

上两式中 $\phi(t,\tau)=EC(t,\tau)$,$\phi'(t,\tau)=-\dfrac{\partial}{\partial\tau}C_y(t,\tau)+\dfrac{d}{\mathrm{d}\tau}C_N(\tau)$。

如上两个方程经过简单的移项和变换,再利用式(9.1-50)的关系,可以得到下面方程组

$$q_2(0) = q_2(t) + Q_1 \int_0^t q_2(\tau)\phi'(t,\tau)\mathrm{d}\tau - Q_2 \int_0^t q_1(\tau)\phi'(t,\tau)\mathrm{d}\tau \Bigg\}$$

$$q_1(0) = q_1(t) + Q_3 \int_0^t q_1(\tau)\phi'(t,\tau)\mathrm{d}\tau - Q_4 \int_0^t q_2(\tau)\phi'(t,\tau)\mathrm{d}\tau \Bigg\} \quad (9.1\text{-}53)$$

式中

$$Q_1 = \frac{\dfrac{\delta n_g}{r_2}\left(f_1 - \dfrac{f_4 f_2 n_0}{1+f_3 n_0}\right)}{1 + \dfrac{\delta n_g}{r_2}\left(f_1 - \dfrac{f_4 f_2 n_0}{1+f_3 n_0}\right)}$$

$$Q_2 = \frac{\dfrac{\delta n_g f_4}{r_2(1+f_3 n_0)}}{1 + \dfrac{\delta n_g}{r_2}\left(f_1 - \dfrac{f_4 f_2 n_0}{1+f_3 n_0}\right)}$$

$$Q_3 = \frac{f_3 n_0}{1+f_3 n_0}\left(1 - \frac{f_2}{f_3}Q_2\right)$$

$$Q_4 = \frac{f_2 n_0}{1+f_3 n_0}(1-Q_1)$$

方程(9.1-51)和(9.1-52)中 $q_1(0)$ 和 $q_2(0)$ 是已知量,并由(9.1-50)给出。相应于方程组(9.1-53)的近似方程组是

$$\overline{q_2}(0) = q_2(t) + \int_0^t \left[\overline{Q}_1 q_2(\tau) - \overline{Q}_2 q_1(\tau)\right]\phi'_N(\tau)\mathrm{d}\tau \Bigg\}$$

$$\overline{q_1}(0) = q_1(t) + \int_0^t \left[\overline{Q}_3 q_1(\tau) - \overline{Q}_4 q_2(\tau)\right]\phi'_N(\tau)\mathrm{d}\tau \Bigg\} \quad (9.1\text{-}54)$$

式中

$$\overline{q_2}(0) = \frac{\dfrac{r_3}{r_2}p}{1 + \dfrac{\delta}{r_2}\overline{n}_g\left(f_1 - \dfrac{f_4 f_2 \overline{n}_0}{1+f_3 \overline{n}_0}\right)}$$

$$\overline{q_1}(0) = \frac{f_2 \overline{n}_0}{1 + f_3 \overline{n}_0} q_2(0)$$

计算 $\overline{Q}_1$、$\overline{Q}_2$、$\overline{Q}_3$、$\overline{Q}_4$ 时,均将 n_g、n_0 换成 $\overline{n}_g$、$\overline{n}_0$,其中为书写方便,将 $\overline{\phi}_N(t) = \overline{E}C_N(t)$ 简写为 $\phi_N(t)$。特别注明 $\overline{n}_g$、$\overline{n}_0$、$\phi_N(t)$ 如下

$$\overline{n}_g = n_g(1+\phi_y) \Bigg\}$$

$$\overline{n}_0 = n_0(1+\phi_y) \Bigg\} \quad (9.1\text{-}55)$$

$$\phi_N(t) = \overline{E}C_N(t) \Bigg\}$$

为了将方程组(9.1-54)变成只含单变量 $q_1(t)$ 和 $q_2(t)$ 的微分方程求解,先作一次微分,得到

$$q'_2(t) + \phi'_N(t)[\overline{Q}_1 q_2(t) - \overline{Q}_2 q_1(t)] = 0 \left.\right\}$$
$$q'_1(t) + \phi'_N(t)[\overline{Q}_3 q_1(t) - \overline{Q}_4 q_2(t)] = 0 \left.\right\}$$

(9.1-56)

将上式第一式除以 $\overline{Q}_2$，第二式除以 $\overline{Q}_3$，然后相加

$$\frac{1}{\overline{Q}_2} q'_2(t) + \frac{1}{\overline{Q}_3} q'_1(t) + \phi'_N(t)\left(\frac{\overline{Q}_1}{\overline{Q}_2} - \frac{\overline{Q}_4}{\overline{Q}_3}\right) q_2(t) = 0 \left.\right\}$$
$$-q'_1(t) = \frac{\overline{Q}_3}{\overline{Q}_2} q'_2(t) + \left(\frac{\overline{Q}_1 \overline{Q}_3}{\overline{Q}_2} - \overline{Q}_4\right) \phi'_N(t) q_2(t) \left.\right\}$$

(9.1-57)

将方程(9.1-56)第一式除以 $\overline{Q}_2 \phi'_N(t)$ 后再求导，可得

$$q'_1(t) = \frac{q''_2(t)}{\overline{Q}_2 \phi'_N(t)} - \frac{\phi''_N(t)}{\overline{Q}_2 [\phi'_N(t)]^2} q'_2(t) + \frac{\overline{Q}_1}{\overline{Q}_2} q'_2(t)$$

然后将上式与方程(9.1-57)相加，消去 $q'_1(t)$，经整理，可得

$$\phi'_N(t) q''_2(t) + [(\overline{Q}_1 + \overline{Q}_3)\phi'^2_N(t) - \phi''_N(t)] q'_2(t) - (\overline{Q}_2\overline{Q}_4 - \overline{Q}_1\overline{Q}_3)\phi'^3_N(t) q_2(t) = 0$$

(9.1-58)

这个方程的初始条件是

$$q_2(t)\Big|_{t=0} = \overline{q}_2(0) \left.\right\}$$
$$q'_2(t)\Big|_{t=0} = \overline{Q}_2 \phi'_N(0)\overline{q}_1(0) - \overline{Q}_1 \phi'_N(0)\overline{q}_2(0) \left.\right\}$$

(9.1-59)

经过同样变换和运算，可以得到求解 $q_1(t)$ 的微分方程

$$\phi'_N(t) q''_1(t) + [(\overline{Q}_1 + \overline{Q}_3)\phi'^2_N(t) - \phi''_N(t)] q'_1(t)$$
$$- (\overline{Q}_2\overline{Q}_4 - \overline{Q}_1\overline{Q}_3)\phi'^3_N(t) q_1(t) = 0$$

(9.1-60)

方程(9.1-60)的初始条件是

$$q_1(t)\Big|_{t=0} = \overline{q}_1(0) \left.\right\}$$
$$q'_1(t)\Big|_{t=0} = \overline{Q}_4 \phi'_N(0)\overline{q}_2(0) - \overline{Q}_3 \phi'_N(0)\overline{q}_1(0) \left.\right\}$$

(9.1-61)

可见，确定 $q_1(t)$ 的微分方程(9.1-60)与确定 $q_2(t)$ 的微分方程(9.1-58)完全一样，只是定解条件不同。

设
$$q_2(t) = Ae^{-K\phi_N(t)}$$

式中 K 和 A 是待定常数。对上式求导得到

$$q_2'(t) = -K\phi_N'(t)q_2(t)$$

$$q_2''(t) = K^2\phi_N'^2(t)q_2(t) - K\phi_N''(t)q_2(t)$$

将上式结果代入方程(9.1-58)，得到

$$\phi_N'^3(t)q_2(t)K^2 - (\overline{Q}_1 + \overline{Q}_3)\phi_N'^3(t)q_2(t) - (\overline{Q}_2\overline{Q}_4 - \overline{Q}_1\overline{Q}_3)\phi_N'^3(t)q_2(t) = 0$$

将上式各项的公因子提出括号外

$$\phi_N'^3(t)q_2(t)[K^2 - (\overline{Q}_1 + \overline{Q}_3)K - (\overline{Q}_2\overline{Q}_4 - \overline{Q}_1\overline{Q}_3)] = 0$$

因 $\phi_N'(t) \neq 0$，$q_2(t)$ 非零的唯一条件是下面等式成立

$$K^2 - (\overline{Q}_1 + \overline{Q}_3)K - (\overline{Q}_2\overline{Q}_4 - \overline{Q}_1\overline{Q}_3) = 0 \tag{9.1-62}$$

这样，求解微分方程(9.1-58)或(9.1-60)，就成为二次代数方程(9.1-62)两个根的计算。两个根是

$$\begin{matrix} K_1 \\ K_2 \end{matrix} = \frac{\overline{Q}_1 + \overline{Q}_3}{2} \pm \frac{1}{2}\sqrt{(\overline{Q}_1 - \overline{Q}_3)^2 + 4\overline{Q}_2\overline{Q}_4} \tag{9.1-63}$$

由于判别式 $(\overline{Q}_1 - \overline{Q}_3)^2 + 4\overline{Q}_2\overline{Q}_4 > 0$，$K_1$、$K_2$ 是两个不等实数根。于是得到

$$q_2(t) = A_1 e^{-K_1\phi_N(t)} + A_2 e^{-K_2\phi_N(t)} \tag{9.1-64}$$

同样，$q_1(t)$ 亦可表示为

$$q_1(t) = B_1 e^{-K_1\phi_N(t)} + B_2 e^{-K_2\phi_N(t)} \tag{9.1-65}$$

式中 $\phi_N(t) = \overline{EC}_N(t)$。最后，用初始值条件(9.1-59)和(9.1-61)决定 A_1、A_2、B_1、B_2，其值如下：

$$\left.\begin{aligned} A_1 &= \frac{(K_2 - \overline{Q}_1)\overline{q}_2(0) + \overline{Q}_2\overline{q}_1(0)}{K_2 - K_1} \\[2mm] A_2 &= \frac{(\overline{Q}_1 - K_1)\overline{q}_2(0) - \overline{Q}_2\overline{q}_1(0)}{K_2 - K_1} \\[2mm] B_1 &= \frac{(K_2 - \overline{Q}_3)\overline{q}_1(0) + \overline{Q}_4\overline{q}_2(0)}{K_2 - K_1} \\[2mm] B_2 &= \frac{(\overline{Q}_3 - K_1)\overline{q}_1(0) - \overline{Q}_4\overline{q}_2(0)}{K_2 - K_1} \end{aligned}\right\} \tag{9.1-66}$$

上面式(9.1-64)和(9.1-65)可以作为方程(9.1-14)和(9.1-15)的近似解，系数 A_1、A_2、B_1、B_2 可在时间 t 不大于 $5 \sim 10$ d 才做适当修正。修正方法是，在计算 $q_1(\tau_1)$、$q_2(\tau_1)$ 时将 $\overline{n}_0$、$\overline{n}_g$ 换成 $\overline{n}_0(t)$、$\overline{n}_g(t)$：

$$\overline{n}_0(t) = n_0[1 + EC_y(t)]$$

$$\overline{n}_g(t) = n_g[1 + EC_y(t)]$$

至此，混凝土管内、外壁面的接触反力系数可以求出

$$H_{q2}(t)=\frac{1}{q_2(0)}\left[A_1\mathrm{e}^{-K_1\phi_N(t)}+A_2\mathrm{e}^{-K_2\phi_N(t)}\right] \tag{9.1-67}$$

$$H_{q1}(t)=\frac{1}{q_1(0)}\left[B_1\mathrm{e}^{-K_1\phi_N(t)}+B_2\mathrm{e}^{-K_2\phi_N(t)}\right]$$

一般而言，$H_{q2}(t)$ 是随时间减少的，$H_{q1}(t)$ 则随着时间 t 的变大而增加。最后，将所得到的结果代入式(9.1-7)，混凝土管环向应力可用下式表示

$$\sigma_\theta(t)=\frac{r_2^2(r_1^2+r^2)}{r^2(r_1^2-r_2^2)}q_2(0)H_{q2}(t,\tau_1)-\frac{r_1^2(r_2^2+r^2)}{r^2(r_1^2-r_2^2)}q_1(0)H_{q1}(t,\tau_1)$$

注意到 $q_1(\tau_1)=\dfrac{f_2n_0}{1+f_3n_0}q_2(0)$，上式可写成

$$\sigma_\theta(t)=\frac{r_2^2(r_1^2+r^2)}{r^2(r_1^2-r_2^2)}q_2(0)\left[H_{q2}(t,\tau_1)-\frac{r_1^2(r_2^2+r^2)}{r_2^2(r_1^2+r^2)}\frac{f_2n_0}{1+f_3n_0}H_{q1}(t,\tau_1)\right]$$

又由于 $t=0$ 时 $H_{q2}(t)=H_{q1}(t)=1$，故由上式可得到初始时刻的环向应力

$$\sigma_\theta(\tau_1)=\frac{r_2^2(r_1^2+r^2)}{r^2(r_1^2-r_2^2)}q_2(0)\left[1-D(r)\right] \tag{9.1-68}$$

再由上面两式，求得环向应力系数 $H_\theta(t,\tau_1)=\dfrac{\sigma_\theta(t)}{\sigma_\theta(\tau_1)}$

$$H_\theta(t,\tau_1)=\frac{H_{q2}(t,\tau_1)-D(r)H_{q1}(t,\tau_1)}{1-D(r)} \tag{9.1-69}$$

上两式中

$$D(r)=\frac{r_1^2(r_2^2+r^2)}{r_2^2(r_1^2+r^2)}\frac{f_2n_0}{1+f_3n_0} \tag{9.1-70}$$

$q_2(0)$ 用式(9.1-50)计算，根据式(9.1-70)可以看出，当 $n_0=1$ 和 $n_0\rightarrow\infty$，$D(r)$ 都仅仅是 r、r_1、r_2 的函数。当 $n_0\rightarrow\infty$ 时，H_{q1}、H_{q2} 也只与 r_1、r_2、r_3 及 n_g、$C(t)$ 有关，因而 $H_\theta(t)$ 也仅与混凝土管、钢环的相对刚度及混凝土的徐变有关。

（三）算例

为作比较，仍然采用计算表 9.1-1 的有关参数。

混凝土变形参数 $E=3.0\times10^4$ MPa，$\mu=0.13$，

$C_y=[0.4(1-\mathrm{e}^{-0.2t})+0.3(1-\mathrm{e}^{-1.2t})]\times10^{-5}$/MPa，$C_N(t)=[0.8(1-\mathrm{e}^{-0.4t})+2.0(1-\mathrm{e}^{-0.02t})]\times10^{-5}$/MPa，$n_g=7$，$r_1=3\,500$ mm，$r_2=3\,000$ mm，$\delta/(r_1-r_2)=1.2\%$、2.4%、4.8% 计算混凝土管的环向应力初始和衰减系数 $H(t)$。

① $n_0=0.5$ 时，应力 $\sigma_\theta(0)$ 与钢筋含量 $\delta/(r_1-r_2)$ 的关系相对明显些；$n_0\geqslant1.0$

时，钢筋含量或相对厚度 $\delta/(r_1-r_2)$ 对应力的影响很微小。管体与岩基贴合时，混凝土应力受岩基弹性模量 E_0 控制，外径环向应力受其影响尤为明显。

② 两种徐变计算方法的公式结果差异明显，当含钢量不同、或弹性模量比 n_0 不同时，最终衰减量相差在 0.10～0.20 范围变化。考虑混凝土徐变部分可复时，岩基承担荷载的增加量明显提高。

表 9.1-2　组合混凝土管环向应力初始值

r		$r_2=3\,000$ mm			$r_1=3\,500$ mm		
n_0		0.5	1.0	2.0	0.5	1.0	2.0
$\dfrac{\delta}{r_1-r_2}$	1.2%	1.69	0.99	0.54	1.37	0.73	0.34
	2.4%	1.66	0.97	0.53	1.34	0.72	0.34
	4.8%	1.59	0.95	0.53	1.31	0.71	0.33

表 9.1-3　组合混凝土管环向应力初始衰减系数 $H(t)$ 最终值

徐变计算法			有效模量法			继效流动法		
n_0			0.5	1.0	2.0	0.5	1.0	2.0
r_2	$\dfrac{\delta}{r_1-r_2}$	1.2%	0.56	0.53	0.51	0.45	0.41	0.39
		2.4%	0.56	0.53	0.51	0.44	0.41	0.37
		4.8%	0.55	0.52	0.51	0.44	0.40	0.36
r_1	$\dfrac{\delta}{r_1-r_2}$	1.2%	0.52	0.45	0.32	0.40	0.30	0.15
		2.4%	0.52	0.44	0.32	0.39	0.30	0.13
		4.8%	0.51	0.44	0.32	0.38	0.30	0.11

第二节　构件的荷载应力与变形特征

本节讨论钢筋混凝土构件（组合体）的荷载应力重分布与长期变形特征的变化。结构构件的长期变形不但与混凝土的徐变（含材料、构件形状尺寸与环境湿度温度影响）有关，其取值还涉及构件的配筋状况和受力（变形）状态。轴压与弯曲是构件最基本的荷载变形，下面讨论这两种荷载状态下组合体徐变系数的计算方法与试验结果分析。

一、加筋混凝土的徐变修正

钢筋对混凝土的收缩和徐变有阻滞约束作用，钢筋阻滞混凝土的收缩引起构件内应力,混凝土受拉而钢筋受压;钢筋阻滞混凝土的徐变导致钢筋应力增加而混凝土应力减少,构件的徐变系数小于混凝土的徐变系数。

Dischinger 法用下式计算钢筋混凝土压柱的徐变[37]

$$\varepsilon_c(t) = \varepsilon_c(t_0)\frac{1-e^{-m}}{n\mu} \tag{9.2-1}$$

式中 $\varepsilon_c(t_0)$——龄期 t_0 的瞬时弹性应变;

n——钢筋与混凝土的弹性模量比 $E_g/E(t_0)$;

m——$A\phi(t,t_0)$,$\phi(t,t_0)$——混凝土的徐变系数,$A = n\mu/(1+n\mu)$,μ 为纵向钢筋含量,$\mu = A_g/A_c$。

显然,压柱的徐变系数 $\hat{\phi}$ 与混凝土的徐变系数 ϕ 关系为

$$\hat{\phi} = \frac{1}{n\mu}\left[1-e^{-A\phi(t,t_0)}\right] \tag{9.2-2}$$

Torst 法用下式表示钢筋混凝土压柱的徐变系数 $\hat{\phi}$

$$\hat{\phi} = \frac{\phi(t,t_0)}{1+n\mu[1+x\phi(t,t_0)]} \tag{9.2-3}$$

式中 x 为混凝土的老化系数,一般取 $x=0.85$,其他符号同上式(9.2-1)。

文献[37]作者采用一个含钢率影响函数 $f(\mu)$ 进行修正。当混凝土的徐变度 $C(t,t_0)$ 确定时,含筋混凝土构件的徐变用下式表示

$$C(t,t_0,\mu) = C(t,t_0)f(\mu) \tag{9.2-4}$$

式中取 $f(\mu) = e^{-12\mu}$。

如上三种修正方法都以混凝土压柱加筋影响的修正作为构件的徐变或徐变系数,未涉及构件布筋和荷载状态的推算和取值。

下面以受压构件和受弯构件为对象,推导组合体的徐变系数,分析试验结果。

有效模量法和老化理论法(流动率法)两种方程的推导和计算最简单,导出公式计算结果的差异又最为明显。当两者的计算结果相差不大时,说明其中间值与实际接近。

二、压柱组合体的徐变系数

(一)基本方程

以 E_g、ε_g、σ_g 表示钢筋(纵向)的弹性模量、应变及应力,以 E、ε、σ 表示混凝土的弹性模量、应变和应力;其中除 E_g 外其他各变量均可视为时间的函数。P、ω_g、ω、μ 分别为钢筋混凝土压柱上的轴向荷载、钢筋和混凝土截面积以及压柱配筋率。在线应力应变假设下,有钢筋与混凝土之间的应变协调条件

$$\varepsilon_g = \varepsilon \qquad\qquad (9.2-5)$$

按有效模量法计算混凝土的应力应变,假定混凝土应力减小时徐变完全可复,将变形协调方程(9.2-5)写为

$$\frac{\sigma_g}{E_g} = \frac{\sigma}{E(\tau_1)}\left[1+\phi(t,\tau_1)\right] \qquad\qquad (9.2-6)$$

式中徐变系数 $\phi(t,\tau_1) = C(t,\tau_1)E(\tau_1)$。

按老化理论法方程,变形协调方程如下

$$\frac{\sigma_g}{E_g} = \frac{\sigma}{E(t)} + \int_{\tau_1}^{t} \sigma \frac{d}{d\tau}\left[C(\tau,\tau_1) - \frac{1}{E(\tau)}\right]d\tau \qquad\qquad (9.2-7)$$

采用徐变部分可复的徐变方程时,计算结果将介于上述两者之间。为作比较,在讨论有效模量法和老化理论法两种推算公式的同时,还给出了继效流动法的近似解式。

钢筋混凝土组合柱的常荷载 P 由钢筋与混凝土共同承担,有荷载平衡方程

$$\sigma + \mu\sigma_g = P/\omega \qquad\qquad (9.2-8)$$

式中 $\mu = \omega_g/\omega$ 为截面配筋率。应用平衡方程(9.2-8)与变形协调方程(9.2-6)或(9.2-7)可以解出应力 σ_g 或 σ。由于构件的变形与钢筋应力成比例,在解出钢筋应力 σ_g 及其初始值 $\sigma_g|_{t=\tau_1}$ 后,即可得到构件组合体的徐变系数 $\hat{\phi}$:

$$\hat{\phi} = \frac{\sigma_g}{\sigma_g|_{t=\tau_1}} - 1 \qquad\qquad (9.2-9)$$

(二) 按有效模量法的方程解

引入弹性模量比、并记以 $n = E_g/E(\tau_1)$,将协调方程(9.2-6)写成如下形式

$$\sigma = \frac{\sigma_g}{n\left[1+\phi(t,\tau_1)\right]} \qquad\qquad (9.2-10)$$

再将上式(9.2-10)代入方程(9.2-8),经移项整理,即可得到钢筋应力 σ_g 计算公式

$$\sigma_g = n\sigma_0 \frac{(1+\mu n)\left[1+\phi(t,\tau_1)\right]}{1+\mu n\left[1+\phi(t,\tau_1)\right]} \qquad\qquad (9.2-11)$$

式中,σ_0 为混凝土应力初始值,$\sigma_0 = P/[\omega(1+\mu n)]$。因钢筋应力初始值为 $n\sigma_0$,由荷载持续作用产生的钢筋应力增加量 $\Delta\sigma_g$ 为

$$\Delta\sigma_g = n\sigma_0 \frac{(1+\mu n)\left[1+\phi(t,\tau_1)\right]}{1+\mu n\left[1+\phi(t,\tau_1)\right]} - n\sigma_0 = \frac{n\sigma_0\phi(t,\tau_1)}{1+\mu n\left[1+\phi(t,\tau_1)\right]}$$

此钢筋应力随时间的增加量 $\Delta\sigma_g$ 与初始值 $n\sigma_0$ 之比为压柱的徐变系数

$$\hat{\phi} = \frac{\phi(t,\tau_1)}{1+\mu n[1+\phi(t,\tau_1)]} \tag{9.2-12}$$

截面的初始应变为 $n\sigma_0/E_g$，平均应力为 $P/[\omega(1+\mu)]$，故而组合体的弹性模量 $\hat{E}$ 为

$$\hat{E} = \frac{P}{\omega(1+\mu)}\frac{E_g}{n\sigma_0}$$

又因 $\sigma_0 = P/[\omega(1+\mu n)]$，$n = E_g/E(\tau_1)$，将 σ_0，n 代入上式，可得

$$\hat{E}(\tau_1) = \frac{1+\mu n(\tau_1)}{1+\mu}E(\tau_1) \tag{9.2-13}$$

（三）按老化理论法的方程解

将方程(9.2-7)两边求导可得微分方程

$$\frac{\sigma_g'}{E_g} = \frac{\sigma'}{E(t)} + C'(t,\tau_1)\sigma$$

两边乘以 E_g，用记号 $n(t) = E_g/E(t)$，$n = E_g/E(\tau_1)$，$\phi(t,\tau_1) = E(\tau_1)C(t,\tau_1)$，可将上式改写为

$$\sigma_g' = n(t)\sigma' + n\phi'(t,\tau_1)\sigma \tag{9.2-14}$$

再用平衡方程(9.2-8)及其一次微分式代入方程(9.2-14)，以消去含有 σ 及 σ' 的项，经整理后得到

$$\sigma_g' + \frac{\mu n\phi'(t,\tau_1)}{1+\mu n(t)}\sigma_g = \frac{n\phi'(t,\tau_1)}{1+\mu n(t)}\frac{P}{\omega}$$

式中 $n = E_g/E(\tau_1)$。因 $P = \sigma_0\omega(1+\mu n)$，上式可写成

$$\sigma_g' + \frac{\mu n\phi'(t,\tau_1)}{1+\mu n(t)}\sigma_g = \frac{(1+\mu n)n\sigma_0}{1+\mu n(t)}\phi'(t,\tau_1) \tag{9.2-15}$$

该方程(9.2-15)的初始条件为

$$\sigma_g\Big|_{t=\tau_1} = n\sigma_0 \tag{9.2-16}$$

容易看出，满足方程(9.2-15)与初始条件(9.2-16)的解为

$$\left.\begin{aligned}\sigma_g &= n\sigma_0 + \frac{\sigma_0}{\mu}\left[1-\mathrm{e}^{-\eta(t,\tau_1)}\right]\\ \eta(t,\tau_1) &= \int_{\tau_1}^{t}\frac{\mu n\phi'(\tau,\tau_1)}{1+\mu n(\tau)}\mathrm{d}\tau\end{aligned}\right\} \tag{9.2-17}$$

式右第一项 $n\sigma_0$ 为钢筋应力初始值;第二项为钢筋应力增加量,除以 $n\sigma_0$ 即为组合体的徐变系数 $\hat{\phi}$

$$\hat{\phi}=\frac{1}{\mu n}\{1-e^{-\eta(t,\tau_1)}\} \tag{9.2-18}$$

表 9.2-1　混凝土弹性模量变化与 $[1+\mu n(t)]$ 的关系

计算项目	混凝土名称	混凝土龄期				
		3 d	7 d	28 d	90 d	360 d
$E(t)$ $(10^4\,\mathrm{MPa})$	C55 桥用混凝土	3.29	3.46	3.78	4.18	4.30
	C50 桥用混凝土	3.31	3.38	3.52	3.75	3.90
	C25 大坝混凝土	2.10	2.71	3.22	3.62	4.08
$E(t)/E(\tau_1)$	C55 桥用混凝土	1.00	1.05	1.15	1.27	1.31
	C50 桥用混凝土	1.00	1.02	1.06	1.13	1.18
	C25 大坝混凝土	1.00	1.29	1.53	1.72	1.94
$1+\mu n(t)$ $\mu=2\%$ $E_g=2\times10^5\,\mathrm{MPa}$	C55 桥用混凝土	1.12	1.12	1.11	1.10	1.09
	C50 桥用混凝土	1.12	1.12	1.11	1.11	1.10
	C25 大坝混凝土	1.19	1.15	1.12	1.11	1.10

现在再察看积分函数 $\eta(t,\tau_1)$。表 9.2-1 列有两组高强度桥用混凝土和一组大坝混凝土弹性模量 $E(t)$ 与 $[1+\mu n(t)]$ 之间的数量关系。据表中所列,当弹性模量比 $E(360)/E(\tau_1)$ 在 1.5 倍以内时,可将 $[1+\mu n(t)]$ 看作常量,函数 $\eta(t,\tau_1)$ 用下式计算

$$\eta=\frac{\mu n}{1+\mu n(x)}\phi(t,\tau_1) \tag{9.2-19}$$

式中可取 $x=28$ d 或 360 d。

对于一般的高强度桥用混凝土或未掺入缓凝剂的硅酸盐水泥混凝土,3 d 或 7 d 以后弹性模量的增加值可以在上述范围以内,综合徐变系数可以用下式推算

$$\hat{\phi}=\frac{1}{\mu n}\{1-e^{-\frac{\mu n}{1+\mu n(x)}\phi(t,\tau_1)}\} \tag{9.2-20}$$

式中　$n=E_g/E(\tau_1)$;

$n(x)=E_g/E(28)$ 或 $E_g/E(\tau_1)$。

（四）混凝土徐变部分可复的压柱徐变近似式

按继效流动法的本构关系,协调方程如下

$$\frac{\sigma_g}{E_g}=\frac{\sigma}{E(t)}+\int_{\tau_1}^{t}\sigma\frac{\partial}{\partial\tau}\Big[-C_y(t-\tau)+C_N(\tau,\tau_1)-\frac{1}{E(\tau)}\Big]\mathrm{d}\tau \tag{9.2-21}$$

这个方程的近似方程为

$$\frac{\sigma_g}{E_g} = \frac{\sigma}{\overline{E}(t)} + \int_{\tau_1}^{t} \sigma \frac{d}{d\tau} \left[C_N(\tau,\tau_1) - \frac{1}{\overline{E}(\tau)} \right] d\tau \qquad (9.2\text{-}22)$$

这个方程与老化理论法的方程(9.2-7)有相同的形式,仿照解式(9.2-17),近似方程(9.2-22)的解如下

$$\sigma_g = \overline{n}(\tau_1)\overline{\sigma}_0 + \frac{\overline{\sigma}_0}{\mu} \left[1 - e^{-\eta(t,\tau_1)} \right] \qquad (9.2\text{-}23)$$

式中

$$\eta(t,\tau_1) = \frac{\mu n \phi_N(t,\tau_1)}{1 + \mu \overline{n}(x)} \qquad (9.2\text{-}24)$$

其中 $\phi_N(t,\tau_1) = E(\tau_1)C_N(t,\tau_1)$;

$n = E_g/E(\tau_1)$;

$\overline{\sigma}_0 = \overline{n}P/[\omega(1+\mu\overline{n})]$;

$\overline{n} = n(1+\phi_y)$。

将应力表达式(9.2-23)减去初始值 $n\sigma_0$,得到依时增加的应力值 $\Delta\sigma_g$

$$\Delta\sigma_g = n\sigma_0 \left\{ \frac{\phi_y}{1+\mu\overline{n}_y} + \frac{1+\mu n}{\mu n(1+\mu\overline{n}_y)}(1-e^{-\eta}) \right\} \qquad (9.2\text{-}25)$$

两边除以应力初值 $n\sigma_0$,再以可复变形系数 $\phi_y(t-\tau_1)$ 取代稳定值 ϕ_y,可得压柱综合徐变系数 $\hat{\phi}$ 如下

$$\hat{\phi} = \frac{\phi_y(t-\tau_1)}{1+\mu\overline{n}_y} + \frac{1+\mu n}{\mu n(1+\mu\overline{n}_y)}(1-e^{-\eta}) \qquad (9.2\text{-}26)$$

式中 $\eta = \mu n \phi_N(t,\tau_1)/(1+\mu\overline{n}_y)$;

$n = E_g/E(\tau_1)$;

$\overline{n}_y = E_g(1+\phi_y)/E(\tau_1)$;

当时间 $t-\tau_1$ 大于 5 d,可复徐变系数,$\phi_y(t-\tau_1)$ 可取其稳定值 ϕ_y 计算。

(五)算例与试验结果比较

制作两组试件,混凝土强度等级 C60,一组配置纵向钢筋,$\mu=2\%$;另一组未配钢筋,混凝土配合比说明如表 9.2-2 所列。材料用江苏巨龙水泥集团有限公司生产的巨龙牌 P. Ⅱ52.5R 水泥,南京热电厂Ⅰ级粉煤灰,宿迁骆马湖河砂,徐州睢宁石灰岩碎石,Ⅱ级钢钢筋,UC—Ⅱ型高效减水剂。

表 9.2-2　每方混凝土材料用量表

水泥 (kg/m³)	粉煤灰 (kg/m³)	配筋率 (kg/m³)	砂 (kg/m³)	石 (kg/m³)	用水量 (kg/m³)	外加剂 (kg/m³)	坍落度 (cm)	备注
490	54	0	660	1 032	172	6.80	22.0	基准组
490	54	2.0	660	1 032	172	6.80	22.0	内置钢筋

试件为 φ200 mm、高 600 mm 圆柱体。应变测量传感器用南京自动化厂生产的差动电阻式应变计，测量标距 250 mm。试件成型时，将应变计安装在试件中间位置。混凝土材料用机械拌和、振动台分层振捣，成型后置于徐变实验室带模养护 24 小时拆模并作表面密封处理以待加载测试。测试结果为混凝土的基本徐变。

试件加载龄期为 7 d。弹性模量测试完毕以后，同时测试加载试件恒载期间的应变值和校核试件的应变值。加载试件和校核试件分有配筋试件与未配筋试件两种，配筋与未配筋试件的弹性模量和徐变系数结果见表 9.2-3。

表 9.2-3　算例与试验分析表

名称		E 或 $\hat{E}$ (10^4 MPa)	徐变系数 $\hat{\phi}$			
			持载 30 d	持载 90 d	持载 180 d	持载 360 d
测试结果	纯混凝土	4.05	0.62	0.78	0.82	0.85
	掺筋 2%	4.39	0.53	0.67	0.71	0.74
计算结果 $\hat{E}$、$\hat{\phi}$ ($\mu=0.02$)	按有效模量法解	4.36	0.53	0.67	0.70	0.72
	按老化理论法解		0.55	0.69	0.72	0.75
	按继数流动法近似式		0.54	0.68	0.71	0.74
	按式(9.2-3)		0.54	0.67	0.70	0.73

① 掺筋试件的弹性模量与计算值基本一致或相近。

② 对本算例而言，四种方法的计算公式推算掺筋(2%)压柱的徐变系数值与试验结果基本接近；其中继效流动法的近似式结果与试验值最接近，老化理论法的推算结果略微偏大，有效模量法和调整有效模量法的结果略有偏低，几种推算方法的偏差(偏大或偏小)合理，差值在 5% 以内。

③ 从计算结果与试验值的偏差看，四种方法的推算均可接受。从公式推演和计算的繁简考虑，采用有效模量法方程会使问题简便得多。

三、受弯构件的徐变系数

（一）计算公式

设有钢筋混凝土矩形截面梁高 h，梁宽 b，上下两层布置非预应力钢筋，非预应力筋截面的形心距为 h_0，上、下层钢筋面积 ω_g；设混凝土拉压应力强度比均在线性变形范围内，且拉、压变形特征相同；徐变计算采用老化理论法方程，截面变形采用平面假设。因截面上、下对称，布筋对称，中和轴在形心即 1/2 梁高处。变形协调方程为

$$\frac{2y}{h_0}\frac{\sigma_g}{E_g} = \frac{\sigma}{E} + \int_{\tau_1}^{t} \sigma \frac{d}{d\tau}\Big[C(\tau,\tau_1) - \frac{1}{E}\Big]d\tau \qquad (9.2\text{-}27)$$

式中 y—截面应力计算点到中和轴的距离；

σ—混凝土应力，为时间 t 和坐标 y 的变量。

上式两边乘以 $h_0 E_g/2$，再对时间 t 求导，得到微分方程

$$y\sigma'_g = \frac{1}{2}h_0 n(t)\sigma' + \frac{1}{2}h_0 n\phi'(t,\tau_1)\sigma \qquad (9.2\text{-}28)$$

式中 $n(t)$—弹性模量比 $E_g/E(t)$；

n—弹性模量比 $E_g/E(\tau_1)$；

$\phi(t,\tau_1)$—混凝土的徐变系数，且 $\phi(t,\tau_1)=C(t,\tau_1)E(\tau_1)$。

方程(9.2-28)两边乘以 by，作积分，因 σ'_g 与坐标 y 无关，式左乘以 by 后的积分为

$$\int_{-h/2}^{h/2} \sigma'_g by^2 \, \mathrm{d}\tau = \frac{bh^3}{12}\sigma'_g = J\sigma'_g$$

式(9.2-28)乘以 by 再经积分以后成为

$$J\sigma'_g = \frac{b}{2}h_0 n(t)\int_{-h/2}^{h/2} y\sigma' \mathrm{d}y + \frac{b}{2}h_0 n\phi'(t,\tau_1)\int_{-h/2}^{h/2}\sigma y \mathrm{d}y \qquad (9.2\text{-}29)$$

式中 $J=bh^3/12$。

梁截面的力矩平衡方程为

$$M = h_0\omega_g\sigma_g + b\int_{-h/2}^{h/2}\sigma y \mathrm{d}y \qquad (9.2\text{-}30)$$

然后用方程(9.2-30)及其微分式将方程(9.2-29)中含 σ 及 σ' 的积分项消去，经整理移项得到微分方程和初始条件如下

$$\sigma'_g + \frac{3\zeta^2\mu n\phi'(t,\tau_1)}{1+3\zeta^2\mu n(t)}\sigma_g = \frac{3\zeta^2\mu n\phi'(t,\tau_1)}{1+3\zeta^2\mu n(t)}\frac{1+3\zeta^2\mu n}{3\zeta\mu}\sigma_0 \qquad (9.2\text{-}31)$$

$$\sigma_g\Big|_{t=\tau_1} = \zeta n\sigma_0 \qquad (9.2\text{-}32)$$

式中 $\sigma_0 = \dfrac{h/2}{J+\frac{1}{2}h_0^2\omega_g n}M$，$\sigma_0$ 为截面上、下边缘的混凝土应力；

$\mu = \dfrac{2\omega_g}{bh}$，$\omega_g$ 为上层或下层钢筋面积；

$\zeta = h_0/h$。

满足方程(9.2-31)及初始条件(9.2-32)的解为

$$\left.\begin{array}{l} \sigma_g = \zeta n\sigma_0 + \dfrac{\sigma_0}{3\zeta\mu}(1-\mathrm{e}^{-\eta}) \\[3mm] \eta = \displaystyle\int_{\tau_1}^{t} \dfrac{3\zeta^2\mu n\phi'(\tau,\tau_1)}{1+3\zeta^2\mu n(\tau)}\mathrm{d}\tau \end{array}\right\} \qquad (9.2\text{-}33)$$

式(9.2-33)右边第二项除以应力初值 $\zeta n\sigma_0$ 即为钢筋混凝土组合体弯曲徐变系数 $\hat{\phi}$。

$$\hat{\phi} = \frac{1}{3\zeta^2\mu n}(1-\mathrm{e}^{-\eta}) \qquad (9.2\text{-}34)$$

当式(9.2-33)第二式积分号内的分母项为常量或近于常量时，η 成为

$$\eta = \frac{3\zeta^2\mu n\phi(t,\tau_1)}{1+3\zeta^2\mu n(x)} \qquad (9.2\text{-}35)$$

据表 9.2-4 所列，当 $E(360)/E(\tau_1)$ 在 1.3 以内时，可取 $x=28$ d 或 $x=\tau_1$ 的弹性模量值 $E(x)$ 计算 $n(x)$。

表 9.2-4　混凝土弹性模量与 $[1+3\zeta^2\mu n(t)]$ 的关系

弹性模量	混凝土	龄期				
		3 d	7 d	28 d	90 d	360 d
$E(t)$ (10^4MPa)	C55 桥用混凝土	3.29	3.46	3.78	4.18	4.30
	C50 桥用混凝土	3.31	3.38	3.52	3.75	3.90
	C25 大坝用混凝土	2.10	2.71	3.22	3.62	4.08
$E(t)/E(\tau_1)$	C55 桥用混凝土	/	1.05	1.15	1.27	1.31
	C50 桥用混凝土	/	1.02	1.06	1.13	1.18
	C25 大坝用混凝土	/	1.29	1.53	1.72	1.94
$1+3\zeta^2\mu n(t)$	C55 桥用混凝土	1.23	1.22	1.20	1.18	1.18
	C50 桥用混凝土	1.23	1.23	1.22	1.20	1.20
	C25 大坝用混凝土	1.37	1.28	1.24	1.21	1.19

注：$E_g=20\times10^4$ MPa，$\mu=0.02$，$\zeta=0.8$。

采用有效模量法方程时，构件受弯徐变系数(略去推导)为

$$\hat{\phi} = \frac{\phi(t,\tau_1)}{1+3\zeta^2\mu n[1+\phi(t,\tau_1)]} \qquad (9.2\text{-}36)$$

(二) 算例

例 1　设混凝土弹性模量和徐变系数仍用上例数据，截面含钢量与压柱相同，即

$\mu = 0.02$。取 $\zeta = 0.9$，比较压缩与弯曲两种状态的徐变系数，结果如表 9.2-5 所列。

表 9.2-5　构件弯、压徐变系数比较表

本构方程	徐变系数 ϕ、$\hat{\phi}$	持续时间 $t-\tau_1$(d)			
		30	90	180	360
试验值	混凝土 ϕ	0.62	0.79	0.82	0.86
老化理论	构件压缩 $\hat{\phi}$	0.55	0.69	0.72	0.75
老化理论	构件弯曲 $\hat{\phi}$	0.47	0.59	0.61	0.64
有效模量		0.54	0.66	0.69	0.71

从表 9.2-5 可见，在配筋相同情况下，由于受弯构件截面应力分布不均匀，钢筋集中配置在应力较大的部位，其对构件混凝土徐变的阻滞作用效果明显提高，使得受弯徐变系数小于轴向受压徐变系数较多。就本算例而言，取用轴向压缩徐变系数计算受弯变形时，计算值会有较大偏高。

算例 2

黄石长江公路大桥主梁混凝土徐变试验在长江南岸试验房内做了预应力小梁徐变测试和常规混凝土徐变对比测试。常规试验的试件为 φ 200 mm×600 mm 圆柱体，表面做了密封处理，与试验梁同时成型和加载。试验梁构造和尺寸见图 9.2-1 所示，梁长 3 000 mm，高宽 250 mm×150 mm，纵筋 4 φ 12；截面含钢率 $\mu = 1.2\%$，等效厚度 93.75 mm，钢筋至形心距 $h_0 = 103$ mm，$\zeta = 0.824$；纵向预应力筋孔。小梁的加载方法见图 9.2-2。

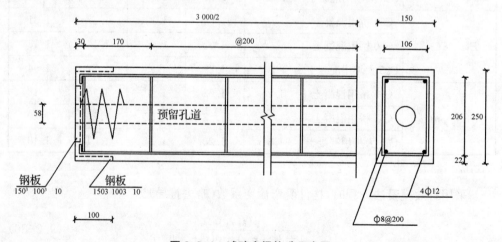

图 9.2-1　试验小梁构造示意图

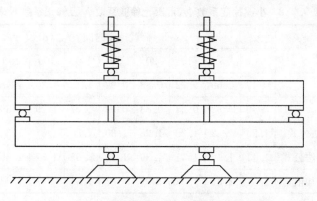

图 9.2-2　小梁叠置加载、支承、恒载示意图

试验要求小梁在观测和加荷期间正截面不应出现拉应力。梁端部局部设计承载力$[F]=500$ kN，预应力筋允许张拉荷载$[N]=500$ kN，实际取用张拉荷载 $N_P=422$ kN。

圆柱体密封试件采用内置式差动电阻应变计测试混凝土应变，测量结果为混凝土的基本徐变。试验房未作温、湿度控制。

试验混凝土设计强度 55 MPa，为桥用施工混凝土，由工地试验室提供，配合比见表9.2-6。预应力钢筋为高强精轧螺纹粗钢筋，主要指标见表 9.2-7。

表 9.2-6　混凝土配合比

每方水泥用量	配合比				外加剂		
$\phi_B/\phi_F=$	水灰比	水泥	砂	石	减水剂	三乙醇胺	木钙
530	0.33	1	1.132	2.230	1.2%	1.04%	0.1%

表 9.2-7　预应力钢筋主要指标

钢号	直径(mm)	屈服强度（MPa）	抗拉强度（MPa）	弹性模量（10^5 MPa）	松弛1 000 小时
精轧高强螺纹粗钢筋	φ32	750	1 000	2.06	<3%

混凝土龄期 5 d 施加预应力张拉，最大张拉荷载 422 kN，锚固荷载 402 kN。龄期 6 d 加载，每个加载点最大荷载值 $P=11.1$ kN，分 6 级施加。由小梁变形得弹性模量 $E(\tau_1)=3.64\times10^4$ MPa，由常规徐变试验得 $E(\tau_1)=3.68\times10^4$ MPa。由小梁弯曲变形测试得到构件徐变系数 ϕ_f，由圆柱体试件受压变形测试得到混凝土基本徐变系数 ϕ_0，同列于表 9.2-8。

表 9.2-8　小梁徐变系数 ϕ_f、混凝土徐变系数 ϕ_0 及修正系数 K 表

项目		荷载持续时间 $t-\tau_1$(d)									
		2	5	10	20	30	50	100	150	200	360
小梁 ϕ_f		0.43	0.59	0.72	0.88	0.99	1.13	1.35	1.48	1.56	1.68
混凝土 ϕ_0		0.40	0.53	0.67	0.83	0.93	1.07	1.29	1.39	1.44	1.48
K	流动率法公式	1.26	1.32	1.28	1.28	1.30	1.30	1.31	1.35	1.38	1.45
	有效模量法公式	1.41	1.46	1.41	1.39	1.40	1.39	1.37	1.40	1.42	1.48
	加权平均值	1.31	1.37	1.32	1.32	1.33	1.33	1.33	1.37	1.39	1.46

由表 9.2-8 所列两种试件的测试结果看出，小梁弯曲变形的徐变系数 ϕ_f 大于混凝土受压基本徐变系数 ϕ_0 较多，主要是小梁增加了干徐变（见第四节最后一段的论述），干徐变则与构件的有效厚度 h（或比表面积 V/ω）及环境湿度有关。第二种可能是受弯徐变大于受压徐变，或者是两种原因兼而有之。现以小梁因增加了干徐变导致徐变系数大于常规试验的结果为例，推算常规试验徐变系数的修正系数 K。设修正后的混凝土徐变系数为 ϕ，ϕ 与基本徐变系数 ϕ_0 之间存在关系：

$$\phi = K\phi_0 \tag{9.2-37}$$

ϕ 表示混凝土在试验条件下（试验房湿度、温度和有效厚度）的徐变系数，用 ϕ_f 表示构件的徐变系数 $\hat{\phi}$，将其代入式(9.2-34)和(9.2-35)，有

$$\left. \begin{array}{l} \phi_f = \dfrac{1}{3\zeta^2\mu n}(1-e^{-\eta}) \\[3mm] \eta = \dfrac{3\zeta^2\mu n K\phi_0(t,\tau_1)}{1+3\zeta^2\mu n(x)} \end{array} \right\} \tag{9.2-38}$$

将其代入有效模量法的计算公式(9.2-36)，得到

$$\phi_f = \frac{K\phi_0(t,\tau_1)}{1+3\zeta^2\mu n\left[1+K\phi_0(t,\tau_1)\right]} \tag{9.2-39}$$

取式(9.2-38)中的 $n(x)=n$，由流动率法（老化理论法）公式得到修正系数 K 的计算公式

$$K = \frac{1+3\zeta^2\mu n}{\phi_0(3\zeta^2\mu n)}\ln(1-3\zeta^2\mu n\phi_f) \tag{9.2-40}$$

由公式(9.2-39)得到按有效模量法公式的修正系数 K 如下：

$$K = \frac{(1+3\zeta^2\mu n)\phi_f}{(1-3\zeta^2\mu n)\phi_0} \tag{9.2-41}$$

式中 ϕ_0 即为 $\phi_0(t,\tau_1)$，ϕ_f 即为 $\phi_f(t,\tau_1)$。

计算结果同列于表 9.2-8 之 K 项目。两种本构关系所得结果有一定差异。考虑徐变部分可复，计算了两种结果的加权平均，其中有效模量法用权值 1、流动率法用权值 2。据该表的计算结果，小梁的干徐变相当于基本徐变的 35% 左右，按第五章表 5.5-5 所列，徐变的增加量（α 值）在(1)CEB/FIP70 法与(3)A. M. Neville 法两者之间。

第三节　构件弯曲徐变的测试与计算

本节讨论配筋小梁受长期荷载作用的变形测试、由加载时的瞬时变形和荷载持续作用的变形增加量推算构件及混凝土的弹性模量和徐变系数、讨论变形公式外延取值的可信性等。

试验时要求构件的最大荷载应力在混凝土线性变形范围以内，同时还假设截面拉、压区混凝土变形特征相等，截面变形符合平面变形假设。

一、方法要点

（一）加载方式与梁中变形

图 9.3-1 所示为叠放的等截面简支梁，作用两个集中竖向荷载 P 和自身重量 ql，q 为梁的单位长重量，kl 为荷载作用点至梁端支承点距离。

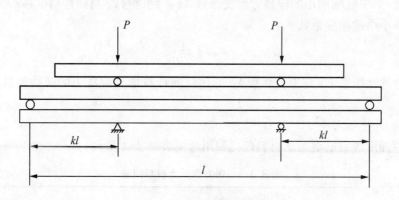

图 9.3-1　叠梁加载示意图

按照材料力学方法进行推导，可得图 9.3-1 所示两根梁在荷载 P 及自重线载荷 q 作用下的梁中弯矩与挠度。上梁的中点弯矩 $M_上$ 与挠度 $\delta_上$ 为

$$M_上 = klP + \frac{1}{8}l^2 q \tag{9.3-1}$$

$$\delta_{\text{上}} = \left(1 - \frac{4}{3}k^2\right)\frac{kl^3 P}{8EJ} + \frac{5l^4 q}{384EJ} \tag{9.3-2}$$

下梁的中点弯矩 $M_{\text{下}}$ 和挠度 $\delta_{\text{下}}$ 为

$$M_{\text{下}} = klP + \left(k - \frac{1}{8}\right)l^2 q \tag{9.3-3}$$

$$\delta_{\text{下}} = \left(1 - \frac{4}{3}k^2\right)\left(P + \frac{1}{2}lq\right)\frac{kl^3}{8EJ} + \left(-\frac{5}{96} + \frac{1}{4}k - \frac{1}{3}k^3\right)\frac{l^4 q}{4EJ} \tag{9.3-4}$$

式中　E—混凝土的弹性模量(10^4 MPa)；

　　　J—截面惯矩(m^4)；

　　　n—弹性模量比 $E_g/E(\tau_1)$，E_g 为钢筋弹性模量，$E(\tau_1)$ 为加载时刻混凝土的弹

　　　　性模量；

　　　l—梁跨长，在此略去简支点外自重；

　　　q—线荷载，取混凝土容重 $\gamma = 24$ kN/m^3；

其中 $M_{\text{上}}$ 以下层拉为正，$\delta_{\text{上}}$ 以向下为正；$M_{\text{下}}$ 和 $\delta_{\text{下}}$ 则反之。

　　在梁中安装位移计，可以测出加载时的相对瞬时弹性位移 $2\delta_e$。根据公式(9.3-2)和公式(9.3-4)，其值为

$$2\delta_e = kl^3(3 - 4k^2)(2P - lq)/24EJ \tag{9.3-5}$$

荷载不变，梁中继续增加的位移为徐变位移 $2\delta_c$。此位移 δ_c 与弹性初位移 δ_e 之比，比值为配筋小梁的徐变系数 ϕ_f：

$$\phi_f = \delta_c/\delta_e \tag{9.3-6}$$

再由抗弯弹性模量 E_f 与徐变系数 ϕ_f，通过反演计算推算混凝土的弹性模量 E 和徐变系数 ϕ。

（二）材料与试件

两种强度级别的混凝土材料配比和用量见表 9.3-1 所列。

表 9.3-1　每方混凝土材料用量

试验编号与强度等级	材料用量(kg/m^3)						外加剂	科海利引气剂(%)
	水	水泥	粉煤灰	矿渣粉	砂	碎石		
KC50	150	227	0	227	740	1 065	马贝 SPI 0.7%	0.011
FC30	125	128	96	96	711	1 211	育才 GK−4A1.3%	0.015

混凝土材料用机械拌和，ϕ 25 mm 高频振捣棒插入式振捣，试验室成型、养护和加荷，试验室年温度变化 5～28 ℃，湿度 50%～80%。

试件在试验室成型后带模养护 7 d 拆模,28 d 龄期加载,加载前一天安装就位,并安装测量仪表。KC50 和 FC30 立方块强度如下:标准雾室养护为 67.1 MPa 和 36.6 MPa;试验室与小梁同条件养护为 70.5 MPa 和 37.8 MPa。试验室养护的强度略偏高。

试件尺寸为长 $l=1\,800$ mm、高 $h=210$ mm、宽 $b=120$ mm。两简支点间的距长 1 700 mm,$k=55/170$。

截面的四个角点对称配筋,上层和下层均为 2Φ8,箍筋Φ6@20。上层和下层钢筋面积 $\omega_g=100$ mm²,上、下层钢筋间距 $h_0=160$ mm。

(三)外加荷载与变形测量

外加荷载 P 的最大值由混凝土抗拉强度决定。

有研究认为[46][47],梁的弯拉应力水平达到 80~85% 时,为出现徐变破坏的临界值,弯拉应力水平在 71.6% 以内为长期加载的安全应力。这个结果与以往的经验基本一致[51]。

文献[48]作者根据中国水利水电科学研究院的试验资料,曾作出以下强度公式

$$R_t=0.332R_C^{0.60} \tag{9.3-7}$$

式中　R_t——混凝土的抗拉强度(MPa);

　　　R_C——混凝土的抗压强度(MPa)。

表 9.3-2 所示,按公式(9.3-7)计算所得之抗拉强度乘以 0.7 倍后介于规范标准值与设计值两者之间。本试验实际加载测试时,最大弯拉应力[σ]控制在上述计算值与设计值之间。

表 9.3-2　混凝土抗拉强度与抗压强度关系

	抗压强度(MPa)	30	40	50
抗拉强度 (MPa)	按式(9.3-7)	2.56	3.04	3.47
	按式(9.3-7乘以0.7)	1.79	2.13	2.43
	规范标准值	2.0	2.45	2.75
	规范设计值	1.5	1.8	2.0

梁的应力控制值决定后,再计算自重应力 σ_q,然后由控制应力[σ]减去自重应力得到外加荷载应力控制值 σ_P,即

$$\sigma_P=[\sigma]-\sigma_q \tag{9.3-8}$$

自重应力 σ_q 计算公式为

$$\left.\begin{array}{l}\sigma_{q\perp}=ql^2/8W\\\sigma_{q\mathrm{下}}=q(8k-1)l^2/8W\end{array}\right\} \tag{9.3-9}$$

外加荷载的应力 σ_P 用下式计算

$$\sigma_P = \frac{klP}{W} \tag{9.3-10}$$

式中　W—截面系数,其值为 $(1+3\zeta^2\mu n)bh^2/6$;

　　　ζ—上下层钢筋距离 h_0 与梁高 h 之比 h_0/h;

　　　μ—上层或下层钢筋面积 ω_g 之 2 倍与截面积 bh 之比,即 $\mu = 2\omega_g/bh$;

　　　n—钢筋与混凝土弹模比,$n = E_g/E(\tau_1)$。

其中 $\sigma_{q\text{下}}$、$\sigma_{q\text{上}}$、σ_P 分别为上叠梁和下叠梁的自重应力和加载应力。

梁中的初始相对位移为

$$2\delta_q = \delta_{q\text{上}} + \delta_{q\text{下}} = k(3-4k^2)\frac{l^4 q}{24EJ} \tag{9.3-11}$$

外加荷载 $2P$ 产生的梁中相对位移初始值为

$$\delta_P = (3-4k^2)\frac{kl^3 P}{24EJ} \tag{9.3-12}$$

式中　J—截面惯矩,其值为 $J_0(1+3\zeta^2\mu n)$;

　　　J_0—截面混凝土惯矩,其值为 $bh^3/12$。

按照经验估算,假设徐变系数 $\phi = 1.2 \sim 1.8$,KC50 梁中相对位移约 $0.50 \sim 0.80$ mm,FC30 梁中相对位移约 $0.40 \sim 0.60$ mm。位移计宜用千分表。

二、试验结果

(一)混凝土的弹性模量

利用配重砝码(20kg/块)分级堆放加载。

分别在梁两端简支点两侧共安装有 4 只千分表,梁中两侧共安装 2 只千分表。梁中相对位移按下式计算

$$2\delta_{Pi} = \frac{1}{2}\sum_{j=1}^{2}(x_{ij} - x_{0j}) - \frac{1}{4}\sum_{j=1}^{4}(y_{ij} - y_{0j}) \tag{9.3-13}$$

式中　δ_{Pi}—第 i 级荷载对应的梁中挠度;

　　　x_{ij}—第 i 级荷载 j 号表的读数值,x_{0j} 为初读数或基准读数;

　　　y_{ij}—简支点上 j 号表第 i 级荷载的读数值,y_{0j} 为基准读数。

为了利用梁中的测试位移 δ_P 与荷载 P 推算混凝土的弹性模量,将公式(9.3-12)中的 $J = J_0(1+3\zeta^2\mu n)$ 代入,并经移项后得到

$$E = (3-4k^2)\frac{kl^3 P}{24J_0\delta_P} - 3\zeta^2\mu E_g \tag{9.3-14}$$

上面公式(9.3-14)中,荷载与位移的比值 P/δ_P 采用图解法确定时,取纵坐标为 P、横坐标为 δ_P,比值 P/δ_P 即为图解直线的斜率。在此,我们采用回归分析法计算 P/δ_P。设 P 与 δ_P 有下述线性关系

$$P_i = A + B\delta_{Pi} \tag{9.3-15}$$

式中 P_i 与 δ_{Pi} 为第 i 级荷载及与之相应的位移测值,A 为常数、即原点偏离值,B 称回归系数、也即直线方程的斜率 P/δ_P。由回归分析的剩余平方和最小原理,可得到回归系数 B 计算公式如下

$$B = \frac{\sum (P_i - \overline{P})(\delta_{Pi} - \overline{\delta}_P)}{\sum (\delta_{Pi} - \overline{\delta}_P)^2} \tag{9.3-16}$$

测试结果与线性方程(9.3-15)的密切程度用相关系数 r 检验,相关系数计算公式为

$$r = \frac{\sum (P_i - \overline{P})(\delta_{Pi} - \overline{\delta}_P)}{\sqrt{\sum (P_i - \overline{P})^2 \cdot \sum (\delta_{Pi} - \overline{\delta}_P)^2}} \tag{9.3-17}$$

式中　P_i— 荷载值,$i = 0 \sim 4$ 共 5 级;

　　　$\overline{P}$— 荷载平均值,$\overline{P} = \sum P_i / 5$;

　　　δ_{Pi}— 与 P_i 对应的梁中位移;

　　　δ_P— 梁中位移平均值,$\delta_P = \sum \delta_{Pi} / 5$。

两组小梁混凝土的弹性模量结果如下表 9.3-3 所示。

表 9.3-3　混凝土弹性模量测试结果

试验编号	KC50	FC30
$E(\tau_1)$—弯曲试验	3.53×10^4 MPa	3.56×10^4 MPa
$E(\tau_1)$—轴压试验	3.68×10^4 MPa	3.50×10^4 MPa

其中轴压试验值为采用标准长柱体试件作轴压静力弹性模量测试的结果,可见两种方法所得弹性模量接近。

(二)小梁和混凝土的徐变系数

梁加载完毕并测读最后一级荷载的千分表值,以后所增加的变形,为梁的徐变位移 δ_c。徐变位移的计算公式与式(9.3-13)相仿,可表示为

$$2\delta_c = \frac{1}{2}\sum_{j=1}^{2}(x_{kj} - x_{0j}) - \frac{1}{4}\sum_{j=1}^{4}(y_{kj} - y_{0j}) \tag{9.3-18}$$

式中　k—第 k 次徐变测量；

　　　x_{oj}—梁中测点千分表的基准读数，取最后一级荷载的读数值为 x_{oj}，即 $x_{oj}=x_{4j}$；

　　　y_{oj}—简支点表的基准读数，取 $y_{oj}=y_{4j}$。

由千分表读数按上式计算出梁的徐变位移 δ_c 后，此位移值 δ_c 与初始弹性位移 δ_e 相比，δ_c/δ_e 即为梁的徐变系数 ϕ_f。梁的弹性位移由荷载位移 δ_P 及自重位移 δ_q 两者之和组成 $\delta_e=\delta_P+\delta_q$，故有梁的徐变系数 ϕ_f

$$\phi_f=\frac{\delta_c}{\delta_P+\delta_q} \tag{9.3-19}$$

作梁的加载变形测试之前，已经先将试件叠置安放就位，然后才安装千分表。安装千分表以前，自重变形已经完成，故自重位移 δ_q 是依据加载(P)得到的弹性模量 $E(\tau_1)$，按式(9.3-11)计算所得。其值约为全弹性位移的 $12\%\sim14\%$。

两组混凝土 KC50 梁和 FC30 梁加载一年以内的位移 δ_c 过程线如图 9.3-2 和图 9.3-3 所示，徐变系数 ϕ_f 列于表 9.3-4

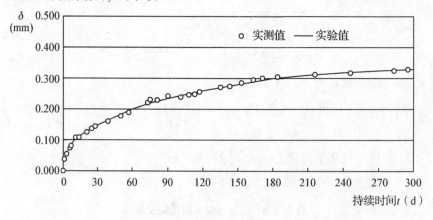

图 9.3-2　KC50 梁徐变位移 δ_c 过程线

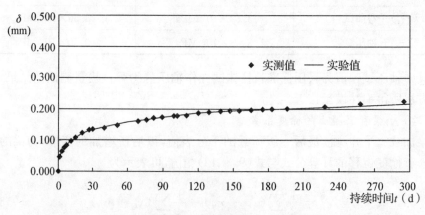

图 9.3-3　FC30 梁徐变位移 δ_c 过程线

对于矩形截面四角点对称布筋的受弯构件,上一节已经导出构件徐变系数 ϕ_f 与混凝土徐变系数 ϕ 之间的关系。按照流动理论(老化理论)法方程,ϕ 与 ϕ_f 的关系如下

$$\phi_f = \frac{1}{3\zeta^2 \mu n}(1 - e^{-\eta})$$ (9.3-20)

$$\eta = \frac{3\zeta^2 \mu n \phi}{1 + 3\zeta^2 \mu n(x)}$$

式中　$\zeta = h_0/h$,h 为梁高,h_0 为上、下层钢筋间距离;

　　　$\mu = 2\omega_g/bh$,ω_g 为上层或下层钢筋截面积,b 为梁宽;

　　　$n(x) = E_g/E(x)$,混凝土弹性模量变化较大时取 28 d 值 $E(28)$;一般可取 $E(\tau_1)$,这时 $n(x)$ 用 n 表示。

将(9.3-20)之 η 代入第一式,经移项整理取对数,可得

$$\phi = -\left[1 + \frac{1}{3\zeta^2 \mu n}\right]\ln(1 - 3\zeta^2 \mu n \phi_f)$$ (9.3-21)

采用有效模量法徐变物理方程时,梁的徐变系数 ϕ_f 与混凝土徐变系数 ϕ 关系

$$\phi_f = \frac{\phi}{1 + 3\zeta^2 \mu n(1+\phi)}$$ (9.3-22)

反之,可将 ϕ 用 ϕ_f 表示的推算公式如下

$$\phi = \frac{(1 + 3\zeta^2 \mu n)\phi_f}{1 - 3\zeta^2 \mu n \phi_f}$$ (9.3-23)

在试件卸载或部分卸载时,混凝土的徐变只有部分可复,且可复徐变在总量中所占比例不大(一般是在 16% 以内),用式(9.3-23)计算 ϕ 值有偏高现象,用式(9.3-21)计算 ϕ 值会有偏低现象。为了做到计算结果接近实际,可用两者的加权平均值,流动率法的式(9.3-21)取权值 2,有效模量法的式(9.3-23)取权值 1。表 9.3-4 同时列有上述推算结果。

由表 9.3-4 所列混凝土徐变系数 ϕ,采用曲线回归分析,可得公式
KC50

$$\phi = 0.15(1 - e^{-2t}) + 0.28(1 - e^{-0.12t}) + 1.28(1 - e^{-0.007t})$$ (9.3-24)

FC30

$$\phi = 0.2(1 - e^{-1.5t}) + 0.55(1 - e^{-0.06t}) + 0.86(1 - e^{-0.003\,2t})$$ (9.3-25)

表 9.3-4 所列有公式(9.3-24)、公式(9.3-25)的计算结果与试验推算值比较。

表 9.3-4　小梁徐变系数 ϕ_f 及混凝土徐变系数 ϕ 值

持续时间 (d)	KC50					FC30				
	梁 ϕ_f	混凝土 ϕ				梁 ϕ_f	混凝土 ϕ			
		流动率法 9.3-21	有效模量法 9.3-23	权平均	拟合式 9.3-24		流动率法 9.3-21	有效模量法 9.3-23	权平均	拟合式 9.3-25
2	0.20	0.21	0.21	0.21	0.22	0.26	0.27	0.27	0.27	0.26
5	0.31	0.32	0.33	0.32	0.32	0.38	0.40	0.40	0.40	0.36
10	0.46	0.48	0.49	0.48	0.43	0.47	0.49	0.49	0.49	0.48
15	0.48	0.50	0.51	0.50	0.51	0.53	0.56	0.57	0.56	0.57
20	0.53	0.56	0.56	0.56	0.57	0.58	0.61	0.61	0.61	0.64
30	0.63	0.66	0.67	0.66	0.66	0.67	0.71	0.72	0.71	0.74
40	0.70	0.74	0.75	0.74	0.74	0.74	0.78	0.79	0.79	0.80
60	0.84	0.89	0.90	0.89	0.87	0.83	0.87	0.89	0.88	0.89
80	0.98	1.04	1.06	1.04	0.98	0.89	0.94	0.96	0.94	0.94
100	1.06	1.12	1.15	1.13	1.07	0.95	1.00	1.02	1.01	0.98
120	1.12	1.19	1.22	1.20	1.16	0.98	1.04	1.06	1.05	1.02
150	1.21	1.28	1.32	1.30	1.26	1.03	1.09	1.11	1.10	1.08
180	1.26	1.34	1.38	1.35	1.35	1.05	1.12	1.14	1.12	1.13
240	1.37	1.46	1.50	1.47	1.47	1.15	1.22	1.25	1.23	1.21
360	1.48	1.58	1.63	1.60	1.61	1.25	1.33	1.37	1.34	1.34
	$E(28)$	3.53×10^4 MPa				$E(28)$	3.56×10^4 MPa			
	R_{28}	67.1 MPa				R_{28}	36.6 MPa			

① 据表 9.3-4 所列,混凝土的徐变系数 ϕ 与梁的徐变系数 ϕ_f 相比,其增加量约为 8%;按流动率法方程和有效模量法方程的两种推算结果基本接近。以上两种情况可能主要与含筋量(μ)低有关。

② 对于一年以内的徐变系数,采用三项指数公式表示,可以有较好的拟合效果。如公式(9.3-24)和式(9.3-25)右边第三项的指数常数较小(分别为 0.007 和 0.003 2),说明梁的变形还会以较低的速率延续相当长的时间。

三、长期变形问题

测定混凝土的长期变形是一项耗费时间和人力的工作,能够依据一年或更短时间的测试结果推算(估计)多年后徐变的发展,是人们期待解决的问题之一。从现有研究看,有两种途径可供选择,第一种是经验取值法,第二种是公式外延法。

所谓经验取值法,也可称为统计分析。图 9.3-4 和图 9.3-5 所示[30],为一年徐变与五年徐变及与十年徐变之关系。由该图所示,可得五年与一年及十年与一年的徐变关系如下

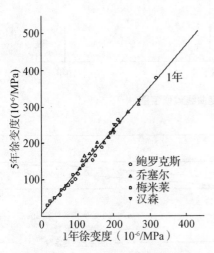

图 9.3-4　5 年徐变与 1 年徐变关系　　图 9.3-5　10 年徐变与 1 年徐变关系

$$C_5 = 8.5 + 1.14 C_1 \qquad (9.3-26)$$

$$C_{10} = 7.3 + 1.26 C_1 \qquad (9.3-27)$$

这两张图的数据是这样给出的。如图 9.3-6 所示,有一簇或多簇徐变度曲线,在持荷一年以后徐变度发展缓慢平稳。分别在一年、五年和十年截取各曲线测值。以横坐标表示一年值 C_{1i},竖标表示五年或十年值 C_{5i}、C_{10i}。当这些曲线在一年以后相似时,则所有散点 $C_{5i} \sim C_{1i}$、$C_{10i} \sim C_{1i}$ 都落在直线上。由于材料和试验方面的原因,这些曲线不会完全相似,它们会分散在回归直线的两侧。该图用作统计分析的徐变度测值变化较大,在此情况下示值在曲线两侧比较集中,说明持荷一年以后徐变变形的时程曲线相似性较好,可以用来推算五年和十年的徐变度。

在此同时指出,对于混凝土加载龄期小且早期强度低的混凝土,且载荷时间不长时(如在 60 d～120 d 以内)徐变的变化比较复杂,以这种资料为基准进行统计分析,结果的可用性会大为降低。作为一个统计公式,应说明散点分布范围,或称"带宽"。

下面再来讨论拟合公式外延段的可用性(也就是可信性)问题。前面所述两组小梁的变形测试持续了九百多天,图 9.3-7 和图 9.3-8 为这两组梁的徐变系数 ϕ_f 和混凝土弯曲徐变系数 ϕ 过程线。

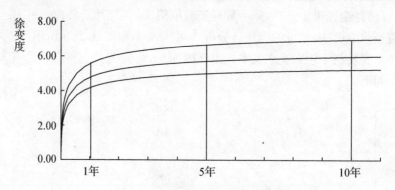

图 9.3-6 徐变度曲线簇取值图

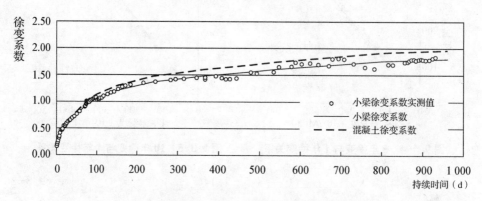

图 9.3-7 KC50 徐变系数和混凝土弯曲徐变系数过程线

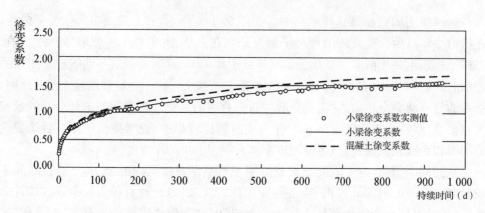

图 9.3-8 FC30 徐变系数和混凝土弯曲徐变系数过程线

KC50 梁混凝土受弯徐变系数 ϕ 可表示为

$$\phi = \frac{t^{0.6}}{8.78 + 0.371t^{0.6}} \qquad (9.3-28)$$

FC30 梁混凝土受弯徐变系数可表示为

$$\phi = \frac{t^{0.6}}{8.16 + 0.507 t^{0.6}} \qquad (9.3-29)$$

$$\phi = \frac{t^{0.4}}{4.29 + 0.32 t^{0.4}} \qquad (9.3-30)$$

KF30 采用对数公式表示时,可分两个时段的公式进行推算,如

$$\phi = -1.06 + 0.405 \ln(1+t) \quad t \geqslant 360 \text{ d}$$
$$\phi = -0.036 + 0.23 \ln(1+t) \quad t < 360 \text{ d} \qquad (9.3-31)$$

上述公式(9.3-28)~式(9.3-31)的推算结果与试验值比较如表 9.3-5 所列,按公式计算的结果与实验数据都符合得较好。

公式(9.3-28)所示变形速率 ϕ' 为单调递减;公式(9.3-30)的时间幂次小于 0.5,与试验结果符合较好。

公式(9.3-32)和(9.3-33)是利用 KC50 和 FC30 从 $t=80$ d~360 d 的徐变系数 ϕ 试验值作出。

KC50
$$\phi = \frac{t^{0.6}}{7.63 + 0.401 t^{0.6}} \qquad (9.3-32)$$

FC30
$$\phi = \frac{t^{0.4}}{4.81 + 0.288 t^{0.3}} \qquad (9.3-33)$$

表 9.3-5 混凝土弯曲徐变系数 ϕ 比较表

持续时间(d)	KC50 之 ϕ		FC30 之 ϕ			
	按试验	按式 (9.3-28)	按试验	按式 (9.3-29)	按式 (9.3-30)	按式 (9.3-31)
40	0.74	0.75	0.79	0.71	0.77	0.82
80	1.04	1.00	0.94	0.91	0.94	0.97
120	1.20	1.15	1.05	1.03	1.05	1.07
240	1.47	1.43	1.23	1.23	1.25	1.23
360	1.60	1.59	1.34	1.34	1.37	1.32
480	1.69	1.70	1.46	1.41	1.46	1.44
540	1.75	1.75	1.51	1.44	1.50	1.49
700	1.85	1.84	1.60	1.50	1.58	1.59
960	1.95	1.95	1.68	1.56	1.68	1.72
三年	/	1.99	/	1.59	1.72	1.77
五年	/	2.14	/	1.67	1.88	1.98
十年	/	2.30	/	1.76	2.08	2.26

表 9.3-6　公式外延计算值与试验值比较

持续时间 (d)	KC50 之 ϕ		FC30 之 ϕ	
	试验值	按式(9.3-32)外延值	试验值	按式(9.3-33)外延值
360	1.60	1.60	1.34	1.34
480	1.69	1.70	1.46	1.44
540	1.75	1.74	1.51	1.48
700	1.85	1.82	1.60	1.57
800	1.92	1.85	1.64	1.61
960	1.95	1.91	1.68	1.68
三年	/	1.94	/	1.74

由表 9.3-6 所列看出,双曲函数公式从持荷时间 360 d 起至 960 d 近三年时间的外延值与试验结果基本一致。公式(9.3-28)和公式(9.3-30)在形式上与上面对应公式一样,依同一试验两年以上数据(测值)作出,且 960 d 以后的变形变化会进一步趋于平稳,这两个公式可信外延时段应不少于 3~5 年。

最后我们再来查看上述公式外延推算值与持荷一年试验值的比值 ϕ_t/ϕ_{360}。

持续时间	960 d	5×365 d	10×365 d
按式(9.3-28)	1.22	1.34	1.44
按式(9.3-33)	1.25	1.42	1.59
按式(9.3-30)	1.25	1.40	1.55
按式(9.3-31)	1.28	1.48	1.67

上述推算结果大于按式(9.3-27)的推算值,而与波劳克斯[30]建立的下述关系式相当

$$C_{b10}=1.62C_{b1} \tag{9.3-34}$$

式中 C_{b10} 为 10 年的基本徐变,C_{b1} 为一年的基本徐变。

根据现有成果,带有时间幂的双曲函数公式,可以在较长的时间段上与试验曲线拟合较好,在几种常见的徐变公式中,其可信的外延计算时间相对较长。

第四节　构件受变荷载往复作用的变形特征

本章最后一节用受弯构件的对比试验结果,分析配筋预应力梁与无预压应力梁承受往复变化荷载长期作用对混凝土弹性模量及徐变系数的影响,讨论这种变载效

应的实际应用。

一、试验概况

（一）材料与试件

混凝土强度等级：C50。

水泥：PO42.5普通硅酸盐水泥，双龙集团水泥厂生产。

砂：江西地产山砂（中砂）。

石：江苏句容地产石灰岩碎石。

混凝土材料配合及用料见表9.4-1，灰浆率 $\eta=31.4\%$，要求坍落度不小于180 mm，早强高强，符合桥用施工的设计要求。

表9.4-1　混凝土材料配合组成

强度等级	水灰比	每方混凝土材料用量（kg/m³）				减水剂
		水泥	水	砂	碎石	（%）
C50	0.33	482	159	614	1150	0.7

图9.4-1所示为试验梁的构造尺寸。梁长 $l=2\,850$ mm，截面高 $h=200$ mm、宽 $b=100$ mm。分有轴向预应力和无预应力两种，预应力梁又分单孔和双孔两种。

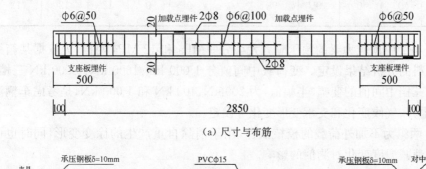

（a）尺寸与布筋

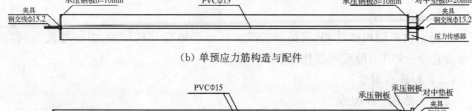

（b）单预应力筋构造与配件

（c）双预应力筋构造与配件

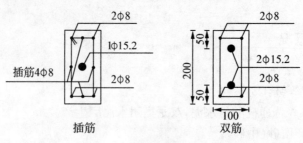

插筋

双筋

（d）截面图

图 9.4-1　试验梁的构造示意

试验梁分 10 组共 20 根，每组两根。分组情况见表 9.4-2。

表 9.4-2　试验梁分组编号及说明

批次	一批				二批					
组别号	A	B	C	D	E	F	G	H	K	L
加载状况 （kN）	0 （校核）	恒载 1 200	恒载 1 600	变载 1 600 ±400	0 （校核）	恒载 1 600	变载 1 000 ±200	恒载 1 600	变载 5 000 ±1 000	恒载 5 000
预压应力 （MPa）	0	0	9	9	0	0	0	12	12	12

表 9.4-2 中预应力梁的预压应力大小分 9 MPa 和 12 MPa 两档，为依据某箱梁桥观测资料的分析结果设定。变荷载中间值分 1 000 kN、1600 kN、5 000 kN 三档，对应如上三档中间值的变幅（半幅值）为 200 kN、400 kN 和 1 000 kN，是考虑车辆流量、日照温升、气候变化和支承变形变化等设定。

A、B 两组为不加外荷载的校核试件，用于消除自重产生的徐变变形，同时也可以部分地消减温度变化对测值的影响。

（二）试验条件

混凝土材料用机械拌和，振捣棒插振。试验场地在结构试验大厅，场地开阔，温度年变化 3～30 ℃，湿度年变化 50%～70%。

（三）加载与测量

混凝土龄期 7 d 加载。

图 9.4-2，为叠置小梁的支承、加载示意图。荷载重物为计重铁块（200 kN/块）。位移测量用千分表。梁中、两支座的两侧共安装千分表 6 只。

D、G、K 三组梁每天变载一次，一个变载周期 4 d。

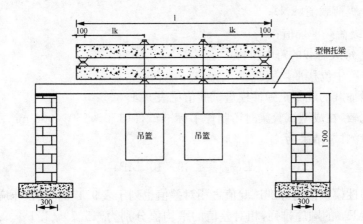

图 9.4-2　叠梁加载示意

二、试验结果与分析

（一）梁的变形与混凝土的弹性模量

每级荷载 P_i 与相应的梁中位移 δ_{pi} 依千分表读数用下式计算

$$2\delta_{P_i} = \frac{1}{2}\sum_{j=1}^{2}(x_{ij}-x_{0j}) - \frac{1}{4}\sum_{j=1}^{4}(y_{ij}-y_{0j}) \tag{9.4-1}$$

式中　δ_{pi}——第 i 级荷载 P_i 对应的梁中挠度；

$\quad\quad x_{ij}$——第 i 级荷载梁中测点"j"号表读数值，x_{0j} 为初读数（基准值）；

$\quad\quad y_{ij}$——支承点 j 号表 i 级荷载的读数值，y_{0j} 为基准读数。

混凝土弹性模量 $E(\tau_1)$ 用下式计算

$$E(\tau_1) = (3-4k^2)\frac{kl^3P}{24J_0\delta_P} - 3\zeta^2\mu Eg \tag{9.4-2}$$

式中　k——三分点值，即三分之一跨长比（1/3）；

$\quad\quad l$——跨长；

$\quad\quad J_0$——惯矩，$J_0 = bh^3/12$；

$\quad\quad \zeta$——纵筋上、下层之间距离 h_0 与梁高 h 之比 $\zeta = h_0/h$；

$\quad\quad \mu$——含钢率，$\mu = 2\omega_g/bh$，ω_g 为上层或下层钢筋截面积；

$\quad\quad E_g$——钢筋弹性模量。

比值 $P/\delta_P = B$ 用下式计算

$$B = \frac{\sum(P_i-\overline{P})(\delta_{P_i}-\overline{\delta}_P)}{\sum(\delta_{P_i}-\overline{\delta}_P)^2} \tag{9.4-3}$$

式中　P_i—级荷载值(kN)；

　　　$\overline{P}$—级荷载平均值；

　　　δ_{P_i}—每级荷载的跨中位移；

　　　δ_P—跨中位移平均值。

各组梁加载的混凝土弹性模量试验值见表 9.4-3。

为作比较,在成型试验梁时还制作了标准试件($150 \times 150 \times 300\ \text{mm}^3$)作静力抗压弹性模量测试,结果为

$$E(\tau_1) = 4.49 \times 10^4\ \text{MPa}$$

各组梁的弹性模量值与标准试验值之相对差值也列于表 9.4-3。按预压应力 $\sigma_N = 0$、9 MPa、12 MPa 的顺序排列,相对差值的平均值分别为 -5.7%、1.1%、2.0%,无预压应力者偏低,有预压应力者与标准值基本接近。

表 9.4-3　小梁加载时($\tau_1 = 7\ \text{d}$)弹性模量汇总表　单位:$10^4\,\text{MPa}$

试验组列	B	C	D	F	G	H	K	L
轴线预压应力(MPa)	0	9	9	0	0	12	12	12
最大加载值 P(kN)	1 200	1 600	1 600	1 600	1 000	1 600	5 000	5 000
弹性模量值 $E(\tau_1)$	4.49	4.60	4.48	3.98	4.23	4.38	4.69	4.67
与标准试验值相差(%)	0	2.4	−0.2	−11.3	−5.8	−2.4	4.5	4.0

G、D、K 三组梁作周期性加载和卸载时所得位移增量和减少量的统计值见表 9.4-4。由该表所列弹性模量,得到变载弹性模量平均值 E 与构件初始弹性模量 $E(\tau_1)$ 之比:

	G 梁	D 梁	K 梁
$E/E(\tau_1)$	1.06	1.58	1.64

表 9.4-4　周期性增减荷载的弹性位移与弹性模量汇总

试验编号	荷载变化(kN)	位移		弹性模量($10^4\,\text{MPa}$)	
		平均值(mm)	均方差	加、卸载值	加、卸载值	初值 $E(\tau_1)$
G 梁 1 000 ±200	800~1 000	0.094	0.002	0.189	4.51	4.23
	1 000~1 200	0.095	0.002			
	1 200~1 000	−0.095	0.003	−0.190	4.49	
	1 000~800	−0.095	0.003			

试验编号	荷载变化 (kN)	位移			弹性模量(10^4 MPa)	
		平均值(mm)	均方差	加、卸载值	加、卸载值	初值 $E(\tau_1)$
D梁 1 600 ±400	1 200~1 600	0.122	0.012	0.251	7.01	4.48
	1 600~2 000	0.129	0.013			
	2 000~1 600	−0.084	0.012	−0.246	7.17	
	1 600~1 200	−0.161	0.011			
K梁 5 000 ±1 000	4 000~5 000	0.242	0.024	0.584	7.57	4.69
	5 000~6 000	0.343	0.030			
	6 000~5 000	−0.202	0.023	−0.570	7.77	
	5 000~4 000	−0.364	0.041			

① 根据部分加载和卸载位移的变化,G、D、K 三组梁混凝土弹性模量的提高是在 3~5个变载周期(12 d~20 d)内完成,其后由加、卸荷载产生的弹性位移在平均值的一定范围内变化,也即经过 3~5 个加卸荷循环以后弹性模量提高到某一稳定值。

② G、D、K 三组梁的轴向预压应力分别为 0、9 MPa 和 12 MPa,荷载 P 的中间值分别为 1 000 kN、1 600 kN、5 000 kN,变载 ΔP 相对值为 20%、25%、20%,弹性模量增加值依次为 6%、58%、64%。可见弹性模量的提高与预压应力的大小及变载幅值关系密切,达到 9 MPa 以后,其提高量的增加仅为 6%。按增加量与轴压力的双曲线关系推算,12 MPa 以上弹性模量的增加甚微。

③ 变载使弹性模量提高也就是弹性变形减少的过程,部分变形转变为塑性变形,对构件纵向预应力减少的影响,与不可复徐变增加的效果一致。当日照、气温变化及混凝土收缩等引起的变形变化 $\Delta\varepsilon$ 一定时,因弹性模量提高而发生的应力增加量会有较大提高。

(二)徐变系数

梁的徐变位移 δ_c 用下式计算

$$2\delta_c = \frac{1}{2}\sum_{j=1}^{2}(x_{kj} - x_{0j}) - \frac{1}{4}\sum_{j=1}^{4}(y_{kj} - y_{0j}) - 2\delta_{qc} \qquad (9.4-4)$$

式中　k——第 k 次徐变测量;

x_{0j}——梁中测点千分表读数基准值,取最后一级荷载的读数值为 x_{0j};

y_{0j}——简支点表的基准读数;

$2\delta_{qc}$——校核梁由自重产生的徐变测值,计算公式与该式(9.4-4)右边前两项相同。

加载时梁中最后一级荷载的位移 δ_p 按式(9.4-1)计算,梁的徐变系数为

$$\phi_f = \frac{\delta_c}{\delta_p} \tag{9.4-5}$$

按老化理论法(流动率法)方程的推算公式(见第二节),混凝土徐变系数 ϕ 用下式计算

$$\phi = -\left[1 + \frac{1}{3\zeta^2 \mu n}\right] \ln(1 - 3\zeta^2 \mu n \phi_f) \tag{9.4-6}$$

按有效模量法方程,ϕ 用下式计算

$$\phi = \frac{1 + 3\zeta^2 \mu n}{1 - 3\zeta^2 \mu n \phi_f} \phi_f \tag{9.4-7}$$

式中　　$\mu = 2\omega_g / bh$;

　　　　$n = E_g / E(\tau_1)$;

　　　　$\zeta = h_0 / h$;

　　　　ϕ_f——梁的徐变系数;

　　　　ϕ——混凝土(受弯)徐变系数。

按公式(9.4-6)和公式(9.4-7)推算得 ϕ 后,用其平均值作为下面所有图、表的混凝土徐变系数值结果。

图 9.4-3 所示为两组梁混凝土徐变系数(一年期以内)的时间过程线。

C、H 两组梁施加恒定荷载,加载初期的 6~8 d 徐变以较大速率增加,而后徐变速率显著减缓;变荷载试验梁 D,变荷载幅度为 ± 400 kN,加载初期变形速率明显低于前者,经过两个变荷载周期以后,徐变变形和变形速率高于前者较多。由图 9.4-3 所示,荷载作周期性变化时,徐变增加和徐变速率提高所延续时间较长。这种徐变变形的增加应与变荷载长期作用对混凝土内部结构的扰动有关。现将该表所显现的构件变形特点分析如下。

① B、F 两组梁预压应力为零,即 $\sigma_N = 0$,单点恒定荷载 P 分别为 1 200 kN 和 1 600 kN。180 d~360 d 的徐变系数比为 $\phi_B / \phi_F = 0.94 : 1$ 或 $1 : 1.06$;H、L 两组梁预压应力 $\sigma_N = 12$ MPa,单点恒定荷载 P 分别为 1 600 kN 和 5 000 kN,180 d~360 d 的徐变系数比 $\phi_H / \phi_L = 0.93 : 1$ 或 $1 : 1.07$;两双梁组的徐变系数比值接近于 1,且表现出单点荷载高,徐变系数 ϕ 值微弱偏大的趋势;预压应力 $\sigma_N = 0$ 的前两组徐变系数之和 $\phi_B + \phi_F$ 与预压应力 $\sigma_N = 12$ MPa 的后两组徐变系数之和 $\phi_H + \phi_L$ 的比值为 $(\phi_B + \phi_F) : (\phi_H + \phi_L) = 1.81 : 1$ 或 $1 : 0.55$,表明有预压应力构件与没有预压应力构件之徐变系数差异较大;后者几乎为前者的二倍。分析认为,B 梁和 F 梁的中间段处于纯弯状态,截面最大拉应力过高(近于抗拉强度标准值),故而徐变系数显著增加;H 梁和 L 梁载面应力处于偏心受压状态,徐变系数在正常 ϕ 范围(与轴压试验的结果相比)。如

上结果提请工程师注意,当构件的预压应力衰减至一定程度,以致局部或较大部分出现过大拉应力时,构件变形可能大幅度变大。

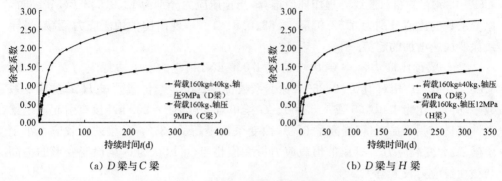

（a）D 梁与 C 梁　　　　　　　　　（b）D 梁与 H 梁

图 9.4-3　混凝土徐变系数过程线比较

表 9.4-5　混凝土徐变系数 $\phi(t)$ 表

梁编号		G	D	K	B	C	F	H	L
预压应力		0	9 MPa	12 MPa	0	9 MPa	0	12 MPa	12 MPa
限载单点 P 值(kN)		1 000	1 600	5 000	1 200	1 600	1 600	1 600	5 000
变载 ΔP(kN)		±200	±400	±1 000	0	0	0	0	0
持续时间 t (d)	2	0.22	0.08	0.13	0.45	0.29	0.46	0.43	0.48
	5	0.54	0.23	0.55	0.59	0.59	0.72	0.59	0.69
	10	0.77	0.91	0.93	0.83	0.85	0.90	0.73	0.81
	20	0.97	1.71	1.07	1.06	1.06	1.13	0.86	0.99
	30	1.11	2.05	1.17	1.21	1.17	1.28	0.95	1.10
	40	1.24	2.25	1.23	1.34	1.23	1.43	1.01	1.17
	60	1.45	2.52	1.35	1.54	1.34	1.65	1.09	1.24
	80	1.63	2.72	1.43	1.70	1.43	1.84	1.15	1.31
	100	1.81	2.90	1.52	1.84	1.50	2.02	1.22	1.36
	120	1.97	3.03	1.59	1.98	1.55	2.18	1.25	1.41
	150	2.18	3.21	1.69	2.25	1.61	2.41	1.36	1.48
	180	2.34	3.38	1.77	2.40	1.70	2.64	1.41	1.54
	240	2.59	3.63	1.92	2.75	1.78	3.00	1.53	1.77
	300	2.76	3.79	2.00	3.08	1.86	3.23	1.66	1.77
	360	2.88	3.90	2.10	3.32	1.93	3.37	1.73	1.84

②C 梁与 H 梁的单点恒载 P 同为 1 600 kN,预压应力 σ_N 依次为 9 MPa 和 12 MPa,F 梁 $\sigma_N=0$,按预压应力 σ_N 从小至大排列徐变系数的比值为 $\phi_F:\phi_C:\phi_H=1:$ 0.59:0.52。按照双曲线方程作插值推算,当预压应力分别为 12、9、6、3、0(MPa)时,徐变系数的比值分别为 0.52、0.59、0.68、0.81、1。呈现出构件预压应力衰减,将导致徐变加速增加的趋势。

③G 梁预压应力 $\sigma_N=0$,单点荷载 1 000 kN,相应的上下边缘应力 $\sigma_0=1.23$ MPa。变载 ΔP 相对值 0.20,360 d 徐变系数 $\sigma_G=2.88$。与恒载梁 C、H、L 的徐变系数平均值之比为 1:0.65 或 1.53:1。G 梁单点变载 $\Delta P=200$ kN 没有引起该组梁弹性模量有明显提高(仅提高了 6%),徐变系数提高了 53%。G 梁的恒载应力小于 B 梁,最大变载应力与 B 梁的恒载应力最大值相当,可以认为 G 梁徐变变形的提高与截面拉应力较大有关。

④D 梁预压应力 $\sigma_N=9$ MPa,单点荷载 $P=1 600$ kN,变载 $\Delta P=400$ kN,变载相对值 0.25,梁的上、下缘最大变载应力 0.49 MPa。徐变系数 ϕ_D 与 C 梁及 H 梁的徐变系数比为 $\phi_D:\phi_C=2.02:1$,$\phi_D:\phi_H=2.32:1$,说明上述变载值(或变载应力)与预压应力使梁混凝土的徐变发生大幅度提升。

⑤K 梁 $\sigma_N=12$ MPa,单点荷载 $P=5 000$ kN,变载 $\Delta P=1 000$ kN,变载相对值 0.20,上、下缘最大变载应力 1.23 MPa,徐变系数比 $\phi_K:\phi_H=1.23:1$。如上结果说明,K 梁预压应力较高,设定的试验变载值(或变载应力)没有引起徐变变形较大提高。

归纳上述分析,启示如下:如 G 梁那样,变载应力不大于 0.25 MPa,荷载的往复变化引起弹性模量的提高甚微,徐变的较大增加由截面拉应力过大所致;如 D 梁那样,变载应力达到 0.5 MPa,预压应力 9 MPa,变载的往复作用能引起徐变变形大幅提高,弹性模量显著增高;如 K 梁那样,预压应力处于较高水平($\sigma_N=12$ MPa),变载可使弹性模量有显著提高,徐变变形的增加低于 D 梁较多。

⑥由表 9.4-5 所列徐变系数结果看,B、F、G 三组梁的徐变系数偏大,是梁的截面同时存在拉压应力,主要是受拉缘应力过大所致。

⑦关于构件受弯徐变系数与轴向受压徐变系数的比较分析如下。

C、H、L 三组梁单点恒载 $P=1 600$ kN、1 600 kN 和 5 000 kN,截面的最大加载应力 $\sigma_P=1.97$ MPa、1.97 MPa 和 6.15 MPa。三组梁初加预压应力分别为 $\sigma_N=$ 9 MPa、12 MPa 和 12 MPa。扣除预应力降低值后截面未出现拉应力。三组梁一年期的徐变系数值分别为 $\phi=1.93$、1.73 和 1.84,平均值为 $\bar{\phi}=1.83$。

另据第五章第二节表 5.2-5 所列,有一组试件的等效厚度 $h=75$ mm,一年期的徐变系数 $\phi=1.82$,与三组小梁的平均值相同。该批试件制作的混凝土原材料、外加剂及配合比与小梁的相同,同样在龄期 7 d 加载,其有效厚度 h 比小梁的有效厚度($h=67$ mm)略大。

对比如上条件和结果,结论如下:预应力构件由外加荷载作用产生弯曲变形,当截面未出现拉应力而全面处于受压状态,受弯徐变系数与轴向受压徐变系数值相当或者接近。

三、往复作用的放大系数

大跨径预应力混凝土箱梁桥在运用和施工期间,因日照往往产生较大的温度变化和温差应力,是一种重复性的温度和应力作用。箱梁桥和斜拉桥用挂篮分节段悬浇和预应力张拉施工期间,先浇筑梁段要承受部分的加卸载作用,这种荷载变化也是应力的重复作用。据载[30],由瓦鲁(E. M. Wallo)和内维尔(A. M. Neville)等人的试验,在常温下(4～60 ℃)受恒定荷载作用的混凝土试件,介质温度分级升高和分级下降,试件的基本徐变都分级增加,且降温的增加量大于升温的增加量;温度作用周期性升高和降低,基本徐变也明显增加。这种温度变化使混凝土徐变放大的效应,与小梁在恒定荷载下由外加变载往复作用(扰动)产生的徐变增大和弹性模量提升效果一致。实际构件(预应力混凝土桥梁)同时有轴向变形和弯曲变形,温度和变荷载的往复作用,使构件的徐变放大,同时也增加了纵向预压应力的降低,使梁中下挠进一步增加。由于这种双重原因,大跨径预应力混凝土桥梁跨中徐变的放大效应具有综合性特征。如是,变载应力的重复作用使梁中下挠的增加会大于徐变系数的增加。在分析 S249 特大(箱梁)桥梁中下挠观测结果时,变载效应的放大系数用到 α_3 ＝2.7;混凝土徐变的变载放大系数最大值为 2.3。

据相关资料报道[53],在连续箱梁的 $1/8～1/4$ 跨的腹板出现斜裂缝,分析认为是日照温差应力过大所致。显然,这种裂缝出现的原因,除了温差过大以外,还可能与变载应力往复作用引起弹性模量大幅提升有关。

经过本章以及前面章节的讨论,可将有关钢筋混凝土结构(构件)长期变形推算的主要内容小结如下:

① 依据混凝土徐变的常规试验,确定弹性模量 $E(t)$、徐变度 $C(t,\tau)$ 和徐变系数 $\phi(t,\tau)$ 等基本参数;

② 依据建筑物的环境温度和湿度以及构件的形状尺寸,确定尺寸湿度修正系数 α_1;

③ 依据构件的配筋、形状尺寸和受力情况,确定含筋修正系数 α_2;

④ 依据构件所处环境的温度(日照)变化、施工与运行荷载变化等,确定往复作用效应系数 α_3;

⑤ 依据徐变试验的结果及相关的拟合公式,预测混凝土的长期变形系数(如 5 年、10 年与 1 年期的徐变比)。

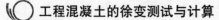

构件的徐变系数 ϕ_f 推算公式为

$$\phi_f = \alpha_1 \alpha_2 \alpha_3 \alpha_4 \phi \qquad (9.4\text{-}8)$$

式中　α_1—湿度(H)与尺寸(h)效应系数；

　　　α_2—掺筋(μ)修正系数；

　　　α_3—往复作用效应系数；

　　　α_4—长期变形预测系数；

　　　ϕ—混凝土徐变系数。

参考文献

[1] 赵祖武. 混凝土的徐变、松弛与弹性后效. 力学学报,1962(3)

[2] 朱伯芳. 在混合边界条件下非均质粘弹性体的应力与位移. 力学学报,1964(2)

[3] 金学龙. 大坝混凝土受压徐变试验研究. 水利水电科学研究院科学研究论文集第5集. 北京:中国工业出版社,1965

[4] 唐崇钊. 混凝土的徐变和松弛计算. 水利水运科学研究,1980(1)

[5] 唐崇钊. 混凝土的继效流动理论. 水利水运科学研究,1980(4)

[6] 王润富,等. 求解徐变应力问题的初应力法. 水力学报,1980(1)

[7] R 雷尔密特. 关于混凝土的徐变,我们都知道些什么. 混凝土工艺学问题,中国工业出版社,1964

[8] И И 乌利茨基. 混凝土的徐变. 北京:建筑工业出版社,1959

[9] Н Х 阿鲁久涅扬. 蠕变理论中的若干问题. 北京:科学出版社,1961

[10] П А Ребидер. 物理化学力学. 北京:中国工业出版社,1964

[11] И И 瓦西里耶夫,等. 混凝土的徐变问题. 北京:科学出版社,1962

[12] 君岛博次. グムユンクリートのクリープに関する研究. 電力研究所所報,V. 10,No. 5,6

[13] 桜井春輔. ユンクリートのクリープ変形と破壊. 材料,Vol. 22,No. 243.

[14] 宮川邦彦,渡边明. 新力学モデルの提案とそれによるユンクリートの遅延弾性現象の解析. ユンクリート工学,Vol. 15,No. 14,77/4.

[15] 鈴木計夫. ユンクリートのクリープ試験方法にフいて. ユンクリート工学,78/1.

[16] А. В. Яшин "Ползуцесть бетона в раннем возрасте, исслледование свойств бетона и железобетонных конструкций",《НИИЖБ》,1959.

[17] С. В. Александровский 《Лолзуцестъиусадка бетона и железобетонных конструкций》,Стройздат,1976.

[18] T Alfrey. Non-Homogeneous Stresses in Visco-Elastic Media. Quart. Appl. Math. 2,1944:113.

[19] H S Tsien. A Generalization of Alfrey's Theorem for Visco-Elastic Media. Quart. Appl. Math,8,1950:104.

[20] J J Brooks and A M Neville. Relaxation of Stress in Concrete and Its Relation to Creep. Amer. Concrete. Inst. J. , V. 73,1976.

［21］CEB-FIP《The International Recommendations for the Design and Construction of Concrete Structures》,London,1970.

［22］T T Hansen and A H Mattok Inflence of Size and Shape of Members on Shrinkage and Creep of Concrete. Amer. Concrete. Inst. J. ,Feb,1966.

［23］J. M. Illston and I. J. Jordaan "Creep Prediction for Concrete under Multiaxial Stress",《Amer. Concrete. Inst. J. 》,V. 69,1972.

［24］唐崇钊. 结构混凝土的徐变试验分析. 水利水运科技情报，1976(3)

［25］唐崇钊. 用松弛代数法解粘弹性体结构的应力. 力学学报，1982(6)

［26］李承木. 二滩拱坝原级配混凝土徐变试验研究. 水利水电科技进展，2000

［27］唐崇钊. 混凝土观测应力的合理计算. 南京水利科学研究院水利水运科学研究，1986(3)

［28］唐崇钊,盛兆宝. 振捣对混凝土弹性模量的影响. 水运工程，1976(7)

［29］唐崇钊. 混凝土的徐变力学与试验技术. 北京:水利水电出版社,1982

［30］惠荣炎,黄国兴,易冰若. 混凝土的徐变. 北京:中国铁道出版社,1988

［31］陈肇元,朱金铨,吴佩刚. 高强混凝土及其应用. 北京:清华大学出版社,1992

［32］冯乃谦. 高性能混凝土结构. 北京:机械工业出版社,2004

［33］郑建岚. 现代混凝土结构技术. 北京:人民交通出版社,1999

［34］周履,陈永春. 收缩徐变. 北京:中国铁道出版社,1994

［35］陈灿明,黄卫兰,陆采荣,等. 桥用高性能混凝土的徐变与应用. 水利水运工程学报,2007(2):1-9

［36］周履,编译. 英国迪河湾桥高性能混凝土徐变和收缩的试验分析. 国外桥梁,2002(1)

［37］苏清洪. 加筋混凝土收缩徐变的试验研究. 桥梁建设,1994(4):11-18

［38］傅作新. 工程徐变力学. 水利电力出版社,1986

［39］中华人民共和国电力行业标准. 水工混凝土试验规程. (DL/T5150—2001). 北京:中国电力出版社,2002.9

［40］中华人民共和国水利行业标准,《水工混凝土试验规程》(SL352—2006)

［41］《混凝土结构设计规范》(7-112-02806-X)

［42］沈蒲生,罗国强. 混凝土结构疑难释义. 北京:中国建筑工业出版社,1998

［43］何正森. 混凝土徐变问题. 南京:华东水利学院,1979

［44］杨杨,陈飞云,佐藤良一. 高强混凝土早龄期的强度发展及其评价. 混凝土与水泥制品,2004(3)

［45］林南熏. 混凝土徐变理论的试验研究. 华南工学院,1964

［46］张浩博,黄松梅. 混凝土的徐变断裂. 水利学报,1995(6)

［47］张浩博,等. 混凝土受拉徐变研究. 陕西水力发电,1996,12(2)

［48］朱伯芳.大体积混凝土温度应力与温度控制.北京:中国电力出版社,1999

［49］施岚青,沙志国,周起敬.混凝土结构设计规范应用指南.北京:地震出版社,1990

［50］王传志,滕智明.钢筋混凝土结构理论.北京:中国建筑工业出版社,1985

［51］唐崇钊.用小梁的受弯测定混凝土的拉压徐变.水利水运科学研究,1982(4)

［52］王忠明.高强混凝土受弯构件长期变形试验报告.南京水利科学研究院材料结构研究所,1993 年 12 月

［53］王钧利,马春燕.预应力混凝土箱梁桥裂缝分析与对策.工程力学(增刊),2002

［54］陈灿明,黄卫兰,等.桥用高性能混凝土的徐变与应用.水利水运工程学报,2007(2)

［55］陆采荣,等.大跨度超宽幅桥梁高性能混凝土研究与应用报告.南京水利科学研究院,江苏省高速公路建设指挥部,2006

［56］陈灿明,黄卫兰,唐崇钊,等.大跨径预应力混凝土梁桥高强混凝土材料特性研究总报告,南京水利科学研究院,2010

［57］陈松.混凝土徐变过程数值分析及试验研究.南京水利科学研究院博士学位论文,2009

［58］陈灿明,黄卫兰,等.混凝土强度与弹模依时增长相关性公式的试验研究.公路工程,2010(1)